주거실내환경학

주거
실내환경학

윤정숙 · 최윤정 지음

HOUSING and ENVIRONMENT

교문사

주거는 여러 관점에서 이해될 수 있으나, 그 고유한 기능은 인간의 보편적인 생활이 이루어지는 물리적인 구조체로서의 기능이며, 이러한 기능을 가지기 위해 주택은 인간생활에 적합한 상태나 환경조건을 구비해야 한다. 그러므로 거주환경으로서의 주거를 만드는 디자이너는 물론, 거주하는 사용자 입장에서도 주거는 인간생활이 안전하고 쾌적하며 건강하게 확보될 수 있는 환경체로서 이해되어야 한다.

주거의 다양한 관점 가운데 특히 생활환경체로서 인간의 생활과 건강과의 밀접한 관계에서 주거를 이해하는 관점이 주거환경학 분야이다. 주거환경학은 인간·주거·자연환경의 상호작용관계에서 주거의 실내환경요소인 열, 빛, 소리(음), 공기환경과 에너지 등을 다루고 있다.

주거의 실내환경은 인간의 건강을 유지하고 자원을 절약할 수 있도록 조절되어야 하며, 이를 위해서 자연적인 방법과 기계적인 방법이 이용되고 있다. 주거환경학은 건강한 환경을 조성하고 쾌적한 환경을 유지·보전해야 하며 에너지를 효율적으로 사용하고 합리적으로 관리하는 데 학문의 목표를 두고, 자연과 조화되는 주거 실내환경의 계획조건들과 에너지 절약적인 기술방안 등을 다룬다.

2011년 3월 초판 인쇄 후, 이 책자에 포함된 관련법규의 개정이 지속되어, 2013년 10월 기준 개정된 법규를 정리하여, 개정판을 내게 되었다.

이 작은 책자가 지역환경 문제에 도움이 되고 또 주거의 쾌적한 환경을 조성함으로써 삶의 질을 향상시키는 데 기여할 수 있기를 바라며, 이러한 뜻에 기꺼이 응해주신 (주)교문사에 깊이 감사드린다.

2014년 3월
저자 씀

Chapter 1

인간과 환경체계

Chapter 2

실내온열환경의 쾌적성

Chapter 1

인간과 환경체계

실내환경(indoor environment)은 거주자의 추위, 더위와 관련된 실내온열환경, 호흡하는 공기의 질, 적절한 밝기와 관련된 빛환경, 소음 문제 등을 포함하는 것으로서, 건물 내부에서 생활하는 거주자의 생명유지에 필수조건이 되며 감각기관의 활동에 영향을 미치는 물리적 환경을 말한다. 외부환경-실내환경-인간은 서로 영향을 주는 관련체계를 가지고 있으며, 이를 인간-환경 시스템(man-environment system)이라 한다.

인간과 환경체계

1. 주거환경과 인간

1) 인간-환경 시스템

실내환경(indoor environment)은 거주자의 추위, 더위와 관련된 실내온열환경, 호흡하는 공기의 질, 적절한 밝기와 관련된 빛환경, 소음 문제 등을 포함하는 것으로서, 건물 내부에서 생활하는 거주자의 생명유지에 필수조건이 되며 감각기관의 활동에 영향을 미치는 물리적 환경을 말한다.

실내환경은 일차적으로 외부환경의 영향을 받고, 건물 자체의 건축적 특성에 의해 형성되며, 설비의 가동에 의해 보완되어 조성된다. 이러한 실내환경은 쾌적 여부에 따라 거주자에게 생리적·심리적으로 많은 영향을 주며, 반대로 거주자는, 쾌적성을 확보하기 위해 거주자 자신의 상황 또는 건축적 요인이나 설비 가동을 변경시켜 조절한다. 이러한 거주자의 조절행위는 실내환경을 조성하고 이렇게 실내환경을 조성하기 위해 설비를 가동시키

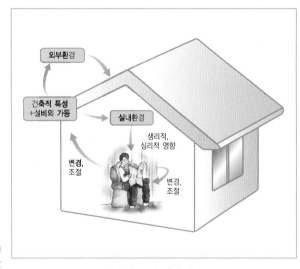

그림 1-1 인간-환경 시스템

는 것은 에너지 소비, 배열 발생 등으로 외부환경에 영향을 주게 된다.

실내온열환경은 그 지역의 기후, 그리고 현재 날씨가 더운지 추운지, 비가 오는지 등과 같은 외부환경의 영향을 받는다. 추운 겨울에는 실내 역시 춥다. 하지만, 추운 겨울에도 건물 외부보다는 실내공간이 따뜻하다. 이것은 건물 자체의 건축적 특성에 의한 것이다. 건물의 구조체가 바람을 잘 막아주고 남향의 창을 통해 일사를 획득하기도 한다. 여기에 난방이라는 설비를 가동하면 거주자가 생활하기에 적합한 실내온열환경이 형성된다. 만약 거주자에게 쾌적하지 못하고 추운 실내온열환경이 형성되었다면 거주자의 건강과 작업능률 등에 좋지 못한 영향을 주게 된다. 이런 경우에 거주자는 옷을 더 입거나 난방을 더 가동하는 등 실내온열환경을 자신에 맞게 조절하게 되므로, 거주자는 실내환경의 영향을 받는 동시에 실내환경을 조절하는 주체이다. 이때 단열이나 창의 향 등의 건축적 특성, 난방설비의 성능 등에 따라 난방설비의 가동 정도가 달라지며, 난방설비를 가동한 결과 CO_2나 기타 대기오염물질이 외부환경으로 배출되므로 주택의 건축적 특성과 설비적 특성은 외부환경에 영향을 주는 요인이 된다. 실내공기의 질, 빛, 소음 문제도 이와 같은 상호체계를 가진다. 이렇듯, 외부환경-실내환경-인간은 서로 영향을 주는 관련체계를 가지고 있으며, 이를 인간-환경 시스템(man-environment system)이라 한다.

민속마을과 주택들은 대부분 그 지역의 자연환경이나 기후에 적합한 그 지역의 자연재료로 건축되어 왔다. 즉, 기후디자인의 원형을 보여준다. 그 지역의 기후를 반영하는 형태의 주택은 실내환경의 조절을 위한 에너지 소비가 적기 때문에 친환경적이며 실내에서 생활하는 거주자의 건강에도 유익하다. 또한 그 지역에서 생산되는 재료는 그 지역의 기후에 견디는 힘이 강하므로 수명도 길다.

근대 이후 건축과 환경제어 기술, 재료 생산 기술의 발달로, 주택의 실내환경을 건물 외피에 의한 자연형 조절보다는 설비의 가동에 의해 조절하는 경우가 많아졌고, 자연적 재료보다는 인공적인 화학합성 재료의 사용이 늘어났다. 예를 들면, 우리의 옛집은 선풍기나 에어컨이 없던 시절에도 통풍성능이 우수한 대청공간에서 무더운 여름철에도 무리 없이 건강을 유지하였다. 그러나 최근에는 대형 건물뿐 아니라 일반적인 주택도 통풍과 일사차단을 배려하지 못한 형태로 건축하여 여름철에는 에어컨을 가동하지 않고는 생활하기 어려운 상황이 되고 있으며, 에어컨을 장시간 가동함에 따라 여름철 감기 환자나 냉방증후군 등의 병리현상이 발생하고 있다. 주택의 재료면에서도 우리 옛집에 사용되었던 목재, 흙, 종이 등의 천연재료가 콘크리트, 비닐장판, 발포벽지, 페인트 마감 등의 인공재료로 대체된 후 우리 아이들의 공격성이 증가되고 있는 것이 아닌가 의심되고 있으며, 실제로 새집증후군이나 아토피와 같은 병리현상이 보고되고 있다.

거주자를 쾌적하고 건강하게 하는 주거공간이 되려면 실내환경을 거주자 특성에 적합하게 계획해야 한다. 건물의 실내환경을 조절하는 방법에는 크게 자연형 조절방법(passive control system)과 설비형 조절방법(active control system) 두 가지가 있다. 자연형 조절은 건물의 외피계획을 통해 실내환경을 조절하는 것이고, 설비형 조절은 화석에너지를 사용하는 설비를 가동함으로써 실내환경을 조절하는 것이다. 최근에는 설비의 가동에 의해 조성된 실내환경보다는 자연형 조절방법으로 조성된 실내환경, 그리고 자연재료로 건축된 주택이 우리 인체의 건강유지에 더 적합하다는 인식이 증대되고 있으며, 기후를 반영하고 환경을 생각하는 주택의 중요성에 대한 공감대가 형성되고 있다. 이에 따라, 1990년대 이후 우리나라에서도 생태주거, 친환경주거, 건강주택, 웰빙, 녹색성장 등의 용어 사용이 늘어났고, 관련 연구도 증가되고 있으며, 이에 대한 제도나 법규가 개정 또는 신설되고 있다.

주택을 설계하거나 실내공간을 계획할 때 고려할 점으로는 안전성·편리성·심미성 등 여러 가지를 들 수 있으며, 이러한 점들은 모두 주택설계의 성패나 거주자의 만족에 필수적인 것으로 어느 하나도 중요하지 않다고 할 수 없다. 그러나, 실내환경은 거주자의 건강과 극단적으로는 생명유지에 필수적인 조건이지만, 시공이 모두 끝나고 거주자가 생활해 보기 전, 특히 설계단계에서는 눈에 보이지 않는 것이므로, 의도적으로 계획단계에서부터 시공 후에 쾌적한 실내환경이 창출될 수 있도록 고려하는 것이 중요하다.

2) 주거환경의 개념과 기능

환경이란 일반적으로 '어떤 한 주체를 둘러싸고 있는 유형·무형의 객체'라고 할 수 있으며, 인간을 둘러싼 환경은 크게 자연환경, 인공환경, 사회적 환경으로 구분된다. 자연환경과 인공환경은 인간에게 영향을 미치는 모든 물리적 실체로서 가시적이며 물질적 · 공간적인 의미를 갖는다. 그리고 사회적 환경은 인간에게 영향을 미치는 인간과 인간관계의 모든 것을 의미한다. 즉, 인간관계로부터 인간에게 영향을 미치는 모든 것을 뜻하는 것으로, 개인과 가족, 근린, 사회 등으로 확대되는 일련의 사회구조가 갖는 인간 상호간의 관련성과 그에 대한 환경체계를 말한다.

주거환경의 정의는 넓은 의미로는 인간의 '주생활을 영위하게 할 수 있는 경제 · 사회, 물리적 조건들을 포함한 유형 · 무형의 외부적 조건', 즉 문화 · 정치 · 경제 · 기술 · 기후 · 생태계 · 자원 등을 모두 포함한다고 할 수 있다. 좁은 의미로는 '주택 그 자체 또는 주택의 내 · 외부와 관련된 여러 조건'이라 할 수 있다.

주거환경학이 다루는 대상은 주택을 둘러싼 여러 조건의 총합적 개념이라고 할 수 있고, 조금 더 구체적이고 물리적인 대상은 주택, 근린환경, 지역환경, 지구환경 등이다. 주거환경이 추구해야 하는 환경 목표는 사회 · 경제적 특성, 문화와 관습 그리고 지역적 여건에 따라 다르게 설정되나, 1961년 WHO(세계보건기구)는 인간의 기본생활욕구를 충족시키기 위한 조건으로 안전(safety), 건강(health), 능률(efficiency), 쾌적(amenity)의 네 가지를 제시하였다.

인간의 건강과 생활에 영향을 미치는 주거환경의 기능은 세계보건기구에서 제시한 건강 주거환경의 기본조건이 공통적으로 인식되고 있다. 즉, 생존적 조건의 안전성과 보건성, 그리고 사회적 활동조건의 편리성과 쾌적성의 네 가지 기능이며 이러한 기능을 위해 주거환경이 갖추어야 할 요소는 다음과 같다.

- 안전성 : 주거의 은신처(shelter) 기능으로서, 인간의 생존에 관한 가장 기본적인 것으로, 풍수해나 지진 등의 자연적인 재해, 화재나 폭발사고 등과 같은 인위적인 재해, 범죄 등에 대한 인적 요인 등으로부터 거주자를 안전하게 보호해야 하는 기능이다.
- 보건성 : 거주자의 육체적인 건강에 관한 것으로 건강하고 위생적인 환경과 이를 조절하기 위한 설비를 포함한다. 적당한 일조와 통풍, 맑고 깨끗한 공기, 조용한 환경, 상 · 하수도 등의 기반 시설, 공해로부터의 보호 등이 포함된다. 예를 들어, 「건축법」 등에서 규정하고 있는 인접주택 간의 이격거리, 일조권, 거실의 채광 및 환기를 위한 창의 크기 조항, 각 나라마다 정하고 있는 최저주거수준 등이 이러한 보건성과 관계된다고 할 수 있다.

- 편리성 : 생활을 편리하게 할 수 있는 조건으로서, 인간행동의 편의도에 관한 것으로 행동에 요하는 시간과 에너지의 양에 의해 결정된다. 주거 내적으로는 생활을 편리하게 도모할 수 있는 대지 및 공간의 규모, 공간 구성 및 배치, 작업대 설비와 수납 설비 등을 포함한다. 주거 외적인 편리성을 위해서는 일상생활과 관계가 깊은 전기, 전신, 전화, 교통 등의 인프라가 확보되고 유지되어야 한다.
- 쾌적성 : 육체적인 쾌적을 포함하여 정신적으로 쾌적한 생활을 위한 공간의 여유, 프라이버시 확보, 주변환경 조건 등을 말한다. 즉, 시각적인 경관의 쾌적성, 주변환경의 쾌적성(녹지, 수변공간 등), 교육과 복지 등의 근린환경 등을 포함하는 어메니티(amenity) 개념이다.

주거환경의 기능에는 위의 네 가지 기능 외에 경제성·사회성 등을 더 포함시킬 수 있으며, 원시주거는 안전성의 기능에서 출발하였으나 사회가 발전하면서 주거수준의 향상과 함께 주거환경의 기능이 점차 보건성·편리성·쾌적성 순으로 그 중요도 또는 요구도가 이동되고 있다.

2. 자연환경과 주거

1) 지구환경과 주거

지구온난화

'지구온난화(global warming)'란 지구의 평균 기온이 상승하고 있는 현상을 말하며 이러한 지구온도의 상승이 빙산의 해빙, 가뭄, 폭풍 등의 예측할 수 없는 많은 기후의 변화를 가져오기 때문에 '기후변화(climate change)'라고도 표현한다.

IPCC[1]의 3차 조사 보고서(2001)에 따르면 북반구의 봄과 여름의 빙산이 1950년 이래로 약 10~15% 감소하고 있으며, 이는 지구의 온도가 상승하였기 때문이라고 한다.

---

1) Intergovernmental Panel on Climate Change : 국제연합에서 1992년 기후변화에 대한 과학적이고 구체적인 연구를 위해 세계를 이끌어가고 있는 약 2,000개 과학자그룹으로 구성된 정부 간 조직

[기후변화 현장을 가다] '2020년 시한부' 킬리만자로의 만년설

▲ 지난해 11월 27일, 해발 4,703m의 키보(Kibo) 산장 부근에서 바라다 본 킬리만자로 정상

킬리만자로에는 만년설이 거의 사라졌다. 해발 4,703m의 키보(Kibo) 산장에서 바라다 본 킬리만자로의 정상은 형편 없이 쪼그라든 만년설의 흔적만이 군데군데 남아 있을 뿐이다.

지난해 11월 25일 아프리카 탄자니아의 모시(Moshi)에 도착했다. 킬리만자로로 가는 관문 도시다. 커피는 탄자니아 수출 품목 3위에 달할 만큼 탄자니아에는 생명줄같은 산물이다. 킬리만자로 커피가 세계 커피 마니아들의 사랑을 받으면서, 킬리만자로 기슭에 사는 사람들의 주 수입원이 될 수 있었던 것은 천혜의 기후와 토양 덕분이다. 고산지 특유의 '시원한' 기온과 '충분한' 물이 그것이다.

하지만 커피 밭은 이미 황폐화되어 있다. 곳곳에 말라 죽은 커피나무가 앙상하게 드러나 있다. 중산간 킬레마 마을에서 만난 차가족의 커피 재배농 마티야사 모샤(67)는 새삼스럽다는 듯이 말한다. "몇 년째 계속되는 가뭄에다가 이상고온 탓에 전에 볼 수 없었던 '봉구와'라는 해충이 급증, 커피나무의 영양분을 전부 갉아 먹어 버렸다."고 했다. "피해가 워낙 심각해 제대로 손을 쓸 수 없는 지경"이라는 말도 덧붙였다.

더욱 심각한 것은 물의 부족이다. 몇 년째 비다운 비가 내리지 않으면서 킬리만자로의 계곡물도 거의 말랐다. 킬리만자로 주변 주민들에게 식수 부족은 일상사다. 킬리만자로 등반길에서 자신의 몸무게보다 훨씬 무거워 보이는 물통을 양손에 들고 산길을 오르내리는 아이들의 모습이 수시로 목격됐다. 극히 경미한 온도 변화, 강수 변화가 농업은 물론 식수 확보에도 치명적 영향을 미칠 수 있다는 '잠언(箴言)' 같은 풍경이다.

킬리만자로 등정 4일째. 30도에 육박하는 아프리카 열대 기후가 어느새 영하 10도를 밑돌 즈음 키보 산장에 도착했다. 정상이 육안으로 목전이다. 만년설은 정상 꼭대기에만 간신히 머물러 있다. 만년설이 흘러내리던 암벽은 앙상한 바위 몸을 처연히 드러내고 있다. 1912년에서 2000년에 정상을 뒤덮었던 빙하의 80% 이상이 이미 녹아 없어졌다. '킬리만자로의 만년설'은 불과 10년 안팎의 수명을 남겨두고 있다. 그 수명은, 지구온난화에 따른 기후 변화의 재앙에 직면한 인류에게 주어진 마지막 시간일 터이다. 과학자들이 소멸을 경고한 킬리만자로의 만년설은, 분명 이론이 아니라 고통스럽지만 피할 수 없는 현실이었다.

자료 : 경향신문. 2008년 01월 14일자 일부발췌.

앞의 기사는 기후변화의 사례로서 해빙, 물부족 현상, 황폐화 현상을 보여주고 있다.

지구온난화의 대표적 원인은 온실효과(greenhouse effect)이다. 온실효과를 일으키는 대기오염물질을 온실가스(greenhouse gases)라고 하며, 이의 원인은 주로 화석 연료의 대량 소비이다. 석탄, 석유, 천연가스 등의 화석 연료를 태우면 이산화탄소가 방출된다. 이산화탄소는 지구복사의 방출을 방해해 대기의 온도를 상승시켜 지표 전체를 덥히는 역할을 한다. 만약 대기 중에 온실가스가 전혀 포함되어 있지 않다면 지표의 평균 기온은 −18℃까지 내려가게 되어 생물이 존재하지 못하게 된다. 온실가스는 극히 미량이기는 하지만 대기 중에 꼭 알맞은 양만큼 함유되어 지구의 평균 기온이 15℃로 유지되고 아름다운 자연이 이루어지며 생물이 쾌적하게 살 수 있게 되는 것이다.

대기 중의 이산화탄소 농도가 상승하는 것은 화석연료의 연소뿐만 아니라 열대우림의 벌채에도 그 원인이 있다. 해마다 대기 중에 축적된 이산화탄소 가운데 약 3/4이 화석연료의 연소에 의한 것이며 나머지 1/4이 열대우림의 벌채에 의한 것으로 추계된다(우자와히로우미 저. 김준호 역, 1997). 온실효과를 일으키는 기체는 이산화탄소 외에 메탄, 이산화질소, 염화불화탄소(일명 프레온가스) 등이 있으며, 이의 발생원인은 화석연료의 연소, 삼림 파괴 외에 자동차 배기가스, 쓰레기 소각 및 부패,

표 1-1 온실기체의 종류와 원인

온실기체 종류	발생원인	지구온난화 지수(CO_2=1)	온난화기여도 (%)	국내 총 배출량(%)
이산화탄소(CO_2)	화석연료(석유, 천연가스, 석탄 등)의 연소, 쓰레기 소각, 삼림파괴	1	55	86.3
이산화질소	석탄채광, 석탄연소, 자동차 배기가스, 질소비료	310	15	2.3
메탄	음식물쓰레기 부패, 농업, 축산	21	6	7.3
염화불화탄소(CFCs)	에어컨, 냉장고, 냉동장치의 냉매, 에어로졸 분사체, 발포제, 전자부품이나 정밀기계부품 제조용 세정제	1,300~23,900	24	4
수화불화탄소(HFCs), 과불화탄소(PFCs), 육불화황(SF_6)	사염화탄소, 할론가스, CFCs의 대체물로 사용			

자료 : 박헌렬(2003). pp. 57-59 ; 에너지관리공단(www.kemco.or.kr).

주거실내환경학

냉매 및 에어로졸 분사체 사용 등이다.

도시기후

기후조건이 같은 지역일지라도 어느 한 지역에서 도시화가 진전되면 도시화된 지역의 기후가 그 주변지역과는 달라진다. 도시의 대기환경은 주로 국지적 기후인자, 즉에너지 수지, 공기의 구성과 흐름 그리고 지표면의 거칠기의 영향을 받으며, 이러한인자들은 각각 한 가지 이상의 기상요소에 영향을 미친다. 예컨대 에너지 수지에 변화가 발생하면 시정이 악화되고, 기온 상태에 따라 강수 특성에 변화가 일어난다.

랜즈버그(1981)는 중위도에 위치한 도시지역에서 조사된 결과를 요약하여 도시화와 더불어 변화된 각종 기후요소의 변화량을 정리하였다. 대다수 도시지역에서의 뚜렷한 현상으로는 복사량, 특히 겨울철에 나타나는 자외선의 감소, 최저기온의상승, 풍속의 감속 등을 들 수 있다(권원태 외, 2004).

즉, 도시기후(urban climate)란 도시만이 갖는 독특한 기후현상으로서, 대표적인도시기후현상은 도시승온(열섬현상)이다. 도시승온이란 도시지역의 온도가 도시주변부 온도보다 높아지는 현상을 말하며, 이에 따라 도시부의 일교차가 감소되고여름철의 열대야현상이 발생된다.

도시승온은 지구온난화와 마찬가지로, 도시의 CO_2 농도 증가와 대기오염에 의한온실효과가 그 원인이다. 또한 도시는 자연적인 지표면보다는 아스팔트 또는 보도블록과 같이 열용량이 큰 포장면이 넓고, 벽돌이나 콘크리트와 같이 열용량이 큰 재

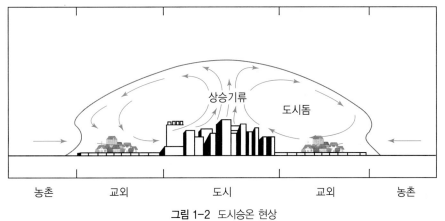

그림 1-2 도시승온 현상

료의 구조물에 의해 도시 자체의 열용량이 증가되어 있다. 여기에 도시인들이 사용하는 냉·난방, 조명, 자동차 등의 각종 기기에서 배출되는 배열이 더해진다. 따라서 여름철 낮에 더워진 도시가 밤이 되어도 최저기온이 25℃ 이상인 열대야현상이 빈번해지는 것이다.

도시승온과 같은 도시기후는 여름철 도시인의 생활상의 불편뿐 아니라, 여름철 에너지 소비량 증가, 도시의 에너지체계 혼란, 도시 생태계의 질서가 파괴되는 심각한 결과를 가져 온다. 따라서 우리는 이러한 도시기후의 발생과 생태계 질서 파괴를 감소시킬 수 있는 방안을 강구해야 하는 시점에 있다.

기후변화협약과 교토의정서

1980년대 들어 이상기후로 인한 자연재해가 세계 각지에서 빈발하면서 전 세계적으로 지구온난화에 대한 과학적 근거가 필요하다는 인식이 확산되었다.

기후변화협약(UNFCCC : United Nations Framework Convention on Climate Change)은 이러한 지구온난화 문제를 전 지구적 차원에서 공동으로 대응하기 위하여 1992년 브라질 리우에서 열린 UN 환경회의에서 채택한 환경협약이다. 우리나라는 1993년 12월에 세계에서 47번째로 가입하였으며, 1994년 3월에 발효되었다. 이 협약은 국제사회의 기후변화 대응에 있어 몇 가지 원칙을 제시하고 있으며, 모든 국가가 지구온난화 방지를 위해 각 국가의 능력 및 사회·경제적 여건에 따라 대응하며 선진국이 선도할 것을 명시하고 있다. 당사국(Party)[2]을 부속서 I 국가(Annex I : OECD[3] 및 EU와 동구권 등 40개국), 부속서 II 국가(Annex II : OECD 및 EU), 비부속서 I 국가(Non-Annex I)로 구분하여 각기 다른 의무를 설정하여 부담하도록 하고 있다. 선진국과 개발도상국에 공통으로 적용되는 공통의무사항은 각국은 모든 온실가스의 배출량 통계 및 국가이행사항을 당사국 총회에 제출해야 하며, 기후변화 방지에 기여하는 국가정책을 수립, 시행해야 하고 이를 당사국 총회에 보고해야 한다(환경부, 2007).

교토의정서는 1997년 일본 교토에서 열린 기후변화협약 3차 당사국 총회에서 협

---

2) 기후변화협약을 비준한 국가 또는 지역경제통합기구로서 규정에 의하여 법적인 의무를 지니게 된다.
3) OECD 국가 중 우리나라와 멕시코는 개발도상국 지위를 받고 있어 부속서 I , II에서 제외되었다.

약의 실질적 이행을 위해 선진국의 온실가스 감축의무를 규정한 것으로 법적 구속력이 있는 국제협약이다. 교토의정서에는 6종의 온실가스에 대해 협약, 부속서 I 국가는 1차 의무 이행기간(2008~2012년) 동안 온실가스 배출량을 1990년 대비 평균 5.2% 감축할 것을 명시하고 있으며, 부속서 II국가는 감축 노력과 함께 온실가스 저감에 대한 재정 및 기술이전의 의무를 가진다. 교토의정서는 2005년 2월 16일 발효

표 1-2 CO_2 배출량(2005년) (단위 : 백만 톤)

NO	국가	총 배출 (CO_2)	발전	산업	수송	가정상업/공공기타
	World	27136.36	12307.24	5184.04	6337.02	3308.06
1	United States	5816.96	2743.6	635.98	1813.33	624.04
2	People's Republic of China	5059.87	2669.41	592.61	332.11	465.75
3	Russia	1543.76	933.89	221.85	205.97	182.04
4	Japan	1214.19	512.89	268.15	249.22	183.92
5	India	1147.46	694.8	243.36	97.49	111.82
6	Germany	813.48	363.7	118.48	158.54	172.76
7	Canada	548.59	191.23	90.91	160.23	106.21
8	United Kingdom	529.89	232.83	63.5	129.11	104.45
9	Italy	454.00	160.92	84.15	119.11	89.82
10	Korea	448.91	199.63	93.8	86.86	68.62
11	Islamic Republic of Iran	407.08	108.14	76.44	100.31	122.21
12	Mexico	389.42	166.5	58.53	130.78	33.61
13	France	388.38	71.95	78.18	134.46	103.78
14	Australia	376.78	236.19	42.39	79.67	18.54
15	Spain	341.75	129.3	64.51	110.68	37.26
16	Indonesia	340.98	135.14	93.3	73.89	38.65
17	South Africa	330.34	210.51	51.23	42.8	825.72
18	Brazil	329.28	58.61	99.47	137.09	34.11
19	Saudi Arabia	319.68	171.98	71.44	72.52	3.74
20	Ukraine	296.82	126.55	90.59	30.73	48.96

주 : 연료 연소에 의한 CO_2 배출량 통계임
자료 : IEA(2005).

되었으며, 2006년 11월까지 190개국이 비준한 상태이다.

교토의정서에는 교토메커니즘이 포함되어 있는데, 공동이행제도(JI : Joint Imple-mentation), 배출권거래제도(ET : Emission Trading), 청정개발체제(CDM : Clean Development Mechanism) 등의 유연성 체제를 도입하여 경제적 수단을 통한 온실가스 감축 수단을 인정한다는 것이다. 공동이행제도란 부속서 I국가들 사이에서 온실가스 저감 사업을 공동으로 수행하는 것을 인정하는 것으로, 한 국가가 다른 국가에 투자하여 저감한 온실가스 감축에 대하여 온실가스의 저감량의 일정분에 대하여 투자국의 감축실적으로 인정하는 체제이다. 배출권거래제도는 부속서 I국가가 의무감축량을 초과 달성하였을 경우 이 초과분을 다른 부속서 I국가와 거래할 수 있는 조항으로서, 온실가스도 일반 상품과 같이 사고 팔 수 있는 시장성을 가지게 하는 것이다. 청정개발체제는 선진국이 개발도상국에서 온실가스 저감사업을 수행하여 감소된 실적의 일부를 선진국의 저감량으로 허용하는 것이다. 따라서, 온실가스를 줄일 수 있는 첨단기술(BAT : Best Available Technology)을 많이 보유하고 있는 국가나 기업이 세계 경제의 우위를 차지하게 될 것이며, 반대로 협약의 의무규정만큼 온실가스를 저감할 수 있는 기술이 없거나 상황이 되지 못하는 국가는 화석연료 사용을 감축해야 하여 제2의 석유파동과 같은 일이 일어나면서 경제활동과 산업발전이 억제되어 결국 경제활동 위축으로 이어질 수도 있다.

IEA[4](2005)에 의하면, 우리나라는 CO_2 배출량이 전 세계 10위이다. 우리나라는 현재 부속서에 속해 있지 않으나, 공식적으로는 3차 의무기간(2018~2022년)에 가입하는 것을 표명하고 있으며, 최근 전문가들의 의견에 의하면 2차 의무기간(2013~2017년)에 가입이 불가피할 것이라 한다. 따라서, 우리나라도 에너지 절약형 및 친환경 구조로 전환하는 노력과 함께 온실가스 저감을 위한 첨단기술 개발 노력이 절실한 상황이다(에너지관리공단. 기후변화협약 하나에서 열까지).

---

4) IEA : International Energy Agency ; 국제에너지기구

2) 친환경주거

📊 주택이 지구환경에 미치는 영향

앞서 살펴본 지구환경의 변화는 주거환경에 영향을 미치지만, 그 반대로 우리의 주거활동, 즉 주택을 건축하는 과정에서, 주택에 거주하는 동안, 수명이 다 해 주택을 폐기하는 총체적 과정 역시 지구환경에 영향을 미친다.

주택을 건축하는 과정에서는, 건축할 대지를 조성하기 위해 산을 깎거나 하천을 복개하는 등 자연환경을 파괴한다. 목재, 석재 등의 건축자재는 자연으로부터 생산되는 재료이며, 흔히 인공재료라고 불리는 콘크리트 역시 골재로 쓰이는 모래와 자갈을 채취하기 위해서는 강바닥을 긁는 등 자연에 영향을 준다. 재료 자체를 얻기 위한 자연 파괴뿐 아니라, 자재를 생산하고 운반하는 과정에서 에너지를 사용하게 되는데, 에너지의 사용은 지구상에 존재하는 에너지원을 고갈시킨다는 차원뿐 아니라, 화석에너지의 사용은 CO_2와 대기오염물질을 배출하여 대기오염의 원인이 된다.

주택을 해체하는 경우에도, 주택의 물리적·사회적 수명이 다해 폐기하거나 수리할 때에는 막대한 양의 폐자재가 배출되어 지구환경에 영향을 준다.

주택에 거주하는 동안에는, 주택은 생활공간이므로 필수적으로 물이 사용되고 생

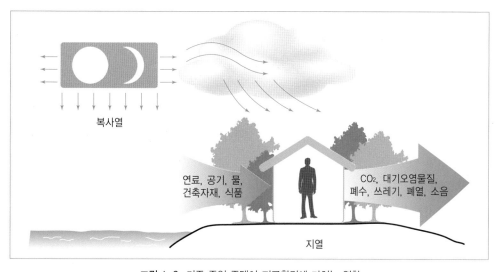

복사열

연료, 공기, 물, 건축자재, 식품

CO_2, 대기오염물질, 폐수, 쓰레기, 폐열, 소음

지열

그림 1-3 거주 중인 주택이 지구환경에 미치는 영향

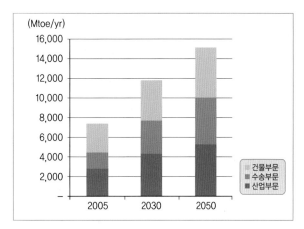

그림 1-4 최종 에너지 수요 전망
자료 : IEA(2008), p. 80.

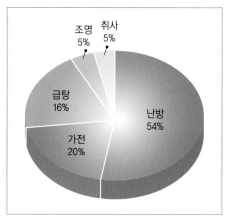

그림 1-5 OECD 국가의 가정용(household)
에너지 사용의 용도별 현황(2005년)
자료 : IEA(2008), p. 529.

활폐수를 배출하게 되는데 이는 수질오염의 원인이 되며, 또한 생활 쓰레기가 배출되어 수질오염, 토양오염의 원인이 된다. 또한 인간이 주택에서 건강하게 거주하기 위해서는 냉·난방, 조명 등의 설비가 필수적으로 가동되어야 하는데, 이들 설비를 가동하기 위해서는 많은 양의 화석에너지가 소비되며, 이는 대기오염의 원인이 된다.

〈그림 1-4〉에서 보는 바와 같이, 2005년 현재 전 세계 건물부문의 에너지 사용량은 전체 에너지 사용량의 35%에 해당하는 양이며, 2005년 건물부문의 에너지 사용량은 2,914Mtoe[5]로서 2050년에는 5,142Mtoe로 크게 증가할 것으로 예상된다. 이에 따라 건물부문의 이산화탄소 발생량도 2005년부터 2050년에 129% 증가할 것으로 예측된다.

OECD 국가의 건물부문 에너지 사용량 중 주거(residential)부문의 에너지 사용량은 62%, 상업(commercial)부문과 기타(other)부문이 38%로, 주거부문의 사용량이 절반 이상이다. 〈그림 1-5〉에서 2005년 OECD 국가의 가정용(household) 에너지 사용의 용도별 현황을 보면, 난방 에너지가 절반을 넘으며 가전제품 이용을 위한 에너지가 두 번째로 많이 소모되고 있음을 알 수 있다. 그런데, 가정용 에너지 소비의

---

5) toe(ton oil equivalent, 석유환산톤) : 석탄, 가스 등 1차 에너지의 발열량을 석유의 발열량으로 환산하여 동일 척도로 표기하는 에너지 단위

에너지원별 비율은 가스 33%, 전기 38%, 석유 19%, 석탄 1%이고, 신재생에너지[6]는 5%에 불과하다(IEA, 2008).

따라서 기후변화협약에 대응하기 위해서는 주거부문에서의 에너지 사용량 절감 노력이 매우 필요한데, 이때 가장 중요한 부문은 냉·난방에너지 및 가전에너지 사용량을 감소시키거나 에너지원을 현재의 화석에너지에서 신재생에너지로 전환하는 것이며, 따라서 이것이 친환경주거 계획요소의 핵심이 된다.

친환경주거의 개념과 계획요소

친환경주거(environmentally friendly housing)란 주택의 대지조성 단계부터 계획, 시공, 거주 중의 유지관리, 해체 후 폐기물 처리단계까지 총체적으로 화석에너지 사용을 줄이고 폐기물을 감소시켜 환경에 주는 부담을 최소화하는 주거이다. 더불어, 주변환경과의 연계에 의해 생태계의 순환성에 기여하며, 거주환경의 건강과 쾌적성을 확보하는 주거를 의미한다. 즉, 친환경주거는 지구환경의 보전(low impact), 주변환경과의 친화(high contact), 거주환경의 건강·쾌적성(health & amenity)을 기본개념으로 한다.

친환경주거와 같은 개념으로 쓰이는 용어들로는 지속가능한 주거(sustainable housing), 생태주거(ecological housing), 환경공생주택(環境共生住宅), 그린홈(green home) 등이 있다.

'지속가능한 주거'란 용어는 1992년 리오데 자네이로의 UN 환경회의에서 '환경적으로 건전하고 지속가능한 발전(environmentally sound & sustainable development)'의 원칙에 합의한 후 사용하게 되었다. '환경적으로 건전하고 지속가능한 발전'이란 자연환경에 이롭거나 또는 적어도 해롭지 않은 경제성장을 지칭한다. 지속가능성, 즉 에너지 절약적 측면을 강조하는 개념이다. 생태주의란 인간을 자연의 여타 부분과 다를 바 없이 자연계의 생물학적 법칙에 순응해야 하는 존재로 보고, 그

---

6) 에너지관리공단 신·재생에너지센터(http://www.energy.or.kr/). 신·재생에너지는 「신에너지 및 재생에너지 이용·개발·보급 촉진법」 제2조에 의해 기존의 화석연료를 변환시켜 이용하거나 햇빛, 물, 지열, 강수, 생물유기체 등을 포함하는 재생가능한 에너지를 변환시켜 이용하는 에너지로 다음의 11개 분야가 지정되어 있다. 재생에너지 : 태양열·태양광발전·바이오매스·풍력·소수력·지열·해양에너지·폐기물에너지(8개 분야), 신에너지 : 연료전지·석탄액화가스화·수소에너지(3개 분야)

자신이 일부를 이루고 있는 전체 생태계와의 조화의 틀 속에서만 살 수 있음을 강조한다. 생태주의는 생태공동체로 구체화되어, 미국의 아미쉬(Amish) 공동체, 호주의 크리스탈 워터스(Crystal Waters) 등의 공동체 마을이 알려져 있다. 환경공생주택은 일본에서 사용이 시작된 용어로서, 특정 동물들이 공생관계를 이루어 생존하듯이, 환경과 인간, 환경과 주택이 공생하고자 한다는 개념이다.

친환경주거는 지구환경의 보존과 거주자의 건강 추구를 위해 필요할 뿐 아니라, 현실적으로 경제적인 이유에서도 필요하다. 일부에서는 친환경주거를 과다한 초기 비용이 요구되며 거주자의 불편을 감수해야하는 주거형태로 오해하는 경우가 있으

표 1-3 친환경주거 계획요소의 예

기본 개념	기법	계획요소의 예
지구환경의 보전 (low impact)	• 에너지의 절약과 유효이용 • 자연에너지 및 미이용 에너지 이용 • 내구성의 향상과 자원의 유효이용 • 환경부담의 경감과 폐기물의 감소	• 건물의 지중화(地中化) • 단열 • 창 단열, 일사조절(블라인드, 열선반사유리, 활엽수 등) • 대지의 일조, 바람 등의 자연에너지를 적절히 이용하는 배치 • 여름철에 통풍이 충분하도록 설계 • 흙, 물, 나무를 이용하여 미기후 완화 • 내구성을 지닌 재료와 구조체 사용 • 중수, 빗물 활용 • 제조와 생산, 시공, 운반에 에너지를 적게 사용하는 건축자재, 부품, 시공법 사용 • 재이용, 재생사용이 가능한 건축자재나 부품 사용
주변환경과의 친화성(high contact)	• 생태적 순환성의 확보 • 기후나 지역성과의 조화 • 건물 내외의 연계성 향상 • 거주자의 공동체적 활동의 지원	• 옥외 녹화(옥상, 벽면 녹화) • 투수성 포장 • 동물 서식처 마련 • 지역의 기후나 대지의 미기후와 조화를 이루는 설계 • 반 옥외 생활공간, 개방이 가능한 섀시 설치 • 거주자 참여형
거주환경의 건강·쾌적성 (health & amenity)	• 자연에 의한 건강성 확보 • 건강하고 쾌적한 실내환경 • 안전성 향상 • 거주성 향상	• 대기 정화력이 강하거나 CO_2 고정도가 높은 수목 등 식재 이용 • 마감재로 천연재료나 자연소재를 이용 • 조습 능력이 있는 소재 활용 • 차음설계 • 유해가스를 방출하는 등 건강에 해로운 건축자재의 사용 지양 • 상하 온도차가 적은 쾌적한 냉·난방(복사냉·난방 등) 실현

자료 : 日 地球環境住居研究會(1994).

나, 친환경주거는 거주자에게 쾌적한 환경을 최소한의 에너지비용으로 제공하는 것을 추구하므로, 초기비용이 많이 들더라도 유지관리비용이 적게 들고 거주자의 건강유지에 유리하며, 건설회사의 입장에서는 분양률 상승, 분양 가격의 상승, 광고 효과 등의 장점을 얻을 수 있다.

그러나 지구온난화에 의한 기후변화에 주택이 미치는 영향이 크므로, 인류생존의 측면에서 친환경도시와 친환경주거는 선택이 아닌 필수라 할 수 있다.

친환경주거의 기본개념에 따른 계획요소를 살펴보면, 지구환경의 보전과 관련된 기법은 화석에너지 사용과 폐기물을 감소시켜 지구환경에 주는 영향을 최소화하는 것으로서, 단열이 기본이 되며 자연에너지를 이용하고 내구성 있는 재료를 사용하는 것이다. 주변환경과의 친화성 기법은 생태적 순환성, 지역성, 공동체 개념을 도입하여 생태계와의 조화를 이루는 것으로서 옥외 녹화, 동·식물 서식처 조성 등이 포함된다. 거주환경의 건강·쾌적성 기법은 지구환경을 보전하고 조화를 이루기 위해 토속주거에서와 같이 거주자는 불편하게 생활하는 것이 아니라, 친환경주거는 거주자의 건강과 쾌적성도 향상시켜 지구와 인간 모두를 이롭게 한다는 개념으로서, 건강한 실내환경 조성과 관련된 요소를 도입하는 것이다.

3. 기후와 주거

1) 기후디자인

기후디자인(climate design)을 위해서는 주택이 건축될 지역과 대지의 기후를 분석해야 하며, 이때 분석할 기후요소는 기온, 습도, 강수량, 바람, 일조 등이다. 이들 기후요소를 분석하여, 그 지역의 기후적 특징을 나타내는 지표를 기후지표라 하며, 기후도표와 도일이 이용된다.

🏛 기후도표

기후도표는 어떤 지역의 온열적 특성을 한눈으로 볼 수 있도록 일 년간의 기후를 그림으로 나타낸 것으로 클라이모그래프(climograph)와 하이더그래프(hithergraph)가 있다.

클라이모그래프는 월별의 평균 기온과 평균 습도를 조합한 것으로 온도를 세로축에, 습도를 가로축에 표시하여 어떤 지역의 수년간의 기온과 습도를 월 평균치로 산출한 후 이를 연결해서 완성한 그림이다. 하이더그래프는 기온과 강수량을 좌표축에 표시한 것으로 기온과 강수량은 기후의 특성을 크게 좌우하는 요소이다.

〈그림 1-6〉은 세계 각국의 클라이모그래프를 나타낸 것으로 각 도시가 상당한 차이를 보이고 있다. 예를 들어, 카이로의 폐곡선은 클라이모그래프에서 좌측 위쪽

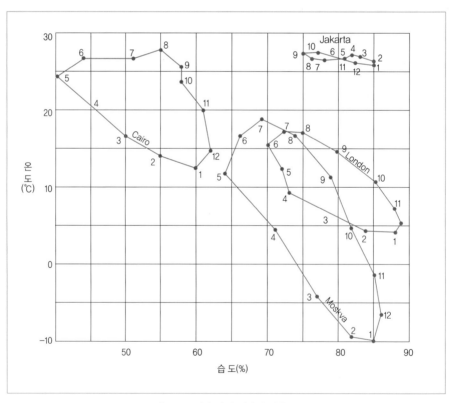

그림 1-6 세계 여러 나라의 기후도표

에 위치한다. 이는 습도가 낮고 온도가 높은 고온건조한 기후라는 것을 의미한다. 우측 상단에 폐곡선이 위치한 자카르타는 고온다습한 기후임을 알 수 있다. 모스크바의 폐곡선은 우측 중간부터 아래쪽에 위치하므로 습도가 높은 편이며, 온도는 낮은 습냉한 기후임을 말해준다. 이처럼 클라이모그래프는 폐곡선의 위치와 형태에 의해 그 지역의 온열적 특성을 한눈에 볼 수 있으며 이에 따라 기후디자인을 할 수 있다.

📊 도일

도일(度日)이란 각 지역의 난방이나 냉방을 할 때에 필요한 열량을 계산하기 위하여 고안된 지수를 말하며, 난방도일(heating degree day)과 냉방도일(cooling degree day) 등이 있다.

난방도일이란 어떤 난방온도(18℃ 또는 20℃)를 설정하고, 1일 평균 외기온이 난방설정온도보다 낮은 날에 대하여 외기온과 난방설정온도와의 차이를 겨울철 전 기간에 걸쳐 적산한 것이다.

냉방도일이란 외기온(일평균 기온)이 냉방설정온도보다 높아지는 기간 중의 그 온도차의 합계치로 나타낸다. 〈표 1-4〉는 우리나라 각 지방별 난방도일과 냉방도일을 나타낸다.

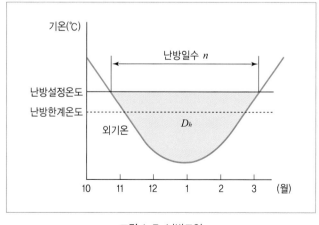

그림 1-7 난방도일

표 1-4 각 지방별 난·냉방도일 (단위 : deg℃ · day)

deg·day \ 지역	서울	인천	수원	대전	전주	광주	대구	부산	목포	울산	제주
HD_{21-21}	3621.1	3724.9	3871.9	3624.9	3334.1	3206.1	3210.2	2782.2	3032.5	3061.7	2473.7
HD_{21-18}	3565.1	3667.9	3819.3	3566.3	3278.5	3148.4	2869.5	2695.5	2964.4	2992.9	2396.0
HD_{18-18}	2868.8	2935.6	3090.9	2856.3	2598.1	2465	2476.4	2038.8	2287.9	2300.2	1746.4
HD_{18-14}	2780.8	2843.7	3001.2	2767.4	2506.3	2371.5	2382.6	1935.6	2196.5	2193.5	1638.1
HD_{18-10}	2566.3	2609.5	2775.2	2533.7	2288.8	2143.3	2170.0	1664.7	1950.4	1947.9	1313.5
CD_{24-24}	98.5	60.0	87.6	109.3	159.0	141.5	170.9	103.5	128.5	128.5	162.4
CD_{26-26}	29.8	13.0	21.9	34.0	63.7	51.1	76.6	30.7	42.7	50.4	61.2
CD_{28-28}	6.1	1.5	2.9	3.3	12.0	5.9	22.6	2.0	3.7	8.6	9.9

주 : 1) HD : 난방도일(heating degree day)
　　2) CD : 냉방도일(cooling degree day)
자료 : 임만택(2002), p. 35.

기후디자인의 원리

오랜 옛날부터 주거는 각 지역의 기후조건, 산출재료 그리고 생활기반에 의해 만들어졌다. 주거형태의 결정요인으로는 물리적인 측면과 사회문화적인 측면을 들 수 있으나 물리적인 구조체로서의 기능에는 기후가 중요한 영향요인이 된다.

기후디자인이란 기후요소의 특성에 적합하게 주택의 배치, 구조, 재료, 설비 등을 설계하는 자연형 조절방법을 말한다. 따라서 그 지역의 기후, 그리고 대지의 미기후에 적합한 주거디자인은 친환경주거 계획의 기본이 된다.

기후디자인은 기본적으로 인간생활에 필요한 실내조건과 외기조건에 차이가 있기 때문에 필요한 것이다. 따라서 인간이 건강하고 쾌적하게 거주할 수 있는 실내조건에 비해 외기조건이 벗어나는 범위에 대처하기 위한 건물의 형태, 재료 등을 선택하는 것이 기후디자인의 원리이다. 기후디자인의 기본 원리는 〈그림 1-8〉과 같이, 춥고 건조한 한랭지역(cold climate)에서는 열손실을 최소화하고 수열량 및 방풍효과를 증대하는 것, 덥고 건조한 고온건조지역(hot-arid climate)에서는 외부 열기의 실내 침입을 최대한 차단하는 것, 덥고 습한 고온다습지역(warm-humid climate)에서는 일사는 차단하고 통풍에 의해 습도와 체감온도를 저하시키는 것, 온난지역

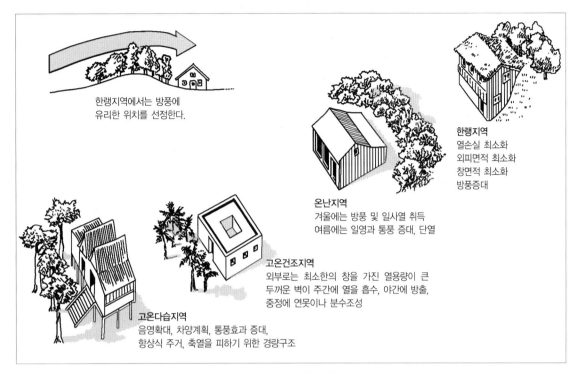

그림 1-8 기후디자인의 원리

(temperate climate)에서는 겨울철에는 한랭지역의 원리, 여름철에는 고온다습 또는 고온건조지역의 원리를 한 건물 내에 적용해야 한다. 같은 온난지역에서도 지중해지역과 같이 여름철이 건기인 지역에서는 통풍보다는 일사를 차단하는 디자인이 적용되며, 우리나라와 같이 여름철이 다습한 지역에서는 통풍효과를 증대시킬 수 있는 디자인이 적용된다.

우리나라의 기후와 주거기후구

우리나라는 연평균 기온이 12.3℃, 강수량은 1,310mm이다. 위도와 지형의 영향으로 기온은 남쪽과 동쪽 연안지방이 다른 곳보다 높으며, 내륙 산간지방은 기온이 낮다. 기온이 가장 높은 달은 8월, 가장 추운 달은 1월이며, 기온의 연교차는 25.9℃로 매우 큰 대륙성 기후를 보인다. 강수량은 7월과 8월이 가장 많고 1월이 가장 적은 몬순 기후의 특성을 나타낸다. 그러나 울릉도의 기후는 다른 지방과는 달리 겨울에도 강수량이 많은 해양성 기후의 특성을 보인다.

일 년에 비나 눈이 오는 날은 약 106일로 평균적으로 거의 3일에 한 번씩 강수현상이 발생하며, 따뜻한 계절에는 강수 강도가 세고, 추운 계절에는 약하다. 주로 남해안 지방에서 강수 정도가 크고 울릉도, 고산, 목포는 강수 강도가 약해서 국지성을 보인다. 눈일수와 안개일수 등은 지역적인 영향을 많이 받으며, 특히 안개는 내륙의 호수 부근에서 많이 발생한다.

연평균 해면기압은 1016.5hPa로 지구평균에 비하여 약간 높다. 상대습도는 약 70%인데 4월이 가장 낮고, 장마철인 7월이 가장 높다. 운량은 장마철인 7월이 가장 많으며, 12월이 가장 적은 특성을 보인다. 증발량은 비교적 기온이 높고 건조한 5월에 가장 많고, 추운 계절인 12월과 1월에 가장 적다. 6~9월은 강수량이 증발량보다 많으나 다른 기간은 증발량이 강수량보다 많으며, 특히 5월과 10월은 그 차이가 가장 크다.

최근 30년 동안의 변화추세를 보면 지구온난화가 우리나라에서도 나타나 기온이 상승하여 서리일 및 난방도일이 감소하고, 열대야 및 냉방도일이 증가하는 추세를 보이고 있다(권원태 외, 2004).

기후요소, 또는 기후요소에 의한 체감도를 기초로 하여 하나의 영토를 주거계획적으로 구분한 것을 주거기후구라 한다. 현행 건축 관련법규에 의한 우리나라의 지역구분은 「건축물의 설비기준 등에 관한 규칙」에서 지역별 건축물부위의 열관류율을 규정(표 2-11 참조)하고, 「건축물의 에너지절약 설계기준」에서 단열재의 두께 설정을 위한 지역구분으로서 중부지역, 남부지역, 제주도로 분류하고 있다.

표 1-5 건축 관련법규에서의 지역구분

지 역	시 · 도
중부지역	서울특별시, 인천광역시, 경기도, 강원도(강릉시 · 동해시 · 속초시 · 삼척시 · 고성군 · 양양군 제외), 충청북도(영동군 제외), 충청남도(천안시), 경상북도(청송군)
남부지역	부산광역시, 대구광역시, 광주광역시, 대전광역시, 울산광역시, 강원도(강릉시 · 동해시 · 속초시 · 삼척시 · 고성군 · 양양군), 충청북도(영동군), 충청남도(천안시 제외), 전라북도, 전라남도, 경상북도(청송군 제외), 경상남도, 세종특별자치시
제주도	제주도

자료 : 건축물의 에너지절약설계기준(2013. 10. 1 시행).

2) 우리나라 전통주택의 기후디자인

이와 같이 기후를 잘 반영하여 디자인된 주거의 사례는 각 나라의 민속주택에서 찾아볼 수 있다. 각 나라의 민속주택은 기후디자인 원리의 전형을 보여준다. 우리나라 전통주택에서도 우리나라 기후를 반영한 실내환경의 자연형 조절방법을 찾아볼 수 있으며, 우리나라 전통주택의 기후디자인 원리를 살펴봄으로써 현재의 주택을 자연형으로 설계하는 데 응용할 수 있는 계획요소들을 발견할 수 있을 것이다.

📊 지역에 따라 다른 평면형태

우리나라의 전통주택은 그 평면과 구조가 지역에 따라 다르게 발전하였다. 이는 지역 기후의 영향에 의한 것으로, 크게 함경도지방형, 평안도지방형, 중부지방형, 남부지방형, 제주도지방형으로 분류될 수 있다. 매우 추운 함경도지방에서는 전(田)자형의 겹집형태가 일반적이었다. 그러나, 함경도지방을 제외하면 홑집이 보편적이었다. 이는 겨울철 일사의 관입과 여름철 기류의 흐름이 용이하도록 내부 깊이를 깊게 하지 않은 것이다.

■ 함경도지방형

함경도의 기후는 전형적인 대륙성 기후로서 겨울은 5개월이나 계속되며(남부지방은 2~3개월이다), 1월 평균 기온도 −18~−20℃에 이른다. 이 지방 가옥이 추위에 유리한 겹집으로 이루어진 점도 이러한 기후와 지형의 영향 때문이다. 전자형(田字形)이라고도 불리는 이 형은 함경남북도와 강원도지방에 분포되고 있다. 정주간에 인접된 네 개의 온돌방들은 서로 그 벽을 공유하여 붙어 있는 것으로, 이는 기후적으로 혹독한 추위에 대한 방한적 효과를 꾀한 것이다. 즉, 겹집구조를 이루므로 방의 전후가 외기에 면할 때보다 열손실이 적다. 정주간 바닥은 구들이어서 매우 따뜻하다. 여름보다는 겨울을 위한 주거형으로 대청(大廳)이 없

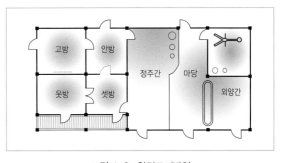

그림 1-9 함경도지방형

다. 물론 집에 따라 전후로 툇마루를 두나 이는 하나의 실(室)로 기능을 다하는 대청과는 뚜렷한 차이를 보여주고 있다.

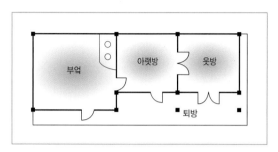

그림 1-10 평안도지방형

■ 평안도지방형

부엌, 아랫방, 웃방의 순으로 구성되어 일명 일자형(一字形)이라고 부르기도 한다. 이는 평안도지역 특유의 가옥이라기보다 우리나라 어느 곳에서나 볼 수 있는 전형적 서민가옥이다. 서민가옥은 필요불가결한 최소한의 공간으로 이루어지게 마련이므로 지역에 따른 변화를 찾아

보기는 어렵다. 다만, 이 지방을 비롯한 황해도 등지에서는 비바람이 들이치는 것을 막으려고 아랫방과 웃방 전면에 널벽을 치고 이곳을 통로로 삼거나 농기구나 밭곡식이 담긴 가마니 등을 두어 수장공간처럼 이용한다. 남부지방형과 동일한 일자형이나 다만 대청이 없는 것이 특색이다.

■ 중부지방형

중부지방형은 특히 개성(開城)을 중심으로 한 황해도와 경기도, 충청도 일부의 중부지방에 분포된 것으로 평안도지방형에 대청과 방이 ㄱ자로 붙은 것이 다르다. 이는 서울지방형으로 불리우는 ㄱ자형과 흡사한데 대청과 부엌위치가 다른 것이 차이점이다. 즉, 이 중부지방형에서는 부엌과 안방이 남향이므로 일조(日照) 및 일사(日射)에 유리하다. 서울지방형은 중부지방형처럼 ㄱ자형으로 생겼으나 부엌이 꺾인 부분에 위치하게 되고, 대청과 건넌방이 앞쪽에 나오게 된다. 방위상 대부분 부엌이 동서로 면하게 되어 중부지방에서 남향에 면하던 것과 다르다.

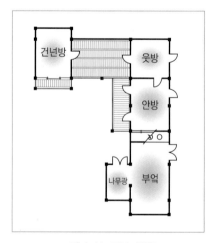

그림 1-11 중부지방형

■ 남부지방형

이 평면형은 경상남도와 전라남북도 지방에 분포된 부엌·방·대청·방이 일자형으로 구성되어, 평안도지방형처럼 일자형이나 기후적 요인으로 대청이 첨가된 것이 특징이다. 그러나 이 지역에서도 대청이 없는 평안도지방형이 다수 발견된다.

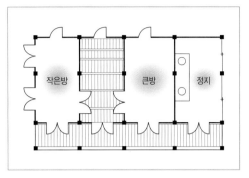

그림 1-12 남부지방형

■ 제주도지방형

제주도지방형은 이 지역에만 나타나는 특색 있는 평면으로, 중앙에 대청인 상방을 두고 좌우에 자녀들 방인 작은 구들과 부모의 방인 큰 구들을 두고, 큰 구들 북쪽에 고팡을 두어 물품을 보관한다. 부엌인 정지는 일반적으로 작은 구들 앞쪽에 두는데 취사용 아궁이가 방과 연결되지 않은 것은 기후적 배려임을 알 수 있다. 정지를 안채 옆에 따로 세우거나 부속건물에 마련하기도 하는데 기후가 따뜻하여 방에 불을 들여야 할 필요성이 적은 까닭이다. 상방과 큰 구들 앞에는 낭간이라는 툇마루가 붙어 있다. 제주도 집에서는 전면을 제외한 집 주위에 돌담을 둘러서 비바람을 막는다. 제주도는 바람이 센 곳이므로 주위에 돌담을 쌓는 외에 지붕에는 반드시 새끼로 그물을 떠서 덮는다.

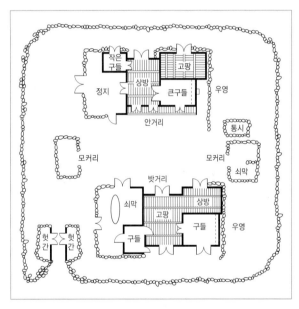

그림 1-13 제주도지방형

🏙 방위 및 일조조절

한국 전통주거의 배치는 자연환경에 순응하는 건물배치와 방위를 갖는다. 일반적으로 한국의 전통마을은 일사 획득과 북서계절풍의 차단, 남동계절풍의 취득, 조망

확보 등을 위해 남쪽을 향한 배산임수의 입지를 하고 있다. 남향 배치에 의해 여름철의 주 풍향인 남풍의 취득뿐 아니라, 남풍이 마을 전면의 강에서 열을 식혀 불어오는 효과를 얻는다.

한국의 전통주택은 일조 및 일사를 최대한 받아들일 수 있는 배치 및 평면구성으로 발달하여 왔으며, 남향의 경우 여름철의 과다한 일사 유입을 막기 위한 조절 장치로서 지붕의 처마는 태양고도가 높은 여름에 일사의 유입을 차단하고, 태양고도가 낮은 겨울에는 일사를 실내 깊은 곳까지 유도하여 쾌적한 열환경을 조성하는 역할을 하였다. 일사 획득보다 차단이 더 필수적인 제주도에서는 〈그림 1-15〉와 같은 잇단 처마를 볼 수 있다.

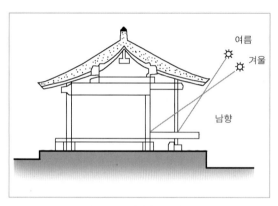

그림 1-14 처마의 수직음영각
자료 : 이경회(1993). p. 10.

그림 1-15 잇단 처마
(제주도 성읍민속마을)

구조 및 재료

우리 전통주거는 혹한의 겨울을 위한 온돌방, 무더운 여름철에 대처하기 위한 대청을 한 건물 내에 가지고 있었다. 바닥 복사열을 이용하여 난방하는 온돌은 방의 하부 온도가 높고 상부 온도가 낮게 형성될 뿐 아니라 상하온도의 차이가 적어 인체에 가장 쾌적한 난방방식으로 인정되고 있다.

한국 전통주거의 구조체는 목재와 흙으로 구성된 목구조이다. 일반적으로 우리의 전통 목구조는 조적조나 콘크리트조와 같은 중량구조에 비해 축열성이 낮아 외부기온의 변화에 대해 실내온도의 변화 시간을 지체시키는 타임랙(time-lag) 효과가 적

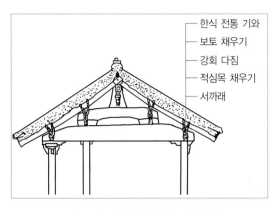

그림 1-16 전통주택의 지붕 단면(대청)
자료 : 주남철(1979), p. 158.

한식 전통 기와
보토 채우기
강회 다짐
적심목 채우기
서까래

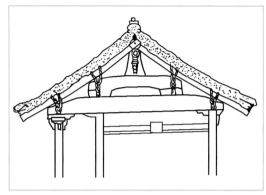

그림 1-17 전통주택의 지붕 단면(안방)
자료 : 주남철(1979), p. 159.

으므로, 외부기온이 가장 높게 상승하는 시각에 실내를 서늘하게 유지시키지는 못한다. 그러나 축열성이 큰 건물은 낮시간에 구조체에 저장한 열을 외부기온이 낮아지는 저녁과 밤 시간에 서서히 방출하므로 밤시간에 현저히 온도가 하강하는 사막 기후에는 효과적이나, 여름철에 습도가 높아 온도 하강 속도가 느린 우리나라 기후에는 적합하다고 보기 어렵다. 일반적으로 고온다습한 기후의 주택들은 통풍성능을 극대화하기 위한 조절방법을 보여준다. 따라서 축열성이 낮고 통풍성능이 좋아 습도 저하효과를 가지는 목구조가 우리나라와 같은 고온다습한 여름철 기후에 적합한 구조라고 할 수 있다.

그러나 대청을 제외한 안방, 건넌방과 같은 공간은 겨울철을 위한 공간이며 또한 여름철에도 야간에 이용하는 공간이므로 흙벽에 의한 높은 축열성이 거주자의 생활에 적합하다. 벽체 및 지붕 단열층의 대부분을 차지하는 흙은 열전도율이 낮고 단열성 및 축열성이 높을 뿐 아니라, 습도가 높을 때 이를 흡수했다 습도가 낮을 때 방출하는 습도조절 기능을 가진 재료로 알려져 있다. 또한, 온돌방에 사용한 창호재료는 한지로서 현대의 창

그림 1-18 이중창호 모습
(남산골 한옥마을)

호재료인 유리에 비해 열전도율이 낮고, 경우에 따라서는 이중창호 구조를 하여 단열성을 높였다. 따라서 한국 전통주택은 공간별로 그 공간의 기능에 적합한 재료를 사용했다고 하겠다.

통풍설계

우리나라 전통주거는 여름철을 위한 생활공간으로 시원한 대청을 고안한 주거형이라 할 수 있다. 여름철 생활공간인 대청은 맞통풍이 가능한 위치에 창호가 배치되어 있을 뿐 아니라, 외부·내부 창호의 완전개방이 가능한 '들어열개'에 의해 공기 유입구와 배출구의 크기를 거의 동일하게 함으로써 맞통풍에 의해 인체표면의 수분 증발에 의한 냉각효과를 증대시키고 있다. 서민주택의 중앙에 위치한 대청은 평면 구조상 방과 방 사이에 위치하여, 주택 전면에서 불어오는 바람이 대청으로 집중되어 통과하는 바람의 통로 역할을 함으로써 시원한 실내환경이 조성되었다. 또한 마루 밑의 음영공간은 상온보다 낮은 온도로 유지되므로 마루 밑의 차가운 공기가 마루 틈새로 통과하여 더위를 식혀주는 역할을 하였다. 마루 밑 지표면의 온도와 마루 바닥 틈새바람의 유속에는 비례관계가 있다. 외기온도가 상승하는 낮 시간에는 마루 밑의 냉각된 공기와 온도차가 커지므로 냉각공기가 더욱 많이 유입되어 주간의 자연 대류 냉방효과를 얻을 수 있다.

최윤정(2001)은 상류주택 안채의 대청과 안방에서 창호 개방조건별로 여름철 한낮의 기류속도와 실내온도를 측정하였다. 그 결과, 한국 전통주거는 통풍에 효과적인 주택형태, 즉 북측 창호가 건물과 처마에 의해 항상 그늘진 위치가 되므로 온도차에 의한 기압차로 기류가 발생하여, 외부기류가 거의 정지기류임에도 실내는 쾌적한 상태의 기류속도가

그림 1-19 맞통풍이 가능한 창호
(창덕궁 낙선재)

그림 1-20 서민주택의 대청
(충남 아산군 외암리 마을)

표 1-6 한국 전통주거의 여름철 실내온도 및 기류속도 측정·분석 요약

분석 요소		측정 및 분석결과	논 의
1. 실내환경 실태	기류속도	• 평균 0.70m/s(외부기류에 비해 0.48m/s 높음)	• 공기의 움직임을 느낄 수 있는 쾌적한 상태 • 약 2.6℃의 실온 저하효과가 있음
	실내온도	• 평균 31.0℃(외부온도에 비해 0.4℃ 낮음)	• 실내 기류에 의한 실온 저하효과를 감안하면 여름철 한낮의 체감온도 평균 28.4℃
2. 주택 형태에 의한 실내 기류 특성	측정공간별 기류속도	• 안방 평균 0.64m/s • 대청 평균 0.74m/s	• 대청의 창호개방율(30.0~50.2%)이 안방(0~24.8%)에 비해 높음
	측정공간별 실내온도	• 안방 평균 30.9℃ • 대청 평균 31.1℃	• 안방의 천장반자와 흙벽의 시간 지연효과
	측정높이별 기류속도	• 70cm 높이 평균 0.73m/s • 180cm 높이 평균 0.67m/s	• 처마에 의해 거주자 위치로 기류 방향 유도
	측정위치별 기류속도	• 기류속도가 가장 높은 측정점은 ⑧, ⑫ • 대청에서 안방 쪽의 측정점 ⑦, ⑫, ⑬의 기류속도가 높은 경향	• 남북 방향 및 동서방향의 맞통풍이 교차되는 지점 • ㄱ자 형태 건물이 기류를 유도하는 브라켓 역할
3. 창호 개방 조건에 의한 실내기류 특성	자연통풍에 효과적인 창호 개방조건 (모든 창호를 개방한 상태와 유사한 기류속도를 나타낸 조건)	• 안방 : 남측 창호와 북쪽의 동측 창호를 개방한 조건(창호개방율 6.8%, 평균 기류속도 0.65m/s) • 대청 : 북측 창호 중 안방 쪽과 중앙을 개방한 조건(창호개방율 36.8%, 평균 기류속도 0.83m/s)	• 남-북 방향의 맞통풍효과 • 북측 창호가 건물과 처마에 의해 항상 그늘진 위치가 되므로 온도차에 의한 기류 발생

자료 : 최윤정(2001), p. 43.

유지되며 이에 따라 실내온도 하강효과가 있는 것으로 나타났다. 또한, 처마에 의해 거주자 위치로 기류의 방향이 유도되며, 통풍에 효과적인 위치는 남북방향 및 동서 방향의 맞통풍이 교차되는 지점으로서, 이때 ㄱ자 형태의 건물이 기류를 유도하는 브라켓(breaket) 역할을 한다고 하였다.

Chapter 2

실내온열환경의 쾌적성

실내온열환경(indoor thermal environment)이 적절한 상태로 조절되어 열에 의해 스트레스나 긴장을 일으키지 않는 상태를 열적 쾌적(thermal comfort) 상태라 한다. 실내온열환경이 쾌적한 상태로 조절되지 못하고 너무 더운 상태가 지속된다면, 작업능률이 저하되며 체온이 상승하고 땀 분비량과 맥박이 증가하는 등 인체에 생리적인 영향을 미친다. 반대로 인간에게 너무 추운 상태가 지속되면 피부 표면과 내피의 온도가 하강하며, 일반적으로 혈류량을 감소시키거나 근육을 긴장시키고 몸을 떨거나 움직여 열을 발생시키는데 이러한 상태가 지속되면 저체온증이 된다.

실내온열환경의 쾌적성

1. 실내온열환경의 영향

1) 인간의 열적 반응

■ 열쾌적

실내온열환경(indoor thermal environment)이 적절한 상태로 조절되어 열에 의해 스트레스나 긴장을 일으키지 않는 상태를 열적 쾌적(thermal comfort) 상태라 한다. 실내온열환경이 쾌적한 상태로 조절되지 못하고 너무 더운 상태가 지속된다면, 작업능률이 저하되며 체온이 상승하고 땀 분비량과 맥박이 증가하는 등 인체에 생리적인 영향을 미친다. 반대로 인간에게 너무 추운 상태가 지속되면 피부 표면과 내피의 온도가 하강하며, 일반적으로 혈류량을 감소시키거나 근육을 긴장시키고 몸을 떨거나 움직여 열을 발생시키는데 이러한 상태가 지속되면 저체온증이 된다.

반대로 열적 자극이 너무 적은 것도 건강에 나쁘다는 지적이 있다. 예를 들면, 유아기에 에어컨이 켜진 방에서 자주 생활하면 땀을 흘리는 능력과 내서성이 부족해진다. 쥐를 사용한 실험에서는 24시간 공조가 실시된 공간에서 사육된 쥐의 수명이 짧았다는 결과가 있다(이경회·임수영, 2003). 그러나, 일정한 온열환경이 유지되지 못하고, 주택 내부라 하더라도 거실과 복도 등의 공간별 온열환경의 차이가 크거나, 갑자기 외부와 온도차이가 큰 내부에 들어가거나 하는 것은 열적 스트레스 상태가 될 수 있다. 냉방증후군이 이러한 예이다. 또한, 고령자는 갑자기 추운 환경에 노출되면 혈관수축으로 뇌졸중이 유발되어 사망하는 사례도 있으므로, 일정한 실내온열환경이 안전하다.

■ 냉방증후군

여름철 외기의 온도가 상승하게 되면 쾌적한 실내환경을 위해 냉방을 가동한다. 냉방은 당장 시원하고 작업능률을 증가시키기는 하지만, 실내·외온도차가 5~8℃ 이상되는 주거환경에 오래 노출되면 냉방증후군에 해당하는 신체증상이 나타나게 된다(이상도, 2002).

비정상적인 냉감에 의해 말초혈관의 급속한 수축을 동반한 혈액순환의 이상과 자율신경계 기능에 문제가 생기면 장운동의 조절이나 뇌의 혈류량, 혈압, 스트레스에 대한 적응, 호르몬 순환 등에 영향을 미치게 된다. 이는 두통을 일으킬 수 있고, 어지럽고, 졸리거나 장운동의 변화에 의한 다양한 위장증상을 일으킬 수 있다. 또 근육수축에 불균형이 나타나 요통이 생기고 여성에게는 호르몬이상으로 월경불순이 오기도 한다. 또 혈류의 변화로 인해 얼굴과 손, 발 등에 냉감을 느끼고 얼굴이 화끈거리거나 가슴이 두근거리기도 하며 체내에서는 열을 보충하기 위해 계속 열을 생산하기 때문에 피로가 쉽게 온다(최현석, 2003).

또 대형 건물의 중앙 냉방장치의 냉각수가 레지오넬라균에 오염되어 에어컨 공기를 통해 빌딩 전체로 퍼져서 나타나는 기침, 두통, 고열, 설사, 의식혼란, 가슴통증, 폐렴 등의 감염증상도 역시 냉방증후군으로 분류하고 있다. 호흡기가 약한 사람이나 저항력이 약한 노약자들은 급성 폐렴으로 자칫 생명까지 위협받을 수 있다(정경연, 2006). 냉방을 하는 공간은 냉방효과를 위해 거의 환기하지 않는 경우가 많은데 환기가 되지 않는 한정된 공간에서 돌고 돌던 공기는 주위의 곰팡이, 세균, 먼지같은 오염물질과 뒤섞여 나쁜 공기로 변해 사람에게 해를 입히기도 하며, 냉방기에서 나오는 각종 세균이나 미세먼지 등에 감염되어 인두와 후두에 염증이 나타나는 인후염에 걸리기도 한다.

냉방기의 사용은 냉방기의 제습작용에 의해 실내공기를 건조하게 만들어 성대를 마르게 하며, 성대가 마른 상태에서 목소리를 내다보면 성대 점막에 자극을 주고 이로 인해 성대가 붓는 성대부종이 생길 수 있다. 또한 코의 점막을 마르게 하여 후각

기능이 저하될 뿐 아니라 먼지같은 이물질을 걸러내지 못해 코를 헐게 만들거나 점막을 붓게 만들기도 한다.

이와 같이, 냉방증후군은 실내온열환경과 실내공기질에 관련된 증상이라 할 수 있다. 여름철 냉방증후군을 예방하기 위해서는 외부와 실내의 온도차를 5℃ 이하로 유지하며, 실내공기오염 방지를 위해 자주 창문을 열어 환기를 시켜야 한다. 냉방기가 계속 가동되는 곳에서는 체온의 보온에 유의해야 하며, 땀에 젖은 옷은 되도록 갈아입도록 한다. 찬 음료보다 따뜻한 물이나 차로 수분을 충분히 섭취하는 것이 좋으며, 냉각기 필터의 주기적 청소가 중요하다.

■ 난방증후군

난방증후군이란 용어는 최근 들어 나타나기 시작한 신조어로 밀폐된 공간에 난방을 지나치게 많이 할 경우 두통, 피부건조증 등의 증상이 나타나는 것을 여름철 냉방증후군과 비교해 지은 명칭이다(스포츠한국, 2006. 11. 24). 이는 의학적 용어는 아니지만 일상생활에서 신문기사, 보도자료 등을 통해 많이 사용되고 있다.

과도한 난방과 건조한 실내환경으로 인한 난방증후군은 결국 빌딩증후군의 일종이라고 볼 수 있다. 과도한 난방은 실내와 실외의 온도차를 크게 만들어 우리 몸이 적응하는 데 어려움을 겪게 한다. 인체는 '계절 적응(seasonal adaptation)'을 하는데, 겨울이라는 계절에 적응하고 있는 인체가 너무 높은 온도의 실내공간에 노출되는 것은 적응에 어려움이 생길 수밖에 없다. 난방에 의한 실내온도 상승은 상대습도를 저하시켜 실내공기가 건조해짐으로써 인체의 점막이 세균 등의 불순물을 걸러내지 못해 감기 등의 호흡기질환을 유발시키게 된다. 뿐만 아니라 겨울에는 날씨가 춥기 때문에 환기를 잘 하지 않는 것이 사실인데 환기가 되지 않는 공간의 공기오염과 산소 부족 현상은 졸림, 피로, 불쾌감, 두통 등을 유발하기도 하며, 이에 작업능률이 떨어지고 기억력이 감퇴해 정신적인 피로를 일으키기도 한다.

이와 같이 난방증후군 역시 실내온열환경과 실내공기질에 의한 증상이다. 난방증후군을 예방하기 위해서는 적절한 착의에 의한 적정 실내온도 유지가 중요하므로 과다난방이 되지 않도록 조절해야 한다. 또한 가습기나 화초 등으로 40~60%의 습도를 유지하고 주기적으로 환기를 시켜 신선한 공기를 유입하도록 하며 청소 등으로 실내공기오염원 제거에 유의해야 하고, 물을 자주 마셔 수분공급을 하는 것도 도움이 된다.

📊 인체의 열교환 시스템

인간은 음식물을 섭취하여 체내에서 영양소를 연소하고 산화작용을 통해 열을 생산하며 일정한 체온을 유지한다. 이와 같이 우리 신체 내에서의 열생산이라는 생화학적 과정을 대사(metabolism)라 하고 안정 시의 에너지대사를 기초대사라 한다.

일반적으로 열은 온도가 높은 쪽에서 낮은 쪽으로 이동하며, 열이 전달되는 경로에는 전도, 대류, 복사의 세 가지 형태가 있다. **전도**(conduction)는 물질의 이동 없이 온도가 다른 일정한 물체 내부에서 열이 전달되는 형태로서 일반적으로 고체 내부 또는 고체 간의 이동이다. **대류**(convection)는 물질이 열을 동반하고 이동하는 경우로 기체나 액체에서 일어난다. 고체의 표면에서 액체나 기체상의 매체 또는 그 반대로 유체에서 고체의 표면으로 열이 전달되는 형태를 포함한다. **복사**(radiation)는 고온의 물체 표면에서 저온의 물체 표면으로 직접 열이 이동하는 것으로 진공 중에서도 일어난다. 태양열이 지구까지 도달하는 것은 복사에 의한 열 이동의 예이다.

인체도 역시 주변의 실내환경과 전도, 대류, 복사, 수분증발 과정을 통해 열교환을 함으로써 체온을 유지한다. 전도에 의한 열교환은 피부와 접촉면 사이에 온도차

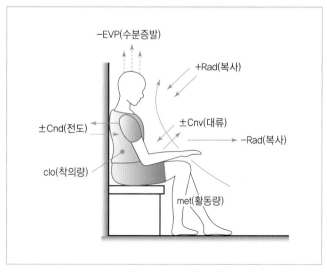

그림 2-1 인체와 주변환경과의 열교환 과정

이가 있을 때 일어난다. 예를 들어 우리가 차가운 바닥에 앉으면 피부로부터 바닥으로 전도에 의한 열이동이 일어난다. 대류에 의한 열교환은 인체 주위의 기류속도와 기온과의 관계로부터 일어나는 것으로 기류속도가 크고 기온이 낮을 때는 인체 열손실의 주요 원인이 된다. 복사에 의한 열교환은 피부온도와 주위의 표면온도에 차이가 있을 때 피부와 주위 표면 간에 직접 열의 이동이 일어나는 것이다. 예를 들면, 겨울철 난방에 의해 실내표면의 온도가 높은 경우 인체는 실내표면으로부터 복사열을 취득하게 된다. 또는 일사열이 강한 창 측에 앉아 있을 경우나 추운 겨울에 온도가 낮은 창 측에 앉아 작업하는 경우에는 우리의 체표면 온도와의 온도차이가 크기 때문에 서로 열교환이 일어난다. 수분증발에 의한 열손실은 피부로부터 땀이 날 때나 배설 시 매우 적은 양으로 일어난다. 이러한 열교환은 인체의 피부를 감싸고 있는 착의상태, 활동정도 등에 따라 달라진다.

이와 같이 인체와 실내환경 사이의 열교환은 주위환경의 기온, 습도 및 주위벽면의 온도, 기류속도와 관계되므로, 이를 실내온열환경의 물리적 4요소(thermal parameters)라고 하며, 주위환경 측면이 아닌 인체 측면에서 열교환에 영향을 주는 착의상태, 활동정도 등의 요인을 인체측 요인(personal parameters)이라 한다.

2) 실내온열환경의 쾌적요인

실내온열환경의 물리적 요소

■ 기온

기온(air temperature)은 실내온열환경의 쾌적성을 좌우하는 가장 중요한 요소이다. 체온의 정상범위는 36.1~37.2℃이며, 그 이상이 되면 불가역적인 변화를 일으켜 신경조직의 기능마비가 일어나고, 30℃ 이하로 떨어지면 각 기관의 기능이 상실되어 회복불능의 상태가 되어 항상성은 파괴된다(정문식 외, 2002).

기온은 인체의 체온조절과 밀접한 관련이 있다. 일반적으로 평균피부온도는 33.4~34.5℃이며 신체 어느 부위의 피부온도도 평균치에서 +1.5~−3℃ 차이를 넘지 않을 경우에 쾌적하다고 한다. 그러나 평균피부온도가 34.5℃ 이상이 되면 불쾌감을 느끼게 되고 또 평균피부온도가 정상범위보다 4.5℃ 이상 저하되면 불쾌한 추

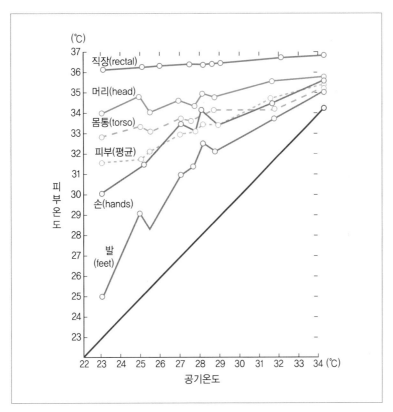

그림 2-2 실내기온과 피부온도

위를 느낀다. 실내기온이 저온일 때 신체 각 부위 중에서 손, 발이 가장 낮아진다. 반대로 피부온도보다 주변기온이 높을 경우 열방출이 어려워지는데, 이러한 상태가 지속되면 열탈진이 일어난다(이정범, 2005).

■ 상대습도

절대습도는 공기 1m³ 중에 포함된 수증기의 양을 그램(g)으로 나타내는 것으로, 수증기밀도 또는 수증기농도라고도 한다. 이에 비해 상대습도(relative humidity)는 현재 포함한 수증기량과 공기가 최대로 포함할 수 있는 수증기량(포화 수증기량)의 비를 퍼센트(%)로 나타내는 것이다. 일상생활에서 공기의 건습 정도를 나타낼 때 사용하는 습도가 바로 상대습도이다.

포화 수증기량은 공기 1m³에 최대로 포함될 수 있는 수증기량으로서 온도가 높을

수록 증가한다. 포화 수증기량이 온도에 따라 다르기 때문에 공기가 포함하고 있는 수증기량이 일정하여도 온도가 변하면 상대습도는 다른 값을 가지게 된다. 예를 들어, 더운 공기가 찬 표면에 닿으면 공기의 온도가 내려가면서 상대습도가 100%에 도달하게 되면, 더 이상 기체 상태로 존재할 수 없는 수증기가 차가운 표면에 응결된다. 자연에서는 이러한 현상으로 '이슬'을 볼 수 있고, 건물 내에서는 유리창에 물방울이 맺히는 '결로'를 볼 수 있다.

상대습도는 극단적으로 높거나 낮지 않는 한 온열 쾌적성에는 거의 영향을 미치지 않고, 인간의 습도감은 변별력이 낮다. 그러나 상대습도는 피부표면으로부터의 수분증발에 영향을 준다. 건조한 날에 세탁물이 잘 마르는 것과 같이 습도가 낮을수록 땀에 의한 방열이 촉진된다. 특히 고온환경에서는 기온과 피부와의 온도차에 의한 방열이 되지 않으므로 땀을 흘려 방열량을 늘리는 신체조절기구가 작동한다. 고온환경에서는 습도를 낮추면 온열감이 크게 개선되며 반대로 기온이 낮을 때에는 습도가 낮을 경우 추위를 더 느끼게 된다.

한편, 습도가 너무 높으면 곰팡이 등의 미생물과 집먼지진드기와 같은 미세곤충, 벌레 등의 번식이 증가한다. 이런 것들이 번식되어 있는 실내공기를 호흡하게 되면 알러지가 유발되거나 전염병의 전이 가능성이 있다고 밝혀져 있다. 이러한 것들의 번식 억제, 식료품 보관 등에는 낮은 습도가 유리하다. 곰팡이 등의 번식 억제에는 상대습도 50~60% 이하가 좋다. 반대로, 습도가 너무 낮으면 입의 점막이 건조하여 감염이 되기 쉽다. 그러나, 인플루엔자 바이러스는 건조한 지역에서 습한 경우보다 활성화된다(이경회·임수영, 2003).

■ 평균복사온도

복사온도는 기온 다음으로 실내온열환경의 쾌적성에 영향을 미치는 요소로서, 인체는 주변의 표면온도에 따라 열복사감 또는 냉복사감을 느끼게 된다. 모닥불에 손을 가까이 가져가면 기온이 낮더라도 손바닥은 따뜻함이 느껴진다. 이것은 모닥불과 손바닥 사이에 복사열 전달이 일어나기 때문이며 공기의 온도와는 관계없는 현상이다. 반대로, 우리가 차가운 유리창 부근에 있을 경우, 창틈으로의 공기이동이 없어도 창으로부터 찬바람이 들어와 추운 것으로 오인하는 수가 있다. 그러나 이는 인체의 열이 차가운 유리창 표면으로 방출되는 것이다. 이와 같이 주위의 표면온도는 온열감에 큰 영향을 미치므로, 같은 기온의 공간이라도 복사열이 있는 공간에서 더 따뜻함을 느끼게 된다.

복사열을 이용한 난방방식을 채택한 공간은 대류 난방방식의 공간에 비해 약 2~3℃ 낮은 실내온도로도 같은 쾌적조건을 제공하며, 이것은 약 11%의 에너지가 절감될 수 있는 가능성을 의미한다는 조사결과(Gernot Minke, 1995)도 있다.

바닥난방 복사열에 의한 온열감 차이를 분석하기 위하여, 인공기후실에서 바닥난방의 가동여부만을 물리적 환경의 변인으로 하고 그 외 조건은 통제한 상태에서 피험자의 온열감 반응을 조사한 실험연구(최윤정 · 심현숙 · 정연홍, 2007) 결과, 실내온도가 동일한 상태(21±0.5℃)에서 바닥난방을 가동하지 않은 경우(흑구온도 평균 23.2℃)에 비해 바닥난방을 가동한 경우(흑구온도 평균 24.8℃) 온열감에 대해 2단계 정도 더 따뜻한 쪽에 반응한 것으로 나타났다. 즉, 실내온도뿐만 아니라 복사열이 인체의 온열감에 크게 영향을 미친다는 것을 알 수 있다.

쾌적한 상태는 평균복사온도(MRT : Mean Radiant Temperature)가 기온보다 1~2℃ 정도 높을 때인 것으로 알려져 있다. 그러나 실제 생활공간에서는 난방이 가동되는 동안 또는 난방에 의해 더워진 바닥면의 표면온도가 기온보다 낮아지기 전까지, 또는 창으로부터 일사가 획득되고 있는 동안과 같이 복사열이 있는 시간이 아닌 경우는 평균복사온도가 기온과 거의 같은 상태가 일반적이며, 바닥면을 포함한 주위 표면온도가 낮을 때는 평균복사온도가 기온보다 낮은 경우도 빈번하다.

주위 표면온도를 평균한 개념을 평균복사온도라 하며, 평균복사온도는 〈식 2-1〉과 같이 흑구온도와 기류속도에 의해 구할 수 있다. 흑구온도란 버넌(Vernon)이 고안한 흑구온도계에 의해 측정된 복사열의 정도를 의미하는 개념이다. 흑구는 흑색 무광택 표면의 얇은 동판으로 된 지름 15cm의 중공구체(中空球體)이며, 온도계의 감온부 또는 온도센서가 내부 중심에 오도록 하여, 주위 복사열을 모두 흡수한 온도를 측정하는 것이다.

식 2-1

$$MRT = tg + 2.35\sqrt{v}\,(tg - ta)$$

ta : 기온(℃)

tg : 흑구온도(℃)

v : 기류속도(m/s)

그러나, 창을 닫고 생활하는 일반적인 실내공간에서 기류속도가 거의 정지기류 상태일 때 MRT ≒ tg가 되므로, 특정 변인의 인체에 미치는 영향을 파악하기 위한 실험실연구가 아닌, 창을 닫고 생활하는 일반적인 주거공간에서의 실내온열환경 평가에서는 MRT를 계산하지 않고 흑구온도 측정치를 기온과 비교하는 것으로 그 공간의 복사열 상태를 파악하기도 한다.

■ 기류

기류(air movement)는 공기의 움직임을 의미하는 것이며, 기온보다 높은 온도의 기류인지 낮은 온도의 기류(냉기류)인지에 따라 인체의 열감각은 달라진다. 냉기류가 원인이 되는 신체 일부의 바람직하지 않은 국부냉각현상을 드래프트(draft)라 한다. 기류는 대류에 의한 열손실을 증가시키므로 체감온도를 낮추는 효과가 있어, 고온환경에서는 같은 기온의 공간이라도 인체 피부표면의 땀을 방열시킬 정도 이상의 기류가 있으면 서늘한 감각을 늘리고, 한랭환경에서는 피부와 주위 공기와의 온도차에 의한 대류전열이 촉진되어 더 추워진다.

기류속도(air velocity)에 따른 인간의 일반적 반응은 〈표 2-1〉과 같으나, 더운 상태에서는 대개 0.5~1㎧ 정도에서 쾌적하게 느끼며 1.5㎧ 정도가 허용범위이다. 기류속도가 1.5㎧ 이상이 되면 가벼운 물건들이 날리어 불쾌감이 생긴다. 추울 때 난방된 실내의 기류속도는 0.25㎧를 넘지 않아야 한다. 그러나 난방된 실내에서 기류가 전혀 없거나 0.10㎧ 이하가 되면 답답함을 느끼게 된다.

일반적으로 건구온도 37℃ 이하에서 기류속도 1.0㎧까지는 매 0.15㎧ 증가 시마다 0.55℃의 실온 저하에 상당하는 효과를 얻을 수 있다(R.M.Aynsley 외, 1977).

표 2-1 기류속도에 따른 인간의 일반적 반응

기류속도(㎧)	반응
0.00~0.25	기류를 느끼지 못하여 답답함
0.25~0.50	쾌적함
0.50~1.00	공기의 움직임을 느낌
1.00~1.50	냉각효과를 느낌
1.50 이상	불쾌감을 느낌

자료 : S. V. Szokolay 저. 이경회·손장열 역(1984). p. 275.

■ 기타

일반적으로 실내의 온도는 수직방향 및 수평방향으로 위치에 따라 차이가 발생하게 된다. 특히 실내온열환경의 쾌적성과 관계되는 것은 수직의 온도차(vertical air temperature difference)이고 수평방향의 온도차와는 달리 그 차이가 동시에 몸에 지각되기 때문에 체감상 영향이 크다.

대류난방일 경우 상하의 온도 기울기는 바닥면 가까이가 저온이며, 천장 가까이가 고온이다. 인체의 쾌감도면에서 보면 머리 쪽과 발 밑의 기온차이가 1~1.5℃ 이내인 것이 좋고 적어도 3℃ 이내로 한정해야 한다. 바닥복사난방의 경우에는 수직 온도차가 적고 두한족열(頭寒足熱)의 상태가 되므로 인체에 쾌적한 난방방식으로 알려져 있다. 또한 바닥온도(floor temperature)는 공간의 평균복사온도에 큰 영향을 미치는 요소일 뿐 아니라, 인체의 발이 직접 접촉하는 부분이므로 국부불쾌감을 유발할 수 있는 요소이다. 특히 우리나라는 주택 내에서 신발을 벗고 생활하며 바닥면에 접촉하는 좌식생활을 병행하는 주생활의 특성상 매우 중요한 요소이다.

▥ 실내온열환경의 인체측 요인

■ 착의량

의복의 환경조절 측면의 기능은 인체표면과 주위환경과의 온도변화에 대한 조절이다. 의복의 열저항의 단위로 clo를 사용하는데, 1clo의 의복이란 기온 21.2℃, 상대습도 50%, 기류속도 0.1㎧의 조건에서 의자에 앉아 안정하고 있는 사람이 쾌적하게 느끼는 의복 상태이다.

착의하고 있는 의복 각각의 열저항값(표 2-2)으로부터 의복 조합의 총 열저항치를 착의량(clothing insulation value)이라고 하며, 이를 계산하는 식은 다음과 같다 (ASHRAE, 2005).

식 2-2

$$I_{cl} = 0.835 \sum i I_{clu,\,i} + 0.161$$

$I_{clu,\,i}$ = 의복 i의 유효 열저항치(clo)

I_{cl} = 의복 조합의 총 열저항치(clo)

표 2-2 의복의 열저항값

의복명	$I_{clu, i}$(clo)	의복명	$I_{clu, i}$(clo)
내의		드레스/스커트(무릎길이)	
남자 브리프	0.04	스커트(얇은 것)	0.14
팬티	0.03	스커트(두꺼운 것)	0.23
브라	0.01	긴 소매 드레스(얇은 것)	0.33
런닝셔츠	0.08	긴 소매 드레스(두꺼운 것)	0.47
긴 슬립	0.16	반 소매 드레스(얇은 것)	0.29
반 슬립	0.14	소매없는 목이 둥근 것(얇은 것)	0.23
긴 내의(상)	0.20	소매없는 목이 둥근 것(두꺼운 것) 즉, 점퍼 스커트	0.27
긴 내의(하)	0.15		
양말/신발		스웨터	
발목 길이 운동 양말	0.02	소매없는 조끼(얇은 것)	0.13
종아리 길이 양말	0.03	소매없는 조끼(두꺼운 것)	0.22
무릎 길이 양말(두꺼운 것)	0.06	긴 소매 스웨터(얇은 것)	0.25
팬티 스타킹	0.02	긴 소매 스웨터(두꺼운 것)	0.36
샌들	0.02	양복 재킷과 조끼	
슬리퍼	0.03	싱글 상의(얇은 것)	0.36
부츠	0.10	싱글 상의(두꺼운 것)	0.44
셔츠/블라우스		더블 상의(얇은 것)	0.42
소매없는 목이 둥근 블라우스	0.12	더블 상의(두꺼운 것)	0.48
반 소매 드레스 셔츠	0.19	소매없는 조끼(얇은 것)	0.10
긴 소매 드레스 셔츠	0.25	소매없는 조끼(두꺼운 것)	0.17
긴 소매 플란넬 셔츠	0.34	잠옷/외투	
반 소매 니트 스포츠 셔츠	0.17	소매없는 짧은 가운(얇은 것)	0.18
긴 소매 운동셔츠	0.34	소매없는 긴 가운(얇은 것)	0.20
바지/통작업복		반 소매 병원 가운	0.31
짧은 운동 팬츠	0.06	긴 소매 긴 가운(두꺼운 것)	0.46
워킹 운동 팬츠	0.08	긴 소매 파자마(두꺼운 것)	0.57
긴 바지(얇은 것)	0.15	반 소매 파자마(얇은 것)	0.42
긴 바지(두꺼운 것)	0.24	긴 소매 긴 외투(두꺼운 것)	0.69
운동 바지	0.28	긴 소매 짧은 외투(두꺼운 것)	0.48
작업 바지	0.30	반 소매 짧은 외투(얇은 것)	0.34
통작업복	0.49	–	–

주 : 1) 얇은 것 : 여름용

   2) 두꺼운 것 : 겨울용

자료 : ASHRAE(2005). Handbook - Fundamentals. p. 89.

■ 활동량

인체는 어떤 활동을 하느냐에 따라 대사량에 차이가 있으며, 대사량이 크면 열을 많이 생산하는 것이므로 같은 기온이라도 더 덥게 느끼게 된다. 기초대사량을 체표면적당의 열량으로 나타내면 표준 체격(신장 177.4cm, 체중 77.1kg, 체표면적 1.8m²)인 사람의 안정 시의 경우는 58.1W/m²이며, 이 값을 1met라 한다. 활동내용에 따른 대사량은 〈표 2-3〉과 같다.

　인간이 느끼는 열쾌적의 범위는 인체의 활동량(activity)에 따른 방열량에 따라 달라진다. 주거공간에서는 취침(0.7met)이라는 최소활동으로부터 청소(2.0~3.4met)

표 2-3 다양한 활동에 따른 대사량　　　　　　　　　　　　　　　　　(1met=58.1W/m²)

활동내용			W/m²	met*
휴식	수면		40	0.7
	누운 자세		45	0.8
	가만히 앉은 자세		60	1.0
	긴장을 푼 상태로 서있는 자세		70	1.2
사무활동	앉은 상태에서 읽기		55	1.0
	쓰기		60	1.0
	타자치기(typing)		65	1.1
	앉은 상태에서 서류정리		70	1.2
	서있는 상태에서 서류정리		80	1.4
	보행하는 정도의 사무활동		100	1.7
	들기/포장		120	2.1
다양한 가사작업	요리		95~115	1.6~2.0
	집청소		115~200	2.0~3.4
	앉은 상태에서 심한 팔다리 움직임		130	2.2
	기계작업	톱작업(table saw)	105	1.8
		경작업(전기공업)	115~140	2.0~2.4
		중작업	235	4.0
	50kg의 가방(자루)들 취급		235	4.0
	삽으로 파는 일		235~280	4.0~4.8

자료 : ASHRAE(2005), Handbook - Fundamentals, p. 86.

와 같은 강도 높은 작업까지 다양하므로, 각 공간의 용도에 따른 활동량을 예측하여 쾌적한 실내온열환경을 계획해야 한다.

일반적인 아파트에서 실내온열환경과 관련된 인체측 요인으로 주부들의 활동내용을 조사한 연구결과(최윤정·정연홍, 2008)에 의하면, 집안정리, 휴식, 대화, 설거지, 주방일, 식사, 청소, 빨래, 빨래널기, 전화통화, 독서, 컴퓨터, 물건이동, 다림질 등으로서, 활동량이 약 0.8~3.4met까지 다양하게 나타났다. 가족구성원 모두를 대상으로 한 선행연구(전정윤 외, 2005)에서 활동량이 0.8~2.0met이었던 것과 비교하면 주부의 활동량 범위가 넓음을 알 수 있다.

■ 기타 인체측 요인

착의량과 활동량 외의 인체측 요인으로는 연령, 성별, 체격, 건강 상태, 환경에 대한 적응도, 체질 등이 있다. 수많은 피험자를 대상으로 인공기후실에서 온열감각 (thermal sensation)에 대한 실험을 한 팡거(Fanger)의 연구결과에 의하면 연령이나 성별, 체격, 건강 상태, 인종 등에 따라 온열쾌적범위의 차이가 없었다. 예를 들면, 연령이 증가함에 따라 기초대사량은 낮아지지만, 인체의 증발열손실량 역시 작아지기 때문으로 해석된다(P.O. Fanger, 1970).

그러나, 우리는 일상생활에서 연령, 성별, 체격, 건강상태, 인종, 체질 등에 따라 온열감각이 달라 보이는 경우를 종종 경험하게 된다. 고령자는 젊은이보다 높은 온도를 좋아하고, 여자는 남자보다 높은 온도를 좋아하며, 키가 크고 마른 사람은 뚱뚱한 사람보다 높은 온도를 좋아하는 것으로 보인다. 그 이유는 이들 요인들은 요인 하나가 온열감각에 직접적으로 영향을 주기보다는 이들 요인에 따라 기초대사량과 활동내용, 착의습관에 차이가 있을 수 있어 간접적으로 온열감각에 영향을 주기 때문이다.

고령자의 온열쾌적범위는 일반 성인과 같을까? 거주자가 난방을 조절하는 지역난방 아파트에 거주하는 고령자의 실내온열환경에 대한 주관적 반응을 조사하여 고령자의 온열쾌적범위를 설정하고 난방조절 조건을 제안한 연구(최윤정, 1996)의 결과를 보면 고령자의 온열쾌적범위가 일반 성인과 차이가 있었다. 70대 연령의 착의량 1.0clo, 활동량 1.0met, 양호한 건강을 기준으로 하는 고령자의 겨울철 온열쾌적범위는 실내온도 23~28℃(중성점 25.3℃), 흑구온도 23~28℃(중성점 25.5℃), 바닥온도 26~40℃(중성점 33℃)이었다. 이러한 쾌적범위는 착의량과 활동량 조건이 같은 일반 성인을 대상으로 한 국내의 선행연구에서 제시한 쾌적범위(표 2-7)나, 외국의 온열환경 평가기준(표 2-6)에 비해 높은 결과였다. 이는 일본의 주택열환경 평가기준치(표 2-5)에서도 일반 성인보다 노인을 위한 흑구온도를 높게 제시하고 있는 것과 같은 결과이다. 따라서 고령자에게 쾌적한 온열환경을 제공하기 위해서는 일반 성인과는 별도의 온열환경 설계기준이 필요하며, 고령자 공간은 난방공급이 별도로 조절될 수 있도록 각 공간별로 온수공급 온도나 횟수를 조절할 수 있는 방식이 필요하다.

3) 실내온열환경의 설계기준

실내온열환경의 쾌적성은 인체측 요인에 따라 차이가 있으므로, 〈표 2-4〉와 같이 공간의 용도와 인체측 요인에 적합하게 조성될 수 있도록 계획하는 것이 중요하다. 이 설계기준은 일본의 건축설계자료집성을 인용한 것이며, 일본에는 연령을 고려한 평가기준도 제시되어 있다(표 2-5). 그 외 〈표 2-6〉에 국제기준으로 이용되는 ASHRAE(미국 공기조화냉동공학회)와 ISO(국제표준인증원)의 기준을 정리하였다.

표에서 OT(Operative Temperature ; 작용온도)란, 온열환경의 각 요소를 이론적·실험적으로 결합한 결과에 의한 평가지표 중 하나이다. 작용온도는 인체와 환경 사이의 열교환에 기초를 두어 기온, 기류, 복사열의 영향을 이론적으로 종합한 것으로 습도의 영향은 고려되지 않으며 기류속도 0.2㎧ 이하의 정지기류인 경우 〈식 2-3〉과 같이 나타내어진다. 이와 같이 온열환경의 물리적 요소를 결합한 결과에 의한 평가지표에는 유효온도(ET : Effective Temperature), 신유효온도(ET*), 수정유효온도(CET : Corrected Effective Temperature), 불쾌지수 등이 있다.

식 2-3

$$OT = \frac{MRT + t_a}{2} (℃)$$

MRT : 평균복사온도(℃)
t_a : 기온(℃)

표 2-4 실내온열환경 설계기준

활동내용	대사량(met)	착의량(clo)	기온(℃)	상대습도(%)	적용 예
앉은 자세	0.7~1.0	0.4~0.6 0.8~1.0	25~27 23~25	40~60 40~60	주택 · 극장
경(輕)작업	1.0~1.2	0.4~0.6 0.8~1.0	23~25 21~23	40~60 40~60	사무소 · 은행 · 학교 · 레스토랑
중(中)작업	1.4~1.8	0.4~0.6 0.8~1.0	21~24 18~21	40~60 40~60	은행 · 백화점 · 상점
중(重)작업	2.0~2.5	0.4~0.6 0.8~1.0	17~20 14~17	40~60 40~60	댄스홀 · 공장

주 : 기온≒평균복사온도, 기류속도〈0.2m/s인 경우

자료 : 연제진 역(1989). p. 109.

표 2-5 일본의 주택열환경 평가기준치(고령자 생활열환경연구회, 1991년 개정)

(단위 : ℃)

	공간 계절	거실 · 식당 (단란 · 식사)	침실 (수면)	부엌 (가사)	복도 (이동)	욕실 · 탈의실 (옷갈아입기)	화장실	비고
일 반	동 기	21±3	18±3	18±3	18±3	24±2	22±2	1.4~0.7clo
	중간기	24±3	22±3	22±3	22±3	26±2	24±2	0.7~0.5clo
	하 기	27±2	26±2	26±2	26±2	28±2	27±2	0.5~0.2clo

[주] 침구(겨울 : 이불+모포~이불, 여름 : 얇은 이불+타올~없음), 가사 : 3met

	공간 계절	거실 · 식당 (단란 · 식사)	침실 (수면)	부엌 (가사)	복도 (이동)	욕실 · 탈의실 (옷갈아입기)	화장실	비고
노 인	동 기	23±2	20±2	22±2	22±2	25±2	24±2	1.4~0.7clo
	중간기	24±2	22±2	22±2	22±2	26±2	24±2	0.7~0.5clo
	하 기	25±2	25±2	26±2	26±2	28±2	27±2	0.5~0.2clo

[주] 침구(겨울 : 이불+모포~이불, 여름 : 얇은 이불+타올~없음), 가사 : 2met

주 : 표 안의 수치는 흑구온도이고, 바닥 위 1.2m에서 측정하는 것으로 한다. 습도는 동기 30~50%, 중간기 40~70%, 하기 60~80%, 특별히 큰 복사열,
기류, 온도분포는 없는 것으로 한다.

자료 : 川島美勝 編著(1994). p. 239.

표 2-6 실내온열환경 국제기준

구분	환경조건	인체측 조건	평가기준(℃)
ASHRAE Standard (1992)	상대습도 50% 기류속도≤0.15㎧	• 0.9clo • 1.2met 이하	• OT 20.0~23.5(22.0)
		• 0.5clo • 1.2met 이하	• OT 23.0~26.0(24.5)
	※ 기준 온도는 의복 이외의 계절, 성별에 의한 차이는 없다. 　 유아, 고령자, 지체부자유자에 있어서는 하한치는 피해야 한다.		
ISO 7730 (1994)	－	• 1.0clo • 1.2met 이하	• OT 20~24(22) • 상하온도차 3 이하 • 바닥온도 19~26 • 수평복사온도차 10 이하 • 수직복사온도차 5 이하 • 상대습도 30~70%
		• 0.5clo • 1.2met 이하	• OT 23~26(24.5) • 상하온도차 3 이하 • 상대습도 30~70%

자료 : ASHRAE(1992) ; ISO(1994).

　　우리나라에서는 한국인에 적합한 실내온열환경의 기준을 설정하기 위해 인공기후실에서, 또는 바닥난방공간에서 바닥착석자세 등을 고려한 연구들이 진행되었으나(표 2-7), 아직까지 확정된 기준은 없고, 「학교보건법 시행규칙」(2013. 3. 23)의 학교교사를 위한 유지관리기준과 「건축물의 에너지절약설계기준」(2013. 10. 1)에서 냉·난방설비 용량계산을 위한 난방 시 건구온도, 냉방 시 건구온도와 상대습도 기준이 제시되어 있는 정도(표 2-8)이다.

　　최근 들어 건물의 냉·난방온도에 대한 실질적 규정으로 적용되고 있는 것은 지식경제부에서 「에너지이용합리화법」(일부개정 2010. 1. 13)에 일정규모 이상의 건축물에 대한 냉·난방온도 제한기준을 2009년 신설하여 냉방 26℃ 이상, 난방 20℃ 이하로 규정한 것이다. 2010년 1월부터는 공공기관 에너지 10% 절약을 위한 시행지침을 수립하여 실내온도기준은 냉방온도 28℃, 난방온도 18℃로 강화하고 냉·난방일수는 난방일수 72일, 냉방일수 42일로 조정하였다.

표 2-7 실내온열환경 평가기준에 관한 연구

연구자(연도)	환경조건	인체측 조건	평가기준(℃)
공성훈 · 손장열 · 이옥경(1988)	• 서울시 M아파트 10층 건물의 7층 외곽 주호 • 침실 : 온수온돌난방 • 거실 : 방열기를 이용한 대류난방방식 • 1987. 2. 26~3. 5	• 건강 상태 양호한 사람 • 눕거나 앉은 자세 • 0.8~1.0met • 응답빈도수 166회 • 평균 착의량 0.85clo	의자에 앉은 상태일 때 • 건구온도 22.0 • 흑구온도 22.7
한윤호 · 이중우 (1988)	• 국내 · 외 문헌조사	• 활동량 〈 1.2met • 착의량 0.7~0.8clo	• 작용온도 23.5±2
손장열 · 백용규 · 공성훈 · 박상동 (1991)	• 대전시에 위치한 실험주택과 단독주택	• 20~33세의 남녀 53명 • 0.6clo • 1.0met	• 흑구온도 26.3
윤정숙 · 최윤정 · 이성하(1992)	• 인공기후실 • 실내온도 22~28℃의 2℃ 간격 • 상대습도 50±10% • 흑구온도≒실내온도 • 정지기류	• 건강한 남녀 대학생 총 128명 • 남자 평균 0.6clo • 여자 평균 0.5clo • 1.0met	• 중성온도 전체 24.9, 남자 24.4, 여자 25.5 • 냉방조절온도 : 24~26
윤정숙 · 최윤정 (1992)	• 인공기후실 • 실내온도 22~26℃의 2℃ 간격 • 상대습도 50±10% • 흑구온도≒실내온도 • 정지기류	• 건강한 남녀 대학생 총 128명 • 남자 평균 0.9clo • 여자 평균 1.0clo • 1.0met	• 중성온도 전체 23.1, 남자 24.0, 여자 22.7 • 난방조절온도 : 23~24
이춘식 · 배귀남 · 이철희 · 최항철 · 명현국(1993)	• 서울시내 K건물 4개실 • 1993. 8. 12~25	• 21~58세(평균 38세)의 남자 177명, 여자 35명 • 0.34~0.78(평균 0.5)clo • 1.2met	• 기온 24.0~26.1(25.1) • OT 24.0~26.8(25.2)
윤정숙 · 민경애 · 최윤정(1994)	• 지역난방을 이용한 온수온돌난방 아파트 • 1994. 2. 21~3. 6	• 20대 후반~30대 초반, 보통체격의 건강상태가 양호한 4인의 여성 (총 응답빈도수 600) • 0.6, 0.8clo • 1.2met(소파 또는 의자 착석 상태)	실내온도 • 0.6clo 23.9~25.3(24.6) • 0.8clo 22.7~24.1(23.4) 흑구온도 • 0.6clo 17.9~27.6(22.7) • 0.8clo 18.6~22.9(20.7)
최윤정 · 심현숙 · 정연홍(2007)	• 인공기후실 • 바닥난방 가동여부 • 실내온도 : 21±0.5℃ • 상대습도 : 50±10% • 기류속도 〈 0.1㎧ • 2005. 10. 24, 10. 26	• 건강상태가 양호한 여대생 34명 • 0.5~0.8(평균 0.73)clo • sedentary • 온열감 7단계	• 동일 실내온도에서 바닥난방 가동 여부에 따라 온열감 반응에 2단계 정도의 차이 • 흑구온도의 중성역 : 24

표 2-8 우리나라 법규상의 실내온열환경 기준

구분 용도	난방 건구온도(℃)	냉방	
		건구온도(℃)	상대습도(%)
공동주택	20~22	26~28	50~60
학교(교실)	20~22	26~28	50~60
병원(병실)	21~23	26~28	50~60
관람집회시설(객석)	20~22	26~28	50~60
숙박시설(객실)	20~24	26~28	50~60
판매시설	18~21	26~28	50~60
사무소	20~23	26~28	50~60
목욕장	26~29	26~29	50~75
수영장	27~30	27~30	50~70

냉·난방설비의 용량계산을 위한 실내 온·습도 기준
(「건축물의 에너지절약 설계기준」 2013. 10. 1)

학교교사 내 환경위생 유지관리기준 일부발췌 (「학교보건법 시행규칙」 2013. 3. 23)	난방(℃)	냉방(℃)	상대습도(%)
	18~20	26~28	30~80

2. 주택의 열환경

1) 주택의 열교환

건물은 외부의 기후환경과 끊임없는 열교환이 이루어진다. 건물의 외피는 기후조건의 영향을 조절하여 쾌적한 실내온열환경을 형성하는 기후의 여과기이다. 일반적으로 실내의 열은 태양열이나 난방 및 취사열, 실내 조명설비, 인체로부터 취득되며, 취득된 열은 주택 구조체를 통해 외부로 손실되거나 환기에 의해 빠져나간다. 이때 실내에서 취득된 열과 외부로 방출되는 열이 평형을 이루지 못하면 실내온열환경은 일정하게 유지되지 못하는 상태가 된다.

일반적으로 실내의 열이 주택 외부와 교환되는 과정은 다음의 세 가지 경우이다.

📊 구조체를 통한 열이동

벽의 양측 공기에 온도차가 있을 경우에 열은 벽을 관류해서 높은 온도 쪽에서 낮은 온도 쪽으로 이동하는데, 이때 열은 다음의 두 가지 과정에 따라 이동된다. 하나는 벽체 내부에서 열전도에 의해 열이 전달되는 것이며, 이때는 벽체재료의 열전도율이 크게 관계된다. 또 하나는 벽체 표면과 주위 공기와의 사이에 온도차가 있을 때 벽표면에서 공기로, 또는 공기에서 벽표면으로 열이 전달되는 것이다.

■ 벽체구조의 전도열량

〈그림 2-3〉에서 보는 바와 같이 어떤 1개의 재료만으로 구성되어 있는 두께 d(m), 표면적 S(m²)인 벽의 양면 온도를 각각 θ_1, θ_2(℃)라 하면 열전도에 의해 1시간에 전달된 열량 H(kcal/h)는 다음 〈식 2-4〉에 의해 산출된다.

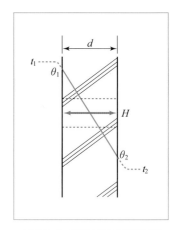

그림 2-3 벽체 내부의 열전도량

여기서 λ는 재료의 열전도율(kcal/m·h·℃)이라고 하는 것으로 재료마다 고유의 값을 갖고 있다. 열전도율 λ는 두께 1m, 면적 1m²의 재료 양면 사이에 온도차가 1℃일 때 온도가 높은 쪽에서 낮은 쪽으로 1시간에 흐르게 되는 열량을 의미한다.

공기의 열전도율은 약 0.022kcal/m·h·℃로 대단히 낮기 때문에, 대체로 많은 공기층을 포함하고 비중이 작은 재료일수록 열전도율이 낮다. 또한 재료가 습기를 함유하면 열전도율이 낮은 공기 대신에 공기보다 열전도율이 높은 물이 재료와 재료 사이에 다리를 놓는 역할을 하게 되므로 같은 재료일지라도 열전도율이 높아진다.

식 2-4

$$H = \frac{\lambda}{d}(\theta_1 - \theta_2)S$$

표 2-9 각종 건축재료의 열전도율

재료		열전도율(λ) (kcal/m·h·℃)	재료		열전도율(λ) (kcal/m·h·℃)
금속관	구리	333.30	보드	석면시멘트판	1.87
	알루미늄	172.00		플렉시블보드	0.53
	황동	94.60		목모시멘트판	0.13
	청동	21.50		파티클보드	0.13
	스테인레스강	12.90		코르크판	0.04
	강재	45.60	목재	소나무	0.15
	아연도철판	37.80		삼송	0.08
	납	29.20		노송나무	0.09
비금속	대리석	2.41		졸참나무	0.16
	화강암	2.84		나왕	0.14
	흙	0.53		합판	0.13
	모래(건조한 것)	0.42	미장재료	몰탈	0.93
	자갈	1.38		누름콘크리트	1.20
	물	0.52		회반죽	0.63
	얼음	1.90		플라스틱	0.53
	눈(200kg/m³)	0.13		흙벽	0.77
	눈(600kg/m³)	0.55		기와	0.30
콘크리트 벽돌 타일	보통 콘크리트	1.41	무기질 섬유	암면	0.05
	버림 콘크리트	1.38		유리면	0.04
	경량 콘크리트	0.45		석면	0.03
	발포 콘크리트	0.30		광재면	0.04
	신더 콘크리트	0.69		암면성형판	0.05
	기포콘크리트 4품	0.11		유리면성형판	0.03
	기포콘크리트 5품	0.14	발포수지	발포경질고무	0.03
	기포콘크리트 6품	0.16		발포페놀	0.03
	콘크리트 블록(경량)	0.60		발포폴리에틸렌	0.03
	콘크리트 블록(중량)	0.86		발포폴리스틸렌	0.05
	보통벽돌/적벽돌	0.53		발포경질폴리우레탄	0.02
	내화벽돌	0.85	섬유판 기타	연질섬유판	0.06
	시멘트벽돌	0.52		경질섬유판	0.16
	타일	1.12		후지	0.18
	고무타일	0.34		모직포	0.11
	지붕슬레이트	1.09	기타	규조토	0.08
아스팔트 수지	아스팔트	0.63		마그네시아	0.07
	아스팔트루핑(17kg)	0.16		보온벽돌	0.12
	아스팔트루핑(22kg)	0.23		발포유리	0.07
	아스팔트루핑(30kg)	0.29		탄화코르크	0.05
	아스팔트펠트(17kg)	0.10		경석	0.09
	아스팔트펠트(22kg)	0.12		신더	0.04
	아스팔트펠트(26kg)	0.19		띠 억새 등	0.06
	아스팔트타일(0.3cm)	0.28		톱밥	0.11
	리놀륨	0.16		양모	0.10
	베이클라이트	0.20		유리	0.67
보드	석고보드	0.18		벽지(비닐계)	0.23
	석고플라스터	0.35		벽지(종이계)	0.15
	펄라이트보드	0.17		벽지(초배지)	0.18

자료 : 김재수(2004). p. 86.

〈식 2-4〉에서 열전도율이 낮은 재료일수록, 또는 재료의 두께가 커질수록 전도열량이 적어지는 것을 알 수 있다. 그러므로 〈표 2-9〉와 같은 재료의 열적 성질을 고려하여, 건물 구조체는 될 수 있는 한 열전도율이 낮은 재료를 사용하거나 두께를 크게 하면 보온성이 커지게 되고 냉 · 난방효과를 증대하며 일사에 의한 벽체온도 상승의 방지에도 유효하다.

■ 벽체표면과 외부공기 사이의 열전달량

벽체의 표면온도 θ_1과 그 주위의 공기온도 t_1 사이에 온도차가 있을 때, 표면적 S (m^2)에 대하여 1시간 동안에 공기에서 표면으로, 또는 표면에서 공기로 전달되는 열량 H(kcal/h)는 다음과 같다.

식 2-5

$$H = \alpha_1 (t_1 - \theta_1)S = \alpha_2 (\theta_2 - t_2)S$$

이때 $t_1 > \theta_1$일 경우에는 공기에서 표면으로 전달되는 열량이 되고, $\theta_2 < t_2$일 경우에는 그 반대가 된다.

위의 식에서 비례상수 α는 열전달률(kal/m^2 · h · ℃)이라 한다. 열전달률은 복사를 생각하지 않는 경우 벽표면과 공기와의 온도차가 1℃일 때 표면적 1m^2당 1시간에 공기에서 벽으로, 또는 벽표면에서 공기로 이동되는 열량이다. 이 값은 벽부근의 기류속도가 커질수록 커진다. 대체로 실내보다 외기의 풍속이 크기 때문에 열전달률도 외기측에서 커진다. 또한 열전달률은 실제로는 어떤 표면과 그것을 둘러싸고 있는 다른 물체와의 사이에 복사에 의한 열전달량이 포함되어 있다. 따라서 벽표면과 주위 물체와의 온도차가 커지면 H와 α는 비례관계가 되고, 복사에 의한 열전달량이 증가하게 되므로 열전달률은 커진다. 이는 벽표면에 직접 닿는 공기에 전달되는 열은 아니지만 표면으로부터 손실되는 열이므로 포함된다. 이처럼 열전달률은 기류속도와 복사열에 의해 달라지나 설계 시에는 〈표 2-10〉의 값을 이용한다.

표 2-10 열관류율 계산 시 적용되는 실내 및 실외측 표면 열전달저항

열전달저항 건물 부위	실내표면열전달저항 Ri [단위 : ㎡·K/W] (괄호 안은 ㎡·h·℃/kcal)	실외표면열전달저항 R₀ [단위 : ㎡·K/W] (괄호 안은 ㎡·h·℃/kcal)	
		외기에 간접 면하는 경우	외기에 직접 면하는 경우
거실의 외벽 (측벽 및 창, 문 포함)	0.11 (0.13)	0.11 (0.13)	0.043(0.050)
최하층에 있는 거실 바닥	0.086(0.10)	0.15 (0.17)	0.043(0.050)
최상층에 있는 거실의 반자 또는 지붕	0.086(0.10)	0.086(0.10)	0.043(0.050)
공동주택의 층간 바닥	0.086(0.10)	-	-

자료 : 「건축물의 에너지절약설계기준」(2013. 10. 1) 별표5.

■ 복층 벽체구조의 열관류량

벽체의 재료가 단일재료가 아닌 복층재료일 경우, 앞의 두 가지 과정을 고려하여 열관류율(K)이 계산될 수 있다. 실내공기를 t_1(℃), 외기온도를 t_2(℃)라 할 때, 벽을 통해 1시간에 흐르는 열량 H(kcal/h)는 〈식 2-6〉으로 계산할 수 있다.

식 2-6

$$H = K(t_1 - t_2)S$$

여기서 K는 열관류율(kal/㎡·h·℃)로 실험이나 계산에 의해 구할 수 있는데, 여러 가지 벽체구조의 K값은 작을수록 열관류량이 적어지고 보온성이 좋다.

일반적으로 실내의 열이 외부로 전달되는 과정을 보면, 우선 실내공기로부터 내벽표면으로 열이 전달되고, 다시 내벽표면에서 재료 속을 통하여 외벽표면으로 전달된 열은 벽의 외표면에서 외기로 전달된다. n층 복합벽의 경우 K값은 〈그림 2-4〉에서와 같이 구할 수 있다. 여기서 K값을 작게 하기 위해서는 열전도율이 낮은 재료로 벽의 두께를 크게 하는 것이 유효하다.

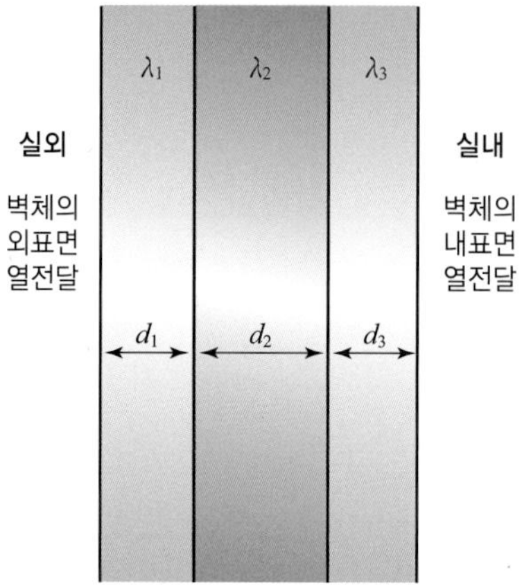

$K = 1/R$

K : 열관류율(kcal/㎡h℃)

$R = r_A + d_1/\lambda_1 + d_2/\lambda_2 + d_3/\lambda_3 + r_B$

R : 벽의 열관류저항(㎡h℃/kcal)

r_A : 벽체의 외표면열전달 저항(kcal/㎡h℃)

r_B : 벽체의 내표면열전달 저항(kcal/㎡h℃)

$\lambda_1, \lambda_2, \lambda_3$: 벽재료 각각의 열전도율(kcal/mh℃)

d_1, d_2, d_3 : 각 재료의 구성두께(m)

그림 2-4 복합벽의 열관류율

환기에 의한 열이동

실내와 주택 외부 사이의 열이동 가운데 또 하나는 환기 또는 통풍에 의한 열이동이다.

실내온도 θ_i, 외기온도 θ_o일 때 실내로부터 실내온도 θ_i의 실내공기가 1시간당 Q(㎥)만큼 외부로 유출되고, 같은 양의 온도 θ_o의 외부공기가 실내에 유입된다고 하면, 실내에서 외부로 유출되는 열량, 즉 환기에 의한 열손실 Hv는 〈식 2-7〉로 구할 수 있다.

식 2-7

$$Hv = q \cdot Q(\theta_i - \theta_o)$$

θ_i, θ_0 : 실내외의 기온(℃)

Q : 실의 환기량(m^3/h)

q : 공기 $1m^3$의 열용량(kcal/m^3 · ℃)으로, 보통의 기온에서는 약 0.30이다.

〈식 2-7〉에서 알 수 있는 바와 같이 환기에 의한 열손실은 환기량에 비례하므로 겨울철 실내의 환기는 주의가 필요하나, 여름철의 실내온도 저하를 위해서는 통풍이 유효하다.

📊 창을 통한 열이동

유리의 이용은 외기를 차단하면서 열을 취득하는 데 열환경 측면의 목적이 있으나, 이는 일사를 취득할 수 있는 주간에만 유효하며, 일반적으로 유리는 벽체에 비해 열관류율이 높아 일사를 획득할 수 없는 야간에는 열손실이 크게 발생한다는 문제점이 있다. 유리창은 일사가 있는 경우에는 태양열을 실내에 유입시키므로 유리창의 크기는 일사에 의한 실내 취득열량과 손실되는 열량의 조절에 의해 결정해야 한다. 창을 통한 열손실량은 외기온도, 유리재료의 열관류율, 창의 크기 등에 관계되며 다음 〈식 2–8〉과 같이 성립된다.

식 2–8

$$Q_L = K \cdot \Delta t \cdot A$$

Q_L : 열손실량(kcal/h)
K : 열관류율(kcal/m² · h · ℃)
Δt : 실내·외의 온도차(℃)
A : 창의 면적(m²)

대체로 실내온도는 일정하게 유지되므로 창을 통한 열손실량은 외기온도의 변동에 따라 변하게 된다. 또 창을 통한 열교환량은 창의 크기뿐만 아니라 창의 위치(방위)에 따라서도 달라진다(그림 2–5). 북쪽에 면한 창은 직사일광을 받지 않게 되므로 열취득은 거의 없는 것으로 생각해도 무방하다. 그러므로 북쪽 창은 단열성이 가장 큰 문제가 되는 반면에 남쪽 창은 적극적인 일사의 취득이 가능하다. 이때 실내에 취득되는 일사량은 유리면에 닿는 일사의 각도에 의해 다르며, 또 유리 자체의 재료특성에 따라서도 다르다.

앞에서 설명한 주택의 열교환 원리는 실내온열환경을 쾌적하게 계획할 수 있는 방법과 연결된다. 구조체를 통한 열이동의 원리에서 구조체의 열관류율을 낮게 해야하고 이를 위해 단열설계가 필요함을 알 수 있다. 환기에 의한 열손실을 줄이기 위해서는 주택을 틈새가 적은 기밀성 있는 구조로 설계해야 하며, 여름철에는 환기 열손실의 증대를 위해 자연통풍 계획이 필요하다. 창을 통한 열이동을 줄이려면 열관류율이 낮은 유리재료를 사용하고, 겨울철에는 창을 통한 열획득, 여름철에는 일

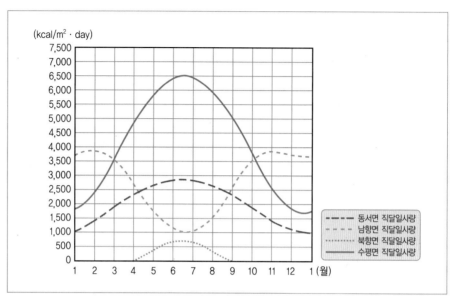

그림 2-5 방위별 수직벽의 단위면적당 유리창이 받는 월평균 일사량

자료 : 이경회(2003). p. 234.

사차단에 유리하도록 창을 남향으로 하고 일사조절 장치를 계획해야 한다.

이를 종합하면, 실내온열환경을 위한 대표적인 자연형 조절방법은 기후에 맞는 열성능을 가진 구조체 선택, 단열과 통풍설계, 창의 열성능 계획이며, 우리나라의 경우는 온난지역이므로 〈그림 1-8〉 기후디자인의 원리에서 보듯이 겨울에는 방풍과 일사열 취득, 여름에는 일영과 통풍 증대가 필요하며 겨울과 여름 모두 단열이 중요함을 알 수 있다.

2) 주택의 열성능 계획

주택의 구조체는 종류에 따라 열적인 특성이 다르기 때문에 기후에 적합한 열특성을 가진 구조체를 선택해야 한다.

단열성은 주택 구조체가 실내와 주택 외부 사이의 열이동을 차단하는 성능으로서 단열성이 좋은 주택은 당연히 실내온열환경을 일정하게 유지하는 데 유리하고 냉·난방효과도 좋다.

열용량(heat capacity)은 어떤 물체 전체의 온도를 1℃ 높이는 데 필요한 열량으로서 질량 m(kg), 비열 c(kcal/kg)인 물체의 온도를 1℃ 높이는 데에는 mc(kcal/℃)의 열량이 필요하며, 이 열량을 그 물체의 열용량이라고 한다. 즉, 주택 구조체의 열용량은 주택 구조체의 온도가 얼마나 쉽게 변하는지를 나타내는 양으로서, 조적조나 RC조와 같이 열용량이 큰 건물은 더워지는 데 오래 걸리고, 열이 잘 식지 않으므로 조절된 실내온열환경을 오랫 동안 유지한다. 열용량이 큰 구조체는 외부기후의 변화에 의해 실내온열환경이 변화되기까지 소요되는 시간을 지연시키는 성능(time-lag ; 타임랙)도 좋다. 그러나 도시의 열용량이 큰 건물과 포장도로 등은 여름철에는 더워진 상태가 밤이 되어도 잘 식지 않아 열대야를 유발하는 하나의 요인이 된다.

기밀성(air tightness)이 좋은 구조체는 치밀하고 틈새가 작은 것으로서 환기를 통한 열이동이 적으므로 역시 열성능면에서 유리하다. 그러나 지나치게 기밀성이 좋은 구조체는 침기량 부족에 의한 실내공기질의 악화와 결로발생의 가능성이 있다. 그러나 자연 침기량이 많은 구조체는 열손실이 커 냉·난방효과가 적고 에너지 사용량이 많아진다. 에너지 절약적이면서도 건강한 주택은 기밀성이 좋은 구조체로 건축하고, 환기 시스템을 설치하는 것이다.

단열

단열(insulation)이란 구조체를 통한 열이동을 막기 위한 것으로, 겨울에 따뜻하고 여름에 시원한 주택이 되기 위해 매우 중요한 요소이며, 또한 냉·난방효율을 증가시켜 에너지 절약에 필수적인 요소이므로, 친환경주거의 계획요소로서도 가장 기본이 된다.

■ 단열의 효과

외벽(바닥, 지붕 등 외기와 면한 구조부위)의 단열성능과 열용량은 실내기후에 있어 중요한 요소이다. 특히 난방의 간헐운전에 있어서 외벽의 열용량에 의한 축열효과는 실내온도의 변동을 현저히 억제하여 쾌적성 확보에 효과가 있다.

단열이 나쁘면 난방을 해도 실내공간이 잘 따뜻해지지 않는다. 대류난방의 경우, 단열이 나쁜 공간은 원하는 실내온도를 얻기 위해서는 가열량이 많아지고, 가열량이 많으면 많을수록 상하의 온도차가 커져 하부가 따뜻해지지 않고 오히려 거주역

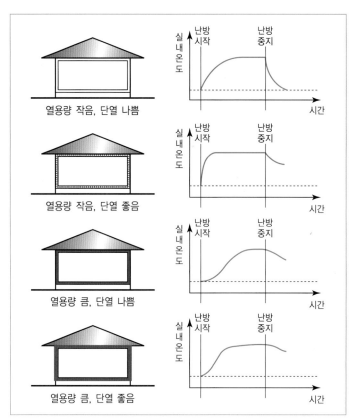

그림 2-6 단열·열용량과 실내온도의 변동

자료 : 연제진 역(1989). p. 131.

보다 위쪽에 불필요한 열이 체류하게 되기 때문에 인체에 쾌적하지 못할 뿐 아니라 효율이 나쁘다. 단열을 충분히 하면, 필요 가열량을 적게 하고 하부의 온도도 상승해서 상하의 온도차가 적어지는 동시에 벽면온도도 실내온도에 근접하게 되므로 쾌적성을 크게 향상시키고, 에너지 소비가 적어진다(그림 2-6).

■ 단열의 원리

단열에는 저항형, 반사형, 용량형의 세 가지 원리가 있다. **저항형 단열**이란 열이 흐르는 물체의 열전도저항을 크게 하여 열흐름을 적게 하는 것으로, 벽체의 열관류율을 낮게 하기 위해서는 단열재의 두께를 증가시키거나 열전도율이 낮은 재료(단열재)를 사용해야 한다. 일반적으로 단열재란 열전도율이 낮은 재료를 의미하며, 통상

0.05kcal/mh℃ 이하의 열전도율을 가진 재료를 말한다. 열전도를 적게 하는 재료들은 다공질이며 밀도가 낮은 것이 대부분이다. 공기는 기포에 의한 경량 콘크리트, 발포 플라스틱 그리고 중공(cavity)에서와 같이 저항형 단열재의 기본이 되고 있다. 이때 단열재의 역할을 하는 공기는 움직여서는 안 된다. 만약에 공기가 움직이게 된다면 대류에 의한 열전달을 하게 될 것이기 때문이다. 일반적으로 다공질 또는 섬유질의 기포성 단열재의 경우 공기가 충진된 작은 입자 내에서는 대류나 복사 열전달은 무시할 정도이며, 재료의 열전도율은 정지된 공기의 값에 가까워진다. 즉, 기포 단열재의 역할은 공기를 정지시키는 것이다. 저항형 단열재의 열전도율은 앞의 〈표 2-9〉에서 볼 수 있다.

그림 2-7 저항형 단열
자료 : Thomas Schmitz-Günther(1999), p. 120.

반사형 단열은 복사열에너지를 반사해서 열의 전달을 방지하는 것을 말한다. 약 60%의 열전달이 복사에 의해 이루어지는 중공벽이나, 약 50~70%의 열전달이 복사에 의해 이루어지는 다락이나 마루에서와 같이, 복사의 형태로 열전달이 이루어지는 공기층에 매우 유효한 단열방법이다. 재료 표면의 열반사를 이용하는 반사형 단열재는 보통 반사율이 좋은 금속박판을 이용하여 많이 쓰는데, 이 경우, 금속박판은 열전도율이 매우 높기 때문에 구조체와 닿지 않게 〈그림 2-8〉과 같이 시공해야 한다. 이러한 점을 보완하기 위해 최근에는 금속박판과 저항형 단열재가 일체화된 단열재가 생산되고 있다.

그림 2-8 반사형 단열
자료 : 대군통상 반사형 단열재 홍보자료.

그림 2-9 용량형 단열
(이태리 베로나)

용량형 단열이란 엄밀한 의미에서는 단열이라 할 수 없지만, 〈그림 2-9〉의 건물과 같이 열용량이 큰 재료의 타임랙효과를 이용하면, 우리나라의 경우 여름철에도 오전 중에는 서늘한 실내온열환경을 조성할 수 있다. 그러나 한낮에 더워진 구조체가 일몰 후에 외부기온이 하강해도 잘 식지 않는 문제가 있다.

일반적으로 모든 건축재료는 열전달을 억제하는 성질과 열전달을 지연시키는 성질을 동시에 가지고 있으며, 재료에 따라서 한 가지 성질이 우수하면 다른 성질은 그렇지 못한 것이 일반적이다. 예를 들어, 벽돌이나 콘크리트는 많은 양의 열을 흡수하여 지연시킬 수 있으나 열전달을 억제하는 능력은 극히 작으며, 반면에 유리섬유와 같은 단열재는 열전도를 억제하는 능력은 매우 크나 열에너지를 흡수하거나 열전달을 지연시키는 능력은 극히 작다. 따라서 이들 재료들이 복합적으로 구성되는 벽체는 위의 두 가지 성질을 동시에 지닌다.

벽체에서 이 두 성질, 즉 열전달을 억제하는 성질은 벽체의 (저항형) 단열성능으로 표현되며, 열전달을 지연시키는 성질은 벽체가 지니는 열용량에 의해 〈그림 2-10〉과 같은 타임랙(time-lag)으로 설명될 수 있다. 타임랙이란 외부기온의 피크에 대하여 구조체 내에서 일어나는 피크의 지연시간을 말한다. 바로 열전달을 지연시키는 후자의 성질에 의해 오전 중에 단열과 유사한 효과를 얻는 것을 용량형 단열이라 한다.

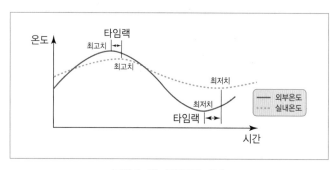

그림 2-10 타임랙의 개념

■ 단열의 종류

단열의 종류는 단열재를 구조체의 실내측에 부착하는지, 복합벽체의 중간에 충전하는지, 외부측에 부착하는지에 따라 내단열과 중단열, 외단열로 구분된다. 실내온도가 동일하다고 할 때 외단열의 경우에는 구조체 자체의 온도가 실내온도에 가깝게 유지될 수 있으나 내단열의 경우에는 구조체 자체의 온도가 외부온도에 가까우므로, 단열의 효과나 구조체 내부의 결로발생 측면에서 외단열이 바람직하다.

최근에는 건물외벽에 부착하는 외단열재들이 다양하게 생산되므로 신축주택뿐 아니라 리모델링하는 건물에도 외단열을 채택할 수 있다. 최근 건설사들에서는 〈그림 2-12〉와 같이 수퍼단열재를 이용한 에너지절약 주택을 연구개발하여 실용화 단계 적용시험 중에 있다.

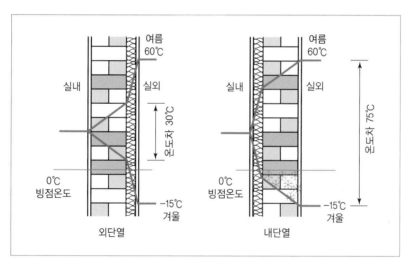

그림 2-11 내·외단열의 비교

■ 단열의 부위

구조체의 단열부위는 구조체가 외기와 접하는 부분, 즉 지붕, 벽, 바닥을 생각할 수 있다.

벽체는 주택을 구성하는 주요 구조부 중 가장 많은 면적을 차지한다. 따라서 손실되는 열량도 주택 전체의 35% 정도로 다른 부위에 비해 가장 크므로 단열 시 가장 먼

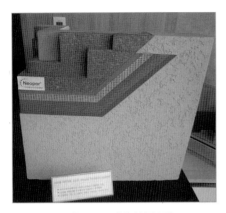

그림 2-12 외벽단열시스템
(D산업 건축환경연구센터)

저 고려해야 한다. 단열 시공 시에는 벽체의 테두리부와 접합부위 등에서 단열이 끊기지 않도록 주의해야 한다.

창을 통한 열손실을 포함한 주택 전체의 열손실 중 지붕과 천장을 통한 열손실이 약 25%를 차지하는데, 벽체와의 면적으로 비교할 때 지붕을 통한 열손실이 크다고 할 수 있다. 지붕에 단열재를 시공하는 것은 천장 위 지붕 속의 공간까지 난방하는 결과가 되므로 에너지 낭비가 된다. 따라서 천장 쪽을 단열하는 것이 단열효과를 훨씬 증대시키는 것은 물론 시공상으로도 용이하고, 겨울철의 보온뿐 아니라 여름에 시원한 주택을 위한 필수요소이다.

우리나라 주택에서는 대부분 바닥난방을 채택하므로 난방 열손실 방지를 위해 바닥의 단열 역시 매우 중요하다. 아파트 1층 바닥의 단열이 미비한 아파트에서 지하실 천장표면온도가 매우 높게 측정된 사례가 있다. 이러한 경우 에너지 낭비는 물론이고 지하실의 실내온도 상승으로 겨울철에도 모기 등 각종 해충의 서식이 더욱 용이하게 된다.

■ 단열설계 기준

주택의 단열설계와 직접 관련된 법규는 「건축물의 에너지절약 설계기준」(2013.10.1 시행) 제2조 (건축물의 열손실방지 등)이 해당되며, 관련된 내용은 다음과 같다.

제2조 (건축물의 열손실방지 등)

① 건축물을 건축하거나 용도변경, 대수선하는 경우에는 다음 각 호의 기준에 의한 열손실 방지 등의 에너지이용합리화를 위한 조치를 하여야 한다.

1. 거실의 외벽, 최상층에 있는 거실의 반자 또는 지붕, 최하층에 있는 거실의 바닥, 바닥난방을 하는 층간 바닥, 창 및 문 등은 별표1의 열관류율 기준 또는 별표3의 단열재 두께 기준을 준수하여야하고, 단열조치 일반사항 등은 제6조의 건축부문 의무사항을 따른다.

2. 건축물의 배치·구조 및 설비 등의 설계를 하는 경우에는 에너지가 합리적으로 이용될 수 있도록 한다.

표 2-11 지역별 건축물 부위의 열관류율표 (「건축물의 에너지절약 설계기준」 별표1)　　　(단위 : $W/m^2 \cdot K$)

건축물의 부위		지 역	중부지역[1]	남부지역[2]	제주도
거실의 외벽	외기에 직접 면하는 경우		0.270 이하	0.340 이하	0.440 이하
	외기에 간접 면하는 경우		0.370 이하	0.480 이하	0.640 이하
최상층에 있는 거실의 반자 또는 지붕	외기에 직접 면하는 경우		0.180 이하	0.220 이하	0.280 이하
	외기에 간접 면하는 경우		0.260 이하	0.310 이하	0.400 이하
최하층에 있는 거실의 바닥	외기에 직접 면하는 경우	바닥난방인 경우	0.230 이하	0.280 이하	0.330 이하
		바닥난방이 아닌 경우	0.290 이하	0.330 이하	0.390 이하
	외기에 간접 면하는 경우	바닥난방인 경우	0.350 이하	0.400 이하	0.470 이하
		바닥난방이 아닌 경우	0.410 이하	0.470 이하	0.550 이하
바닥난방인 층간바닥			0.810 이하	0.810 이하	0.810 이하
창 및 문	외기에 직접 면하는 경우	공동주택	1.500 이하	1.800 이하	2.600 이하
		공동주택 외	2.100 이하	2.400 이하	3.000 이하
	외기에 간접 면하는 경우	공동주택	2.200 이하	2.500 이하	3.300 이하
		공동주택 외	2.600 이하	3.100 이하	3.800 이하

비고

1) 중부지역 : 서울특별시, 인천광역시, 경기도, 강원도(강릉시, 동해시, 속초시, 삼척시, 고성군, 양양군 제외), 충청북도(영동군 제외), 충청남도(천안시), 경상북도(청송군)

2) 남부지역 : 부산광역시, 대구광역시, 광주광역시, 대전광역시, 울산광역시, 강원도(강릉시, 동해시, 속초시, 삼척시, 고성군, 양양군), 충청북도(영동군), 충청남도(천안시 제외), 전라북도, 전라남도, 경상북도(청송군 제외), 경상남도, 세종특별자치시

📊 결로 방지

결로(dew condensation)는 공기 중의 수증기가 차가운 표면에 닿아 생기는 현상으로서, 〈그림 2-13〉과 같이 유리창과 같은 불투습성의 재료표면에 물방울이 맺히는 표면결로와 흡수성 물질에는 구조체 내부에 발생하는 내부결로가 있다. 내부결로는 곰팡이류, 각종 균의 번식으로 인해 건강에 영향을 미치고 마감재의 손상 및 불쾌한 냄새가 발생하게 되며, 변형에 의해 주택재료와 구조체에 해를 끼치게 된다.

결로의 원인은 높은 습도와 차가운 표면이다. 따라서 주택 내부의 결로 발생은 겨울철에 더 심하다. 실내·외의 큰 온도차에 의해 벽체의 표면온도가 실내공기의 노점온도보다 낮은 부분이 생기게 되면 결로가 발생하며 이러한 현상은 벽체 내부에서도 생긴다. 벽체의 표면온도가 낮은 부분은 단열이 미비하거나 단열재 접합부의 열교(heat bridge)현상 발생 부분에 존재한다. 이는 흔히 〈그림 2-14〉와 같이 공간의 모서리에 결로가 생겨 곰팡이가 발생하는 이유이다. 또한, 습기를 머금은 공기가 차가운 표면과 만나는 시간이 길수록 결로 발생이 쉬운데, 이렇게 공기가 정체되어 있는 부분에 결로가 발생하는 예가 가구 뒷부분이다(그림 2-15).

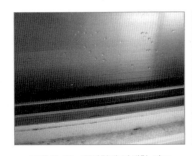

그림 2-13 유리창에 발생한 결로　　　**그림 2-14** 모서리부위의 결로　　　**그림 2-15** 가구 뒷부분의 결로

따라서 결로의 방지를 위해서는 차가운 표면이 생기지 않도록 단열에 의해 벽체 표면온도를 실내온도와 가깝게 유지하고 단열재의 접합부 시공을 철저히 하는 것이 중요하다. 또한 공기의 정체를 감소시키고 높은 습도를 저하시키기 위해서는 환기가 유효하며, 구조체가 기밀한 경우 자연환기구를 계획할 필요가 있다.

「주택건설기준 등에 관한 규정」(2013.6.17)에서 공동주택의 결로 방지에 대한 규정을 발췌하면 다음과 같다.

제14조의3(벽체 및 창호 등)

① 500세대 이상의 공동주택을 건설하는 경우 벽체의 접합부위나 난방설비가 설치되는 공간의 창호는 국토교통부장관이 정하여 고시하는 기준에 적합한 결로(結露)방지 성능을 갖추어야 한다.

② 제1항에 해당하는 공동주택을 건설하려는 자는 세대 내의 거실·침실의 벽체와 천장의 접합부위, 최상층 세대의 천장부위, 지하주차장·승강기홀의 벽체부위 등 결로 취약부위에 대한 결로방지 상세도를 법 제22조제2항에 따른 설계도서에 포함하여야 한다.

③ 국토교통부장관은 제2항에 따른 결로방지 상세도의 작성내용 등에 관한 구체적인 사항을 정하여 고시할 수 있다.

[본조신설 2013.5.6.] [시행일 : 2014.5.7]

통풍설계

통풍(cross ventilation)의 첫 번째 기능은 피부로부터 수분 증발을 촉진시켜 인체를 냉각시키고, 대류를 증가시켜 피부로부터 열손실을 증가시키는 것이다. 이러한 기능을 위해서는 인체 높이에서 감지되는 충분한 속도의 기류가 있어야만 하며, 이는 실내온도를 저하시키는 것이 아니라 증발과 대류 열손실을 증가시키는 기류속도의 냉각효과이다.

통풍의 두 번째 기능은 건물 자체를 냉각시키는 것으로, 이러한 기능은 건물 외부와 내부에 온도차가 있어야 가능하다.

■ 실내기류에 영향을 미치는 외부조건

건물 전면의 물리적 특성은 실내로 유입되는 기류에 영향을 준다. 검은색 계통의 포장된 도로는 바람의 온도를 상승시키며, 모래성분이 많은 땅은 먼지를 많이 발생시켜 실내공기를 오염시킨다. 고온다습한 기후에서는 열쾌적성을 위해서 무엇보다도 신선한 공기의 흐름이 필요하므로 잔디나 나무를 심는다. 이것은 지면에 그림자를 만들고, 공기를 냉각시키며, 먼지를 걸러내는 역할을 한다.

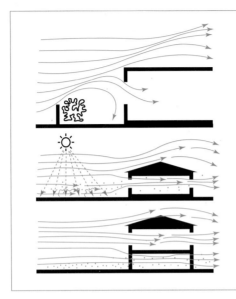

- 건물 가까이에 있는 울타리나 식물들은 바람이 개구부를 통해 실내로 유입되는 것을 방해한다.

- 창문 밖의 어둡고 먼지가 많은 표면은 실내에 불쾌감을 조장한다.

- 지표면보다 높이 있는 방은 지면의 영향을 적게 받아 신선하고 깨끗한 공기를 유입한다.

그림 2-16 실내기류에 미치는 외부의 영향

자료 : 이경회(2003). p. 145.

■ 실내기류에 영향을 미치는 개구부 조건

유출구와 유입구의 크기 및 수는 실내 유속에 큰 영향을 미친다. 유출구의 폭이 고정되어 있고 유입구의 폭만 증가시키면 실내 기류속도의 변화는 거의 없다. 유입구

표 2-12 평균, 최대 유속에 미치는 유입구와 유출구 폭의 효과 (단위 : 외기에 대한 %)

바람 방향	유출구 크기	유입구 크기					
		1/3		2/3		3/3	
		평균	최대	평균	최대	평균	최대
수직	1/3	36	65	34	74	32	49
	2/3	39	131	37	79	36	72
	3/3	44	137	35	72	47	86
경사	1/3	42	83	43	96	42	62
	2/3	40	92	57	133	62	131
	3/3	44	152	59	137	65	115

자료 : 이경회(2003). p. 147.

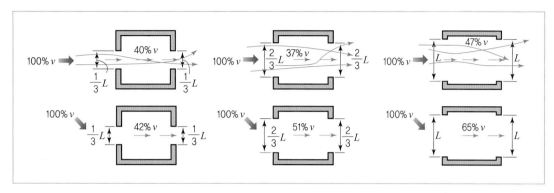

그림 2-17 개구부가 서로 마주보고 있는 맞통풍의 경우, 바람의 방향과 개구부의 크기에 따른 실내기류
자료 : 이경회(2003). p. 148.

에 비해 유출구가 클 때는 실내 유속이 다소 증가되기는 하나, 어느 한쪽 개구부의 폭만 증가시키는 것은 큰 의미가 없다. 〈표 2-12〉를 보면, 바람의 방향이 수직인 경우, 평균 기류속도가 가장 크게 되는 조건은 유출구와 유입구의 크기가 모두 3/3일 때이지만, 현실적으로 벽체의 개방율을 3/3이 되도록 계획하는 것은 무리가 있다. 3/3 크기를 제외하고 살펴보면, 유입구 크기 1/3이면서 유출구 크기 2/3일 때 평균 기류속도가 상당히 크게 나타나고 있다. 또한 경사 바람의 경우 유입구와 유출구의 크기가 2/3일 때 효과적인 것으로 보인다.

　맞통풍은 실의 유입구 및 유출구가 외부에 면하고, 그 위치가 각각 풍향측(+압)과 풍배측(−압)에 있을 때의 실내 기류현상을 의미한다. 즉, 1개 이상의 개구부가 바람이 불어오는 쪽의 벽이나 지붕에 있고, 1개 이상의 개구부가 바람이 불어가는 쪽의 벽이나 지붕에 배치된 경우에 맞통풍현상이 일어난다. 〈그림 2-17〉을 보면, 유입구와 유출구가 서로 마주보고 있을 때 유입구와 유출구의 폭을 동시에 증가시키면 실내 기류속도가 증가한다. 그러나 유입구와 유출구 중에서 어느 한쪽의 폭을 고정시키고 다른 한쪽의 폭을 늘리면 실내 유속의 증가는 완만하다. 창호가 바람의 방향에 수직인 경우보다 경사일 때, 유입구와 유출구 크기가 2/3일 때 효과적인 것으로 보인다.

　통풍설계는 1장에서 설명한 우리나라 전통주택의 자연통풍 원리와 같이, 주택의 남쪽과 북쪽의 기압차에 의한 기류발생현상을 이용하면 더욱 효과적일 수 있다.

표 2-13 측정주택의 특성

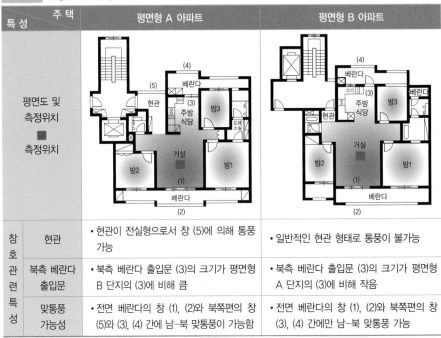

특성	주택	평면형 A 아파트	평면형 B 아파트
평면도 및 측정위치 ■ 측정위치			
창호관련특성	현관	• 현관이 전실형으로서 창 (5)에 의해 통풍 가능	• 일반적인 현관 형태로 통풍이 불가능
	북측 베란다 출입문	• 북측 베란다 출입문 (3)의 크기가 평면형 B 단지의 (3)에 비해 큼	• 북측 베란다 출입문 (3)의 크기가 평면형 A 단지의 (3)에 비해 작음
	맞통풍 가능성	• 전면 베란다의 창 (1), (2)와 북쪽편의 창 (5)와 (3), (4) 간에 남-북 맞통풍이 가능함	• 전면 베란다의 창 (1), (2)와 북쪽편의 창 (3), (4) 간에만 남-북 맞통풍 가능

자료 : 최윤정·김정민(2006). p. 347.

■ 아파트 평면형에 의한 맞통풍효과

거주자가 생활하고 있는 아파트에서 평면형에 따른 맞통풍효과에 의해 여름철에 실내온열환경의 조절이 실제로 어느 정도 이루어지는지 알아보기 위하여(최윤정·김정민, 2006), 같은 건설회사의 인접한 두 개 단지를 대상으로 현장측정과 설문조사를 하였다. 평면형 A 아파트 단지는 현관전실에 창이 있고 북측 베란다 출입문의 크기가 커서 전면 베란다와 두 개의 남-북 맞통풍 통로가 형성될 것으로 판단되며, 평면형 B 아파트 단지는 현관에 창이 없고 북측 베란다 출입문의 크기가 작아 전면 베란다와의 남-북 맞통풍량이 상대적으로 적을 것으로 생각되어 조사대상으로 선정하였다. 거주자 174명을 대상으로 설문조사를 실시하고, 평면형에 따라 각 한 개의 주택에서 냉방은 가동하지 않은채 거실과 관련한 모든 창호는 열어둔 상태에서 실내온열요소를 측정하였다.

그 결과, 맞통풍이 가능한 평면형 A 아파트는 평면형 B 아파트에 비해 실내기류속도 상승(평균 0.29㎧ 차)으로 인해, 여름철 실내온도(평균 0.9℃ 차)와 흑구온도

(평균 0.7℃ 차)가 낮게 나타났고, 8월 말 날씨에서 냉방 가동 없이 오전 중에는 쾌적한 상태로 유지가 가능한 것으로 나타났다. 설문조사 결과도 두 집단 간에 에어컨 가동 정도, 창문개방 정도와 그 이유, 온열감, 기류감 반응에서 의미 있는 차이가 있어, 맞통풍이 가능한 아파트 거주자가 맞통풍이 원활하지 못한 아파트 거주자에 비해 통풍성능에 양호하게 반응하고 있는 것으로 해석되었다. 따라서, 아파트 평면설계 시 맞통풍이 가능한 평면 도입이 바람직하다고 판단된다.

창의 열성능 계획

■ 남향 창의 효과
남향 창을 이용한 일사의 이용방법으로는 〈그림 2-18〉과 같이, 직접획득형, 축열벽형, 부착온실형 등이 있다.

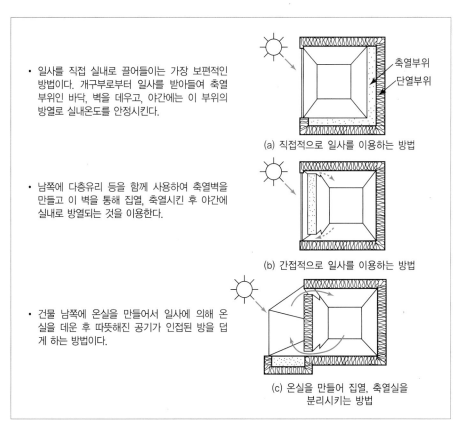

- 일사를 직접 실내로 끌어들이는 가장 보편적인 방법이다. 개구부로부터 일사를 받아들여 축열 부위인 바닥, 벽을 데우고, 야간에는 이 부위의 방열로 실내온도를 안정시킨다.

(a) 직접적으로 일사를 이용하는 방법

- 남쪽에 다층유리 등을 함께 사용하여 축열벽을 만들고 이 벽을 통해 집열, 축열시킨 후 야간에 실내로 방열되는 것을 이용한다.

(b) 간접적으로 일사를 이용하는 방법

- 건물 남쪽에 온실을 만들어서 일사에 의해 온실을 데운 후 따뜻해진 공기가 인접된 방을 덥게 하는 방법이다.

(c) 온실을 만들어 집열, 축열실을 분리시키는 방법

그림 2-18 자연 에너지를 유용하게 활용한 건물의 보온설계방법

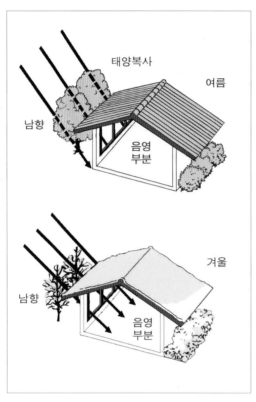

그림 2-19 남향 창의 효과

그러나 일사를 차단해야 하는 경우도 있으므로 쾌적한 실내환경 조성을 위해서는 〈그림 2-19〉와 같이 겨울에는 태양열을 취득하고, 여름에는 태양열을 차단할 수 있도록 건물 창의 방위를 남향으로 하며 적절한 길이의 처마를 설치하고 남향 창 앞에 활엽수를 식재하는 것이 유리하다. 남향 창 앞의 활엽수는 여름철에는 무성한 잎으로 일사를 차단시켜 주고, 잎이 지는 겨울철에는 일사획득을 방해하지 않는다.

실제로, 남향의 창이 있는 공간은 겨울철에 일사를 취득할 수 있어 실내온열환경 조성에 유리하나, 겨울철의 깊숙한 일조에 의해 눈부심이 유발될 수 있다. 또한, 여름철에는 남향의 공간이 북향의 공간보다 일사 취득에 의해 기온이 높다. 따라서, 남향 창의 효과를 얻으면서 눈부심 방지, 원하지 않는 일사 취득 방지를 위해서는 반드시 처마와 같은 일사차단 장치가 필요하다.

그러나, 현재 신축되어지는 우리의 주택들은 전통주택과 같은 처마가 전혀 없는 형태이기도 하고, 아파트에서는 전면 발코니의 천장부분이 처마와 같은 역할을 함에도 불구하고 실내공간을 발코니까지 확장함에 따라, 여름철에 일사를 거의 차단하지 못하고, 일조조절

그림 2-20 발코니 확장형 실내공간

종류	두께 (mm)	가시광선(%)		태양광선(%)			열관류율 (kcal/㎡·h·℃)
		반사율	투과율	반사율	투과율	흡수율	
투명유리	3	7.9	90.5	7.6	87.6	4.8	5.98(1.0)
	5	7.9	89.5	7.4	84.7	7.8	5.78(0.98)
열선흡수유리	3	6.6	72.5	6.5	72.0	21.5	5.88(1.0)
열선반사유리	6	40.0	58.0	30.0	60.0	10.0	5.75(0.98)
복층유리	12	14.5	82.5	13.5	77.2	9.3	3.09(0.53)
	16	14.2	80.8	12.8	72.4	14.8	3.03(0.52)
열선흡수 복층유리	12	10.8	66.0	10.5	63.5	26.1	3.09(0.53)
	16	9.0	55.7	8.7	52.3	39.0	3.03(0.52)

을 위한 블라인드를 낮에도 사용하는 사례가 빈번하다.

'일사(solar radiation)'는 태양열을 의미하며, '일조(sunshine)'는 태양빛을 의미하므로, 일조조절에 대해서는 6장에서 다룬다.

■ 유리의 종류

창은 일반적으로 유리라는 재료로 만들어지므로, 단열 시공된 벽체에 비해 단열성이 매우 낮다. 따라서 창을 통한 열이동을 줄이려면 열관류율이 낮은 유리재료를 사용하고, 여름철의 열취득량을 줄이려면 열선흡수유리를 사용할 수 있다. 복층유리는 유리와 유리 사이에 공기층을 단열재로 이용하는 원리로서 12mm 복층유리의 열관류율은 일반 3mm 단층유리의 1/2 정도로 낮다. 태양열의 투과를 적게 하고 가시광선을 될 수 있는 한 많이 투과할 수 있도록 개발된 열선차단유리는 5mm의 두께로 태양으로부터의 열선의 약 36%를 차단할 수 있다. 최근에는 유리에 시공하는 자외선차단필름, 단열성이 매우 향상된 초고성능 복층유리 등이 시판되고 있다.

◾ 그 밖의 열환경 계획요소

앞에 설명한 열환경 계획요소 외에 주택을 겨울에 따뜻하고 여름에 시원하게 하는 계획요소들로는 지붕과 벽면 녹화, 복토주택, 주변의 미기후(micro climate) 조성 등을 들 수 있다. 지붕과 벽면녹화는 지붕과 벽면에 그늘을 만들고 단열성을 높이는

그림 2-21 복토주택
(파주 헤이리 예술마을)

그림 2-22 조절식 차양
(파주 헤이리 예술마을)

효과에 의해, 일반적인 지붕과 비교할 때 녹화 밑 부분의 지붕 표면이 여름철에 20℃ 이상 저하되는 것으로 나타난 바 있다. 또한 지붕녹화는 주택을 건설함으로써 훼손된 자연의 면적만큼을 식물 식재를 통해 다시 자연으로 회복시키는 의미가 있다.

주택은 그 지역의 기후에 적합해야 할 뿐 아니라 주택이 위치한 대지만의 미기후 특성, 즉 일조조건, 바람의 조건 등을 고려해야 하고, 미기후 특성은 식재, 수공간, 바람을 유도하거나 막고 일사를 차단하는 브라켓(bracket), 차양(그림 2-22) 등으로 적극적으로 조절할 수 있다.

이상의 주택의 열환경 계획요소들은 어느 한 가지가 중요한 것이 아니라 거의 모든 요소가 필수적이라고 할 수 있으나, 어떤 재료는 어느 한 가지 성능만이 우수하고 다른 성능은 미비한 특성이 있으므로 다른 요소들과 상호 보완적으로 계획해야 한다. 예를 들어, 〈그림 2-23〉과 같은 저항형 단열성능이 우수한 공업화 구조로 건축된 단독주택의 실내온열환경을 측정한 결과(윤정숙 외, 2000), 저항형 단열성능이 우수하므로 겨울철에는 실내온열환경이 일정하고 쾌적하게 유지되고 있으나, 여름철에는 용량형 단열성능이 약하여 타임랙이 형성되지 못하고 오전부터 외부기온의 영향이 크게 나타났다. 따라서 이 주택은 여름철의 용량형 단열성능이 미비한 점에 대해, 지붕 박공공간이 여름철에 열을 저장하는 역할을 하지 않도록 여름에는 개방하고 겨울에는 폐쇄할 수 있는 박공공간의 환기창을 설치하고, 주택 주변에 활엽수를 심어 그늘을 많이 만드는 것으로 보완할 수 있다.

최윤정·김정민(2005)은 거주자가 생활하고 있는 아파트에서 실내정원을 설치한 경우 실제로 겨울철 실내환경 조절효과가 있는지 파악하기 위하여, 실내정원을 조성할 수 있는 공간이 계획된 아파트 단지의 거주자 215명을 대상으로 설문조사를 실시하고, 동일 단지의 실내정원 조성주택과 미조성주택 각 1개 주택에서 실내온열요소를 측정하였다. 설문조사 결과, 거주자가 습도조절을 하는 비율이 실내정원 미조성주택(77.3%)이 조성주택(60%)에 비해 높았고, 습도감 반응 결과 실내정원 미조성주택(건조하다 40.7%)이 조성주택(건조하다 35.9%)보다 건조하게 느끼는 것으로 나타났다. 공기신선감에 대해서는 실내정원 조성주택(약간 신선하다 37.5%)과 미조성 주택(약간 탁하다 38.4%) 간에 유의적인 차이가 있는 것으로 나타났다. 즉, 실내정원 조성주택의 거주자가 실내정원이 습도조절효과가 있다고 인식하며, 실내정원 미조성주택 거주자보다 실내공기를 더 신선하게 느끼는 것으로 해석된다. 현장측정 결과, 두 주택의 실내온도 평균은 23.2℃로 같았으나 변동폭은 실내정원 조성주택(1.0℃)이 미조성 주택(1.8℃)보다 작았고, 흑구온도 역시 평균(23.5℃, 23.3℃)은 거의 같았으나 변동폭은 실내정원 조성주택(0.4℃)이 미조성주택(2.1℃)보다 훨씬 작았다. 상대습도는 실내정원 조성주택(평균 37.8%, 변동폭 4.1%)이 미조성 주택(평균 30.4%, 변동폭 9.0%)보다 평균 7.4% 높고 변동폭이 4.9% 작게 나타났다. 이러한 결과들에 의해, 실내정원의 식물들이 직사일광이 거실로 직접 유입되는 것을 완화하는 기능, 습도조절효과, 잠열에 의해 실내온도를 일정하게 조절하는 역할을 하는 것으로 해석된다. 따라서, 실내정원은 실내환경의 쾌적성에 도움을 주는 계획요소로서, 아파트 계획단계에서 도입하는 것이 바람직하다고 생각된다.

그림 2-23 저항형 단열성능이 우수한 주택
(철골보강 단열패널조 주택, 경기도 김포)

그림 2-24 실내정원을 도입한 아파트
(경기도 화성시)

Chapter 3

실내온열환경의
측정과 평가

본 서에서 3장, 5장, 7장, 9장은 실내환경의 측정평가방법을 다룬다. 이러한 측정평가방법은
주택의 실내환경을 측정평가하여 개선하기 위해 필요한 것으로, 이를 위해 각 실내환경별로
학교교실에서의 측정연습을 먼저 소개한 후, 주택의 실내환경 평가방법을 다루었다.

실내온열환경의 측정과 평가

1. 실내온열요소의 측정

1) 측정계획

〈표 3-1〉은 강의실에서 측정위치별로 실내온열요소를 측정하고 평가·분석하기 위한 계획의 예이다. 수강생을 4조로 구성한다면 교실을 4등분하여 조별로 측정위치를 정한다. 다음의 측정 진행순서에 따라 진행한 후 측정결과에 대해 온열쾌적성 평가 측면과 구조체의 열성능 및 원인 분석 측면에서 논의한다.

표 3-1 실내온열요소 측정의 개요

측정장소	담당조	측정요소	결과 논의
강의실 앞쪽 복도측	1조	실내온열 요소	〈온열쾌적성 평가〉 • 측정치와 평가기준과의 비교 • 측정치의 이론적 의미 　(인체에 미치는 영향) 〈구조체의 열성능 및 원인 분석〉 • 온열요소의 시간변동 특성 및 원인 분석 • 측정대상 및 장소 간의 비교 및 원인 분석
강의실 앞쪽 창측	2조		
강의실 뒤쪽 창측	3조		
강의실 뒤쪽 복도측	4조		

2) 측정 진행순서

■ 측정계획, 측정기기의 사용방법, 측정방법(「학교보건법」에 따름 ; 10장 참조),
측정 보고서 작성방법 등을 숙지하고, 측정시간 및 간격을 정한다.

■ 각 조별 측정장소에서 측정을 실시하면서 〈표 3-3〉의 측정 보고서에 기록한다.

■ 조별로 측정결과를 종합하고 평균 등을 구한다.

■ 각 조의 대표는 측정결과를 칠판 등에 기록하여 측정대상 및 장소 간의 비교가
가능하도록 한다.

표 3-2 실내온열요소 측정기기의 예

측정요소	측정기기		
실내온도	디지털온습도계 (TR-72S)	디지털온습도기류계 (Climomaster KANOMAX 6531)	PMV Logger MODEL PVL-500
상대습도			
기류속도	-		
흑구온도	흑구(SATO #0420), 디지털온도계(TR-71S)		

3) 측정 보고서

실내온열요소 측정 보고서에는 측정장소와 일시 등의 측정개요, 측정시간의 외부
기후, 측정공간의 건축적 요인, 주관적 반응 응답자의 인체측 요인, 측정기기의 기
기명과 모델명 등을 기재한다. 측정 전에 「학교보건법」의 학교교실 실내환경의 유
지관리기준에서 측정장소와 계절 등에 적합한 평가기준을 정한다. 측정간격에 따
라 측정한 물리적 요소의 측정치를 기록하고 측정이 끝나면 물리적 요소별로 평균
을 구한다. 논의는 〈표 3-1〉에서와 같이 온열쾌적성 평가 측면과 구조체의 열성능
및 원인 분석 측면에서 서술하고, 측정장소 실내온열환경의 문제점을 도출한 후 개
선안을 제안한다.

표 3-3 실내온열요소 측정 보고서

학과			학년	학번 :	성명 :

			평면도
측정개요	측 정 장 소		
	공간의 용도		
	측 정 일 시		
외부기후	날　씨		
	기　온(℃)		
	습　도(%)		
건 축 적 요인	구　조		
	창 의 유 형		
	방　위		
	난 방 설 비		
인 체 측 요인	착 의 량		
	연　령		
	성　별		
	체　격		
	건 강 상 태		
측정·조사도구	측정기기	실내온도	
		상대습도	
		흑구온도	
		기류속도	
	주관적 평가척도 : 온열감	-3 춥다 -2 서늘하다 -1 약간 서늘하다 　0 어느 쪽도 아니다 +1 약간 따뜻하다 +2 따뜻하다 +3 덥다	* 측정점

시간 ＼ 요소	실내온도(℃)	상대습도(%)	흑구온도(℃)	기류속도(m/s)	온열감	관련요인
:						
:						
:						
:						
:						
:						
:						
:						
:						
:						
:						
평　균						
평가기준						
논　의						

* 실제 활용 시 부록 이용

2. 온열감각실험

1) 실험계획

인공기후실에서 진행하는 온열감각실험의 목적은 첫째, 실내온열환경이 온열감각에 미치는 영향을 체험하고 이해하기 위한 것이며, 둘째는 온열요소 변화에 따른 온열감각의 차이를 파악하여 온열쾌적범위를 설정하는 과제 수행을 위한 것이다.

바닥난방 가동 정도에 따른 온열감각 차이를 비교체험 하는 온열감각실험의 예는 다음과 같다.

실험의 개요는 인공기후실의 기온을 기준온도(20℃)로 일정하게 설정하고, 각 조별로 바닥난방의 가동 정도를 비가동, 약, 중약, 중강, 강으로 변화시키면서 각 단계별로 인공기후실환경이 안정되면 피험자를 입실시킨다. 20분 이상 안정을 유지한 후 전신온열감과 족부온열감에 응답하고, 응답 시 인공기후실의 환경조건(기온, 상대습도, 흑구온도, 기류속도, 바닥온도)을 측정하게 한다. 응답이 완료되면 조별 온열감을 비교하여 바닥난방 가동 정도에 따른 온열감의 차이를 분석한다. 이때의 실험실과 피험자에 대한 통제조건과 변인은 〈표 3-4〉와 같이 계획할 수 있다.

표 3-4 온열감각실험의 조건설정 예

구 분	실험실 처치		피험자 처치
통제조건	• 실내온도 : 20 ± 0.5℃ • 상대습도 : 50 ± 10% • 기류속도 : 0.1㎧ 이하		• 연령 : 20대 • 성별 : 여 / 남 • 건강 상태 : 양호 • 착의량 : 0.7〜0.8clo • 활동량 : sedentary(가만히 앉은 자세)
변인	바닥난방 가동 정도	• 1조 : 비가동 • 2조 : 약 • 3조 : 중약 • 4조 : 중강 • 5조 : 강	없음

2) 실험 진행순서

■ 조별로 정해진 실험실 처치에 따라 인공기후실의 실내환경을 설정한다.

■ 피험자의 인체측 요인을 파악하고, 실험조건에 맞게 조절한다.

- 성별 : 남   여
- 연령 : 만   세
- 건강상태 : ☐ 좋다   ☐ 보통   ☐ 나쁘다
- 착의량 :   clo

※ 착의량의 계산은 착의내용을 기입하고, 각각의 열저항치를 합산한 후 계산
식에 의해 계산한다. 기준 착의량(0.7~0.8clo)이 되도록 피험자의 착의내용
을 조절한다.

■ 인공기후실 환경이 안정되면 피험자를 입실시켜, 20분 이상 안정을 유지한 후
온열감에 응답하도록 한다.

■ 응답 후 인공기후실의 환경조건(실내온열요소)을 측정하고 퇴실한다.

■ 실험결과를 분석한다. 각 조별 착의량과 온열감 평균 등을 칠판에 기록하고,
바닥난방 가동조건에 따른 온열감의 차이를 비교 · 분석한다.

3) 실험 보고서

온열감각실험 보고서에는 실험일시와 피험자의 인체측 요인을 기재한 후, 본인이
속한 조의 실험실 처치로서 바닥난방 가동 정도를 기입한다. 보고서를 지참하고 인
공기후실에 입실하여 처치된 환경에 적응이 된 후 개인적인 주관적 반응에 응답하
고 물리적 요소를 측정한 후 퇴실한다. 퇴실 후 본인이 속한 조원의 착의량은 어떠
한지, 주관적 반응은 어떠한지 기록한다. 모든 조의 실험이 끝나면 전체 학생의 착
의량과 주관적 반응을 기록하고 전체 평균을 구한다. 논의에서는 조별 발표를 종합
하여 바닥난방 가동조건에 따른 온열감의 차이를 비교 · 분석하고, 본 실험결과에
따른 실내온열환경의 쾌적기준을 제안한다.

표 3-5 온열감각실험 보고서

		전신온열감		족부온열감	
	학과	학년	학번 :	성명 :	일시 :
피험자의 인체측 요인	성별	남　　여			
	연령	만　　세			
	건강상태	① 좋다　　② 보통　　③ 나쁘다			
	착의량	＿＿＿＿＿＿＿ clo 착의내용 :			
실험실 처치	바닥난방 가동 정도			(　　조)	

		전신온열감	족부온열감
개인적인 주관적 반응	온열감 반응	-3 춥다 -2 서늘하다 -1 약간 서늘하다 　0 어느 쪽도 아니다 +1 약간 따뜻하다 +2 따뜻하다 +3 덥다	-3 춥다 -2 서늘하다 -1 약간 서늘하다 　0 어느 쪽도 아니다 +1 약간 따뜻하다 +2 따뜻하다 +3 덥다

		본인이 포함된 조(　　조)		전체 (평균)	
실험결과 (종합, 평균)	환경조건	실내온도 상대습도 흑구온도 기류속도 바닥온도	℃ % ℃ m/s ℃	실내온도 상대습도 흑구온도 기류속도 바닥온도	℃ % ℃ m/s ℃
	착의량	clo clo clo 평균 :	명 명 명 clo	clo clo clo 평균 :	명 명 명 clo
	전신온열감 반응	-3 춥다 -2 서늘하다 -1 약간 서늘하다 　0 어느 쪽도 아니다 +1 약간 따뜻하다 +2 따뜻하다 +3 덥다 평균 :	명 명 명 명 명 명 명	-3 춥다 -2 서늘하다 -1 약간 서늘하다 　0 어느 쪽도 아니다 +1 약간 따뜻하다 +2 따뜻하다 +3 덥다 평균 :	명 명 명 명 명 명 명
	족부온열감 반응	-3 춥다 -2 서늘하다 -1 약간 서늘하다 　0 어느 쪽도 아니다 +1 약간 따뜻하다 +2 따뜻하다 +3 덥다 평균 :	명 명 명 명 명 명 명	-3 춥다 -2 서늘하다 -1 약간 서늘하다 　0 어느 쪽도 아니다 +1 약간 따뜻하다 +2 따뜻하다 +3 덥다 평균 :	명 명 명 명 명 명 명
논　　의					

* 실제 활용 시 부록 이용

3. 실내온열환경의 평가방법

1) 조사항목

주택의 실내온열환경 평가를 위한 측정 및 조사항목은 〈표 3-6〉, 주관적 반응을 조사하기 위한 평가척도는 〈표 3-7〉과 같다.

물리적 요소 측정항목으로는 평가목적에 따라 실내온도, 상대습도, 흑구온도, 기류속도, 바닥온도 등을 들 수 있으며, 이의 배경항목은 외부의 온도, 습도, 풍속 등으로서 기상청 자료의 이용이 가능하다. 측정과 함께 조사해야 할 관련요인은 외부요인, 주거 관련요인, 거주자 요인, 생활적 요인으로 구분하여 실내온열환경과 관련

표 3-6 실내온열환경 측정 및 조사 항목

구분			항목
물리적 요소 측정항목			• 실내온도, 상대습도, 흑구온도, 기류속도, 바닥온도 등 • 배경항목 : 외부온도, 외부습도, 외부풍속 등 ; 기상청 자료 이용 가능
관련요인 조사항목	외부 요인	외부환경	지역구분, 주변환경(녹지, 수변, 도로 등 인접 여부)
	주거 관련요인	단지특성	세대수, 사용승인 및 입주시기 등
		건물특성	건축구조, 건축년수, 건물유형, 건물층수, 방위, 지붕형태 등
		단위주거 및 측정공간 특성	해당층수, 건물 내 위치, 발코니 유무, 공간구성, 면적, 창의 크기와 유형, 일조방해요인, 실내마감재료, 결로발생 여부 등
		설비특성	냉·난방방식 및 설비종류, 환기설비, 취사열원 등
	거주자 요인	사회·인구학적 배경	연령, 성별, 월소득, 직업, 학력, 가족특성, 주택소유형태 등
		인체측 요인	착의량, 활동량, 체격, 체질, 건강 상태 등
	생활적 요인	실내온열환경 조절내용	냉·난방조절, 습도조절, 일조조절 등
		생활행위	창호개방, 가스렌지 사용, 물 사용 등 열·습기와 관련된 행위
		생활특성	거주기간, 기상·취침시간, 재실시간, 기거양식 등
주관적 반응 조사항목			온열감, 습도감, 복사감, 기류감 등
기타			평면도, 사진촬영(측정대상의 모습, 측정모습 등)

표 3-7 실내온열환경에 대한 주관적 반응 척도

구분	온열감 전신, 상반신, 하반신, 족부 등	습도감	복사감	기류감
	리커트 척도		중간값이 없는 척도	
1	춥다	매우 건조하다	전혀 그렇지 않다	전혀 느끼지 않는다
2	서늘하다	건조하다	그렇지 않다	느끼지 않는다
3	약간 서늘하다	약간 건조하다	거의 그렇지 않다	거의 느끼지 않는다
4	어느 쪽도 아니다	어느 쪽도 아니다	약간 그렇다	약간 느낀다
5	약간 따뜻하다	약간 습하다	그렇다	느낀다
6	따뜻하다	습하다	많이 그렇다	많이 느낀다
7	덥다	매우 습하다	매우 많이 그렇다	매우 많이 느낀다

이 있는 요인은 빠짐 없이 조사하는 것이 중요하다. 이들 관련요인은 측정결과의 원인 분석에 매우 중요한 단서를 제공하기 때문이다.

거주자의 주관적 반응은 연구 목적이나 주제에 따라 평가척도를 선정한다. 온열감은 '공간에 대한 춥고 더운 느낌은 어떠하십니까'로 질문할 수 있고, 습도감은 '공간이 건조하게 느껴지십니까, 습하게 느껴지십니까'로 질문할 수 있다. 냉복사감은 '공간의 창이나 벽, 바닥에서 찬 기운이 느껴지십니까', 열복사감은 '공간의 창이나 벽, 바닥에서 더운 기운이 느껴지십니까', 기류감은 '공간에서 공기의 이동(바람)이 느껴지십니까'로 질문할 수 있다. 온열감이나 습도감은 '어느 쪽도 아니다'를 중간으로 하여 상반된 개념을 가진 리커트 척도를 사용할 수 있으나, 마이너스 개념이 없는 복사감이나 기류감은 중간감이 없는 척도를 사용하는 것이 타당하다.

2) 측정방법

주택의 실내온열환경 평가 시에는 일반적으로 거주자의 생활을 수용한 상태에서 물리적 요소 측정시간마다 관련요인을 관찰, 기록하는 방법이 일반적이다. 이는 주거학적인 관점에서 측정결과의 원인 분석에 매우 필요하다. 그러나 평가목적에 따라,

특히 건물 구조체의 성능평가 시에는 입주 전 상태에서 측정할 수 있다. 일반적인 측정위치 및 시간은 〈표 3-8〉과 같고, 현장측정 기록표는 〈표 3-9〉와 같다.

표 3-8 실내온열환경 측정위치 및 시간

구분	방법
측정위치	측정대상 공간의 중앙에서 바닥으로부터 60cm(좌식) 또는 1.2~1.5m(입식)
측정시간 및 간격	측정 목적에 따라 1주일 또는 1일(24시간), 생활시간대, 특정 시간대를 선정하여 연속측정 또는 10분~1시간 간격으로 측정
관찰기록	측정시간 동안 관련요인(냉·난방조절, 창호개폐, 취사 등 생활행위, 재실자 수 등)을 기록

3) 분석방법

- 물리적 요소 측정결과를 〈표 3-10〉과 같이 평균, 최저치, 최고치로 정리하여 실내온열환경 평가기준(표 2-4~표 2-8)과 비교하고, 측정치의 이론적 의미(인체에 미치는 영향)로 쾌적성을 평가한다.
- 물리적 요소의 측정치와 관련요인 관찰결과는 〈그림 3-1〉과 같이 x축을 시간 변동, y축을 측정요소로 하는 그래프로 작성하여, 변동 특성과 그 원인을 파악한다.
- 외기 측정결과와 실내 측정결과를 비교하거나, 측정대상 및 장소 간의 측정결과, 관련요인을 비교하여 구조체의 열성능과 그 원인을 분석할 수 있다.
- 이상의 결과를 통해 측정대상 실내온열환경의 문제점을 파악하고 개선안을 제안한다.

표 3-9 실내온열환경 현장측정 기록표

				외부 요인	외부 환경	지역구분	
	측정일자						
	측정장소					주변환경	
주거 관련 요인	단지 특성	세대수		거주자 요인	사회 인구 학적 배경	연령	
		사용승인 및 입주시기				성별	
						월소득	
	건물 특성	건축구조				직업	
		건축년수				학력	
		건물유형				가족특성	
		건물층수				주택소유형태	
		방위			인체측 요인	착의량	
		지붕형태				활동량	
	단위 주거 및 측정 공간 특성	해당층수				체격	
		건물 내 위치				체질	
		발코니 유무				건강 상태	
		공간구성		생활적 요인 (평소)	실내온 열환경 조절 내용	냉·난방조절	
		면적				습도조절	
		창의 크기				일조조절	
		창의 유형			생활 행위	창호개방	
		일조방해요인				가스렌지 사용	
		실내마감재료				물 사용 등 열·습기와 관련된 행위	
		결로발생 여부					
	설비 특성	냉·난방방식 및 설비종류			생활 특성	거주기간	
						기상·취침시간	
		환기설비				재실시간	
		취사열원				기거양식	

평면도(측정점 표시)/사진촬영

시간 / 요소	물리적 요소				관련요인(측정 시)	
	실내온도(℃)	상대습도(%)	흑구온도(℃)	기류속도(m/s)	온열환경 조절내용	생활행위

표 3-10 현장조사 결과 요약표의 예

■ 기준 부적합

항목 주택(측정공간)	평가기준	A주택 (연방) 최소~최대(평균)	일변동	B주택 (연방) 최소~최대(평균)	일변동	C주택 (안방) 최소~최대(평균)	일변동	D주택 (거실) 최소~최대(평균)	일변동
실내온도(℃)	20~28	11.8~15.7 (14.0)	3.9	9.5~15.6 (13.5)	6.1	21.4~23.6 (22.5)	2.2	16.3~21.2 (17.9)	4.9
전신온열감(7단계)	-	3. 약간 서늘하다		4. 어느 쪽도 아니다		5. 약간 따뜻하다		4. 어느 쪽도 아니다	
생반신온열감(7단계)	-	3. 약간 서늘하다		4. 어느 쪽도 아니다		4. 어느 쪽도 아니다		3. 약간 서늘하다	
외부온도(℃)*	-	1.0~7.0 (4.0)	6.0	0~6.0 (3.0)	6.0	2.0~5.0 (3.5)	3.0	2.0~6.0 (4.0)	4.0
상대습도(%)	30~70	42.0~58.0 (52.8)	16.0	48.0~59.0 (55.4)	11.0	28.0~35.0 (30.6)	7.0	37.0~55.0 (45.6)	18.0
습도감(7단계)	-	2. 건조하다		3. 약간 건조하다		4. 건조하지도 습하지도 않다		4. 건조하지도 습하지도 않다	
외부습도(%)*	-	38.0~61.0(47.5)	23.0	32.0~62.0(48.2)	30.0	28.0~45.0(38.6)	17.0	42.0~63.0(55.5)	21.0
방바닥온도(℃)	20~40	11.7~21.0 (15.9)	9.3	9.7~15.6 (13.9)	5.9	22.5~25.6 (24.0)	3.1	19.0~22.4 (20.5)	3.4
냉복위	-	방바닥 위		카펫 위		카펫 위		카펫 위	
냉복감	-	1. 많이 그렇다		1. 많이 그렇다		3. 약간 그렇다		2. 그렇다	
착석위치온도(℃)	20~40	24.0~43.8 (36.2)	19.8	26.4~45.4 (39.6)	19.0	24.1~32.0 (27.6)	7.9	34.3~62.6 (51.1)	28.3
	-	전기매트ON, 방바닥 이불 위		전기매트ON, 침대 이불 위		전기매트 없음, 침대 이불 위		전기매트ON, 방바닥 이불 위	
하반신온열감(7단계)	-	4. 어느 쪽도 아니다		4. 어느 쪽도 아니다		5. 약간 따뜻하다		4. 어느 쪽도 아니다	
방위		남향		남향		남향		북향	
측정 시 주된 생활행위		TV 시청, 이웃과 대화		TV 시청, 이웃과 대화		TV 시청		TV 시청, 이웃과 대화	
재실인원(측정자 포함)		3~4명		3~4명		1~3명		2~6명	
습도조절		화돈, 빨래를 널어둠		물병을 둠		안 함		화분	
난방설정온도 / 측정 전		10.0℃		OFF		21.0℃		18.0℃	
난방설정온도 / 오전측정 (9:00~12:00)		12.0℃(9:00~10:40) 10.0℃(10:40~11:40) 12.0℃(11:40~12:00)		15.0℃(9:00~10:00) 17.0℃(10:00~12:00)		23.0℃(9:00~9:20) 17.0℃(9:20~12:00)		14.0℃(9:00~12:00)	
난방설정온도 / 외출 시		OFF		OFF		기동 중		기동 중	
난방설정온도 / 오후측정 (19:00~22:00)		12.0℃(19:00~21:50) 15.0℃(21:50~22:00)		OFF(19:00~22:00)		25.0℃(19:00~19:30) 20.0℃(19:30~22:00)		13.0℃(19:00~19:20) 16.0℃(19:20~20:10) 18.0℃(20:10~22:00)	

주 : 외기온·습도는 충남 연기군 전동면의 기상청 남계정보를 이용하였으며, 본 연구의 측정시간대(9~12시, 19시~22시)의 값임

자료 : 최윤정·김윤희·김민희(2010), p. 5.

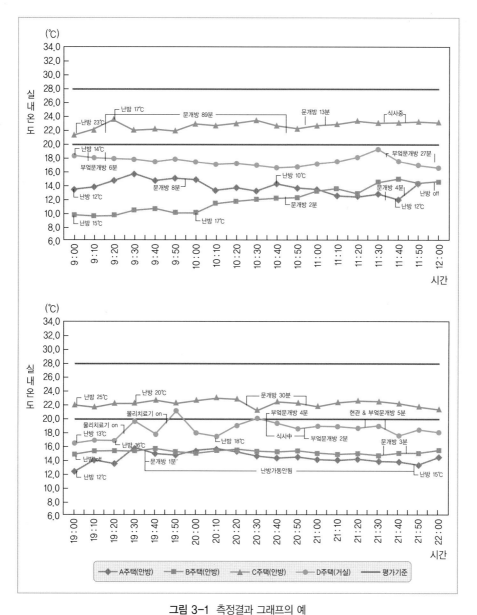

그림 3-1 측정결과 그래프의 예

자료 : 최윤정 · 김윤희 · 김란희(2010), p. 6.

Chapter 4

실내공기질과 건강

오염된 실내공기가 건강에 미치는 영향은 매우 크다. 실내공기의 질에 가장 민감한 영향을
받는 사람들은 어린이와 노인, 그리고 호흡기나 심혈관계통에 만성질환을 가진 사람들이며,
이들은 많은 시간을 실내에서 보내기 때문에 실내공기오염에 가장노출이 많이 된다. 실내공
기 중에 함유되어 있는 아주 미세한 화학물질에 대해서도 민감하게 반응을 보이는 사람들이
점차 늘어나는 추세이다.

Chapter **4**

실내공기질과 건강

1. 실내공기질의 영향

1) 실내공기질이 인체에 미치는 영향

공기오염이란 공기 중에 유해물질 또는 바람직하지 못한 물질이 포함되어 있는 것을 말한다. 반대로 오염이 없는 공기란 유해물질이 포함되어 있지 않을 뿐만 아니라 충분한 활성을 갖고 있는 공기를 의미한다. 이때 활성 있는 공기란 오염물질을 포함하지 않을 뿐 아니라 충분한 산소를 포함하고 있으며, 탄산가스 농도가 외기 중의 농도보다 낮고 정상적인 공기이온을 포함하고 있는 공기를 의미한다.

오염된 실내공기가 건강에 미치는 영향은 매우 크다. 미국 환경청(EPA)이 낸 보고서에 따르면 실내공기오염이 피고용인의 질병과 생산성에 영향을 미치는 잠재적 손실이 대략 연 44~54억 달러에 달한다고 하였다. 실내공기질에 가장 민감한 영향을 받는 사람들은 어린이와 노인, 그리고 호흡기나 심혈관계통에 만성질환을 가진 사람들이며, 이들은 많은 시간을 실내에서 보내기 때문에 실내공기오염에 가장 노출이 많이 된다. 또한 실내공기 중에 함유되어 있는 아주 미세한 화학물질에 대해서도 민감하게 반응을 보이는 사람들이 점차 늘어나는 추세이다(Grazyna Pilatowicz 저, 양세화 · 오찬옥 역, 2002).

최근에는 실내공기의 오염물질인 휘발성유기화합물이나 집먼지진드기, 곰팡이 독소가 아토피 피부염과 알레르기성 비염, 천식 등의 원인으로 밝혀진 바 있다. 신축주택이나 리모델링한 공간, 새로 구입한 가구에서는 휘발성유기화합물이나 포름알데히드와 같은 화학오염물질이 방출된다. 주거공간은 인체에 의한 수분증발과 함께, 환기부족인 경우 생활에서 발생하는 수분에 의해 습도가 증가하게 되고 이는 곰팡이, 집먼지진드기 등의 미생물 또는 미세곤충의 서식을 용이하게 한다. 또한 인체에 의해 발생되는 이산화탄소는 그 자체가 유해한 물질은 아니지만, 환기부족에 의해 그 농도가 증가하게 되면, 상대적으로 산소 농도가 감소하여 뇌의 반사작용에 장애를 주어 졸음, 사고(思考)저하 등의 증상이 나타나기도 한다. 최근에는 음식 조리 시 발생되는 공기오염물질들을 요리매연이라 하는데, 주부 폐암 발생률 증가의 한 요인으로 지적되고 있다. 요리매연은 가스레인지 사용에 의해 발생되는데 이산화탄소, 일산화탄소, 음식물이 탈 때 발생하는 미세먼지, 포름알데히드 등을 말한다.

실내공기 오염물질 중에서는 인체의 생명과 관계되는 매우 유독한 것들도 있다. 예를 들어, 연소기구를 사용할 때 발생하는 일산화탄소의 경우는 저농도에서도 뇌의 반사작용에 장애를 주고 나아가 생명에 지장을 주는 오염물질이다. 2006년 9월 8일 서울 종각 지하상가 상인들이 호흡곤란 등의 증세로 쓰러지는 사건이 발생하였는데, 추후 서울시 조사결과, 기계실에 설치된 냉·난방기에서 불완전연소로 과다 발생한 일산화탄소가 지하 1층 상가로 유입되어 일어난 것으로 잠정 결론을 내렸다(매일경제 웹기사, 2006. 09. 12). 이 사건 이외에도 1980년대 이전, 연탄을 주 난방연료로 사용하던 시절에는 일반 가정에서 연탄가스중독이 자주 일어나곤 하였는데, 연탄가스중독 역시 일산화탄소가 원인이다.

이와 같이 실내공기질(indoor air quality)은 거주자의 건강과 나아가서는 생명에 직접적인 영향을 주는 실내환경임에도 불구하고, 실내공기 오염물질은 무색무취인 것들이 많아 거주자가 인지하지 못하는 가운데 건강에 영향을 줄 수 있으므로, 주택의 실내공기질에 대한 계획과 관리는 매우 중요하다.

빌딩증후군과 새집증후군

빌딩증후군(SBS : Sick Building Syndrome) 현상은 1970년대 초에 전 세계적으로 발생한 석유파동으로인해 빌딩의 냉·난방에너지 절약방법으로 채택되었던 빌딩의 밀폐화(외기 도입량 감소) 등으로 실내공기가 오염되어 초래되었다. 빌딩증후군은 실내공기오염이 원인이므로 환기부족이 초래될 수 있는 고정창이 설치된 대형건물에서 나타나기 시작하였다.

새집증후군(SHS : Sick House Syndrome)은 휘발성유기화합물 등이 방출되는 자재를 사용한 신축주택에서 머문 시간에 비례하여 급성적인 건강침해나 쾌적성에 영향을 미치는 증상이다. 일반적으로 피곤함, 두통, 매스꺼움, 졸음, 집중력 감소 등의 증상과 점막계통의 자극으로서 피부의 건조, 코, 목, 눈의 자극 등이 있을 수 있으며, 호흡기계통의 증상으로서 기침, 목이 쉬거나 잠김, 피부 증상으로서 발진 등이 나타난다. 그러나 특정한 병이나 원인이 발견되지 않고 주택을 떠나면 아무런 증상도 보이지 않는다.

최근에는 헌집증후군이라는 용어까지 등장하였는데, 주택의 노후화로 인해 발생하는 실내공기질 악화와 생활습관에서 비롯되는 인체에 미치는 나쁜 영향을 포함하는 의미이다. 즉, 빌딩증후군은 환기부족으로 인한 실내공기질 악화에 의해 인체에 나타나는 증상을 총칭한다고 볼 수 있다.

새집증후군을 유발하는 실내공기의 오염원은 건축재료이지만, 이러한 오염물질의 농도를 감소시키지 못하는 원인은 환기부족이다. 즉, 새집증후군의 원인은 건물 자체의 원인과 거주자와 생활습관으로 나누어볼 수 있다.

에너지절약을 목적으로 주택은 고기밀화·고단열화되었고, 예전의 목조주택이나 단독주택에 비해 고층아파트나 초고층 주상복합아파트는 구조체가 더욱 기밀화되었을 뿐 아니라 고정창이 증가하여, 외부의 신선한 공기가 유입되는 양이 적다. 또한, 인간은 추위와 더위를 느끼는 온열감각은 가지고 있지만, 무색 무취의 기체상의 오염물질은 감지하지 못한다. 또한 거주자가 실내공기질의 중요성은 인식하고 있다 하더라도 오염물질의 발생원인과 적절한 환기량에 대해 정확히 알고 있지 못할 뿐 아니라, 냉·난방 시에는 냉·난방비용의 절약이 실내공기질을 위한 환기에 우선하고 있는 실정이므로, 현대의 주거공간에서는 실내공기질이 악화되어 나타나는 빌딩증후군 또는 새집증후군, 헌집증후군의 발생가능성이 크다.

복합화학물질과민증으로 진단받은 환자는 지금까지 알려진 바로는, 주부가 남편이나 어린이에 비해 재택시간이 긴 만큼 실내공기오염의 영향을 받기 쉽고, 증상이 나타나는 시기는 입주 전에 미리 집을 보러 왔을 때나, 입주 후 10년 이상이 지난 경우 등 사람에 따라 다르다. 새집증후군의 증상을 보인 사람은 대부분이 이전의 꽃가루알레르기나 아토피성 피부염 등의 병력을 가지고 있으며, 알레르기 체질인 사람이 새집증후군이 나타나기 쉽다.

그러나 새집에 입주한 사람들 중에 실제로 새집증후군 증상을 나타내는 경우를 우리는 흔히 접하지 못한다. 그렇다면, 증상 발생 비율이 그리 높지 않은 것이 위험하지 않다는 것을 의미하는가? 그렇지 않다. 다음에 설명한 복합화학물질과민증의 원인이 되는 화학물질은 체내에 축적되는 것이고, 복합화학물질과민증이 발생한 사람들의 발생시기가 새 집 또는 새 학교에 입주했을 때부터인 경우가 많다. 즉, 사람마다 화학물질의 종류별로 과민 정도가 다른데, 새 집 입주와 같은 다량 폭로 시가 만성적인 증상을 초래하게 되는 시점이 될 수 있는 것이다.

복합화학물질과민증

새집증후군과 복합화학물질과민증(MCS : Multiple Chemical Sensitivity)은 반드시 일치하는 것은 아니고 부분적으로 중복되는 관계에 있다.

복합화학물질과민증은 신축주택의 각종 화학물질에 피폭된 사람이 중독증상을 일으키면 체내에 항체가 만들어지고 그 후 화학물질 알레르기 체질이 되는 것인데, 일반적인 실내에서는 생활할 수 없을 만큼 증상이 심하게 나타나는 사람도 있다. 화학물질에 폭로되어 처음 증상이 나타난 후 증상이 두 번째 나타날 때 폭로된 물질이 다른 경우도 많아, 단일물질이 아니라는 의미의 복합화학물질과민증이라 한다.

복합화학물질과민증은 알레르기질환 정도의 특징뿐만이 아니라 저농도의 화학물질에 반복 폭로되는 것에 의해 체내에 축적되고 만성적인 증상을 초래하는 중독성 질환에 가까운 특징을 가지고 있다. 이렇게 중독성질환에까지 이르면 어디를 가나 화학물질이 존재하는 도시에서의 일상생활이 불가능하고 가족과 떨어져 완벽히 천연물질로 건축되고 마감된, 공기가 오염되지 않은 곳에 요양환자로 살아가야 한다.

지금으로부터 30년 전만 하더라도 아토피성 피부염, 소아 기관지천식, 알레르기성 비염 등의 단어는 생소한 것이었다. 그러나 최근에 이르러서는 수많은 사람들, 특히 어린이들에게 고통을 주는 피부습진, 기침, 콧물, 눈 가려움 등의 피부·호흡기·눈에 관련된 질환의 발생률이 높아지고 있다. 이러한 것들은 대부분 면역계의 이상으로 나타나는 알레르기성 질환에 해당한다. 한국인의 평균적인 알레르기 양성 반응률은 현재 약 20%에 육박하고 있는 것으로 알려지고 있다. 그러나 환경이 열악한 쓰레기 매립지와 같은 경우에는 인근 주민의 절반 이상이 각종 알레르기 증상을 보이고 있는 것으로 보고되고 있다. 일본의 경우에는 1992년의 전국조사에서 35%에 달하는 국민에게 알레르기 유사증상이 나타나고 있음이 보고되었다. 1987년 미국의 UCLA 대학에서 실시한 아마존 유역 주민들의 건강조사결과, 외부로부터 인간이 전혀 들어온 일이 없는 아마존 오지의 어린이들에게는 알레르기성 질환이 없다는 사실이 밝혀졌다. 이러한 사실은 최근 들어서 우리 인간의 생활환경이 급격히 변화함에 따라 과거에는 없었거나 극히 드물었던 현대병들이 점점 증가하고 있음을 시사하는 것이다. 그 증가 요인 중 하나로 화학물질의 체내축적을 들 수 있다. 학자들 중에는, 미국의 젊은이들의 대부분이 반병인(sick person)이라고까지 언급하는 사람도 있다. 그 이유는 대기·지하수 등의 환경오염, 콜라 및 햄버거로 대표되는 식품첨가물이 다량 사용된 인스턴트식품이나 패스트푸드 등 쓰레기식품(junk food)의 다량섭취, 생활주변에 넘쳐나는 화학제품으로부터 각종 화학물질의 체내 과다유입, 더욱이 그 물질들을 체외로 배출하는 능력이 저하된 상태에서 성인이 될 때까지 계속 축적되기 때문이라고 말하고 있다(유영식, 2004).

2) 실내공기의 오염물질

실내공기를 오염시키는 물질의 종류는 기체상 오염물질(일산화탄소, 이산화탄소 등), 입자상 오염물질(꽃가루, 먼지 등), 새집증후군 관련 물질인 화학오염물질(휘발성유기화합물, 포름알데히드), 방사성 물질(라돈 등)로 구분할 수 있다.

기체상 오염물질

■ CO_2(이산화탄소)

이산화탄소는 인체 호흡 시 또는 연소기구에서 발생하는데 무색, 무미, 무취의 가스로서 자체의 독성은 없다. 보통의 경우 실내에 다수인이 장시간 밀집하여 있으면 이산화탄소 농도가 증가하나 일반적인 상태의 공간에서 이산화탄소 자체로 인해 건강장해를 받는 경우는 별로 없다. 그러나 실제로 실내에 이산화탄소 농도가 높아진다는 것은 재실자의 생활에서 각종 공기오염물질들이 발생했을 가능성이 높으므로 실내공기오염을 대표하는 요소로 취급된다.

실내공기 중 이산화탄소의 농도가 높아지면 폐포 및 혈액 중 이산화탄소의 농도도 증가된다. 이렇게 되면 호흡중추를 자극하여 호흡수가 빨라지며 심호흡을 하게 된다. 이산화탄소 농도가 실내공기 중 4%를 초과하게 되면 귀울림, 두통, 혈압상승의 증상이 나타나고 20% 이상이면 생명이 위험하다.

이와 같이 이산화탄소는 매우 고농도가 아닌 이상 인체에 큰 영향을 주지 않는 것으로 알려져 왔으나, 최근에는 실내공기의 이산화탄소 농도 증가와 인체 혈액의 활성산소 증가가 관련이 있다는 실험결과가 발표되었다. 좁은 방에서 수면하는 여성의 경우, 수면 초기의 방의 이산화탄소 농도는 960ppm, HCHO(포름알데히드) 농도는 0.09ppm이었으나 수면 중 환기하지 않은 7시간 후 이산화탄소 농도는 1780ppm, HCHO 0.14ppm이었으며, 수면 전과 후 혈액 검사에서 수면 후에 활성산소가 높아졌다(KBS 생로병사의 비밀 : 자연이 준 보약 제2편 '공기').

이산화탄소 농도 증가는 산소 농도 감소와 관련이 있다. 일반적으로 외부 평균 산소농도는 20.9%이며, 산소 농도 18% 미만인 공기를 산소결핍 공기라고 하고, 산소 농도 16% 이하의 공기에서는 대체로 사고력이 저하된다고 알려져 있다.

표 4-1 이산화탄소 농도의 허용량과 인체영향

	농도(ppm)	영향 정도
허용량	• 700(0.07%) • 1,000(0.1%) • 1,500(0.15%) • 2,000~5,000(0.2~0.5%) • 5,000(0.5%) 이상	• 많은 사람이 실내에 있는 경우 • 일반적인 경우의 허용량 • 환기계산에 사용되는 허용량 • 매우 불량하다고 인정되는 양 • 아주 심한 불량 상태
인체의 영향	• 1,000(0.1%) • 40,000(4%) • 80,000~100,000(8~10%) • 200,000(20%) 이상	• 호흡기, 순환기, 대뇌기능에 영향 • 귀울림, 두통, 혈압상승 • 의식혼탁 • 생명위험

■ CO(일산화탄소)

일산화탄소는 인체에 유독한 가스이지만 무색, 무취이고 자극성이 없는 가스로 인간이 감지하지 못하는데, 실내공기에 5ppm만 존재해도 인체의 뇌의 반사작용에 변화를 일으킬 수 있다. 일산화탄소는 석탄가스 중에는 7~10%, 목탄이나 장작을 태울 때 발생하는 이산화탄소 중에는 4~13%, 담배연기 중에는 0.5~1.5%가 함유되어 있다.

일산화탄소는 가장 넓게 산재하는 오염물질의 하나로 특히 도로변에 입지하는 건물이나, 외기의 취입구 부근에 주차장이 있는 경우에는 외기오염의 영향으로 실내오염 농도도 높아진다. 보통의 신선한 외기는 약 1ppm의 일산화탄소를 함유하고 있다. 도심의 복잡한 거리는 10~20ppm의 일산화탄소를 함유하기도 한다. 방에서 담배를 피우는 것은 약 5~10ppm을 증가시킨다. 일산화탄소의 함유량이 2ppm 정도 증가하면 건강한 사람들 중에서 5%가 시각장애를 유발한다(박은선, 1996).

일산화탄소는 혈중의 헤모글로빈과의 친화성이 높아 HbO_2의 형성을 방해하여 혈중 산소 농도를 떨어뜨리므로 조직세포에 무산소증을 일으킨다. 일산화탄소 중독 시 특히 신경조직은 저항력이 약하여 신경이상 증상이 나타나고 회복 후에도 후유증이 많이 발생한다. 저농도라도 일산화탄소에 장기간 또는 반복 폭로 시에는 지각이상, 시력장애, 보행실조 등 만성중독 증상이 나타나게 된다(김무식 외, 2001). 또한 일산화탄소는 심장에 부담을 주어 협심증이 있는 사람에게 특히 민감하게 작용한다. 심장근에 산소가 부족하게 되면 협심증을 일으켜 흉부에 통증을 느끼게 된다(박봉규 외, 1989).

표 4-2 일산화탄소 농도에 따른 인체영향

농도(ppm)	폭로시간	영향
5	20분	뇌의 반사작용의 변화
30	8h 이상	시각, 정신기능의 장애
200	2~4h	앞머리가 무겁고, 가벼운 두통증세
500	2~4h	강한 두통, 매스꺼움, 무력감, 시력장애
1,000	2~3h	맥박이 빨라지고 경련 수반한 실신
2,000	1~2h	사망

■ NO₂(이산화질소)

이산화질소는 연소기기로부터 발생되는 갈색의 자극적인 냄새가 나는 기체이며, 0.1ppm 이상이면 후각으로 식별할 수 있다. 일반적으로 5ppm 이상이면 기도에 자극증세를 일으키고 100ppm 이상이면 사망하는 수도 있다. 특히 호흡기질환이 있거나 적응력이 적은 어린이에게는 위험성이 높은 것으로 알려져 있다. 이처럼 이산화질소는 고농도일 때 폐손상을 일으키는 강한 산화성 물질이다. 또 이산화질소는 전염병에 대한 폐의 방어기능을 감소시킬 뿐 아니라 단기간에 노출되어도 천식을 악화시킬 수 있다고 알려져 있다.

이산화질소의 자연발생기준치는 $0.5\sim10\mu g/m^3$이다. 인구 밀집지역에서 그 범위는 $20\sim30\mu g/m^3$에 해당하며 도시에서는 1시간당 $800\mu g/m^3$까지 증가되기도 한다. WHO(1987)는 최대허용치를 시간당 $400\mu g/m^3$, 24시간 기준으로 $150\mu g/m^3$으로 설정하였다.

1977년 영국에서 멜리야(Melia) 등은 가스스토브를 사용하는 주택에서 자란 아이들이 전기스토브를 사용하는 집의 아이들보다 호흡기질환이 매우 많았음을 보고하였다. 연구자는 가스 연소에 의해 방출되는 이산화질소의 농도가 높았기 때문에 이러한 효과가 나타난 것으로 추측하였다(박은선, 1996).

표 4-3 이산화질소 농도에 따른 인체영향

농도(ppm)	노출시간	인체영향
0.2	–	우주여행 허용기준
1~3	–	취각 탐지
5	8시간	산업안전 허용기준
13	–	눈·코의 자극, 폐기관 불쾌감, 중추신경 영향
10~40	계속 노출	만성폐섬유화, 폐기종
50~100	6~8주	섬유 폐쇄성 기관지 폐렴
100	3~5분	인후의 뚜렷한 자극과 심한 기침
500	3~5분	기관지 폐렴이 겹친 급성 폐부종

자료 : 박은선(1996). p. 15.

■ SO₂(아황산가스)

석유에 포함된 황성분이 연소에 의해 산화되어 아황산가스(이산화황)이 발생한다. 최근에는 석유의 황성분 제거기술이 발달하여 이산화황의 발생량이 감소하고 있고, 실내공간에서 석유를 연료로 하는 연소기구의 사용이 감소하면서 실내공기의 주요 오염물질로 취급하지는 않는다.

이산화황은 1ppm 정도면 냄새를 느끼게 되고, 5ppm이 되면 기관지 상부에 영향이 나타난다. 또 20ppm이 되면 눈에 자극이 오고, 30~40ppm 정도에서 호흡곤란 증세가 나타난다.

이산화황의 자연발생기준치는 2~9μg/m³로, WHO(1987)는 최대 기준치를 1시간당 350μg/m³, 10분당 500μg/m³로 설정하였다(박은선, 1996).

■ O₃(오존)

광화학 스모그의 70~90%는 오존으로 특유한 냄새가 나는 자극성 가스이다. 순수 지표공기 중에 오존은 포함되어 있지 않다. 지표공기 중의 오존은 도시·산업 오염물질들이 합성되면서 햇빛에 의한 광화학 작용을 한 결과로 생겨난 2차 오염물질이다.

오존은 0.5ppm 이상을 흡입하면 자극증상이 일어나며 고농도에서는 폐수종(肺水種)을 일으키는 것으로 알려져 있다. 일반적으로 실내에서는 오존 발생이 매우 드물지만 복사기나 공기청정기로부터 발생되므로 이러한 기기를 사용하는 경우에는 자주 환기를 해야 한다.

보통 실내공기 중의 오존 농도는 외부의 농도보다 낮은데 오존이 건물 내의 재료들과 접촉하면서 분해되거나 반응하기 때문이다. WHO(1987)는 최대허용치를 시간당 150~200μg/m³, 8시간 기준으로 100~120μg/m³으로 설정하였다(박은선, 1996).

입자상 오염물질

■ PM10(미세먼지)

먼지(분진)로 불리는 입자상 오염물질은 다양한 경로로 생성된다. 알레르기의 원인물질(allergen)인 진드기, 여러 가지 질병의 원인이 되는 박테리아와 바이러스, 봄에 날리는 꽃가루 등과 같이 생물성 오염물질로 이루어진 먼지를 비롯해서, 바닷물 속의 소금 알갱이가 수증기와 함께 증발하여 수백 킬로미터의 상공을 날아 공기 중에 떠 있게 되는데, 이들 모두가 먼지의 구성성분 중 하나가 된다. 자동차의 매연, 아파트의 보일러나 공장의 굴뚝에서 나오는 연기, 채석장이나 시멘트 공장, 공사장 등에서 나오는 먼지, 쓰레기를 태울 때 발생하는 연기와 재, 사람이 옷을 입고 벗거나 할 때, 아이들이 뛰어다닐 때, 요리할 때(특히 연기가 날 때)도 먼지가 발생하고, 중국 내륙 사막에서 발생하여 우리나라로 불어오는 황사도 심각한 먼지의 하나이다.

공기 중에 존재하는 미세먼지는 입자의 크기가 0.005~500㎛(100만분의 1미터) 정도의 입자로, 이와 같이 크기가 작은 입자를 미세먼지라 한다. 우리나라 실내공기질 관련 법규들에서의 미세먼지는 PM10(직경 10㎛ 이하의 먼지)의 농도를 기준으로 하고 있다. 총부유분진이라고 먼지를 통틀어 일컫는 TSP(Total Suspended Particles)는 입자크기에 관계없이 공기 중에 떠다니는 분진(먼지) 전체를 뜻하는 말이다. 학술적으로는 분진을 입자의 직경이 2.5㎛ 미만의 미세입자(fine particle)와 2.5㎛ 이상의 거대입자(coarse particle)로 분류한다. 가스형태 오염물질의 농도는 ppm(part per million; 100만분의 1) 또는 $\mu g/m^3$로 표시되지만, 입자상 오염물질의 농도는 $\mu g/m^3$로만 표시가 가능하다. 즉, 1m^3 공기 중 분진의 양을 μg(100만분의 1gram)으로 표시한 것이다.

미세입자는 인간이 호흡할 때 흡입되어 폐 깊숙이 유입될 수 있다. 미세입자는 불완전 연소, 공기 중에서 1차 오염물질의 화학적인 반응 또는 고온 응축과정을 거쳐 생성되며, 무게가 가볍기 때문에 공기 중에 여러 날, 때로는 여러 주일 떠다니는 부유분진이 된다.

거대입자는 주로 바람에 날린 토양의 먼지와 해염(바다 소금)을 비롯하여 공사장이나 석산 또는 공장 등에서의 기계적 분쇄과정에서 생성되어, 실외공기가 실내로 유입될 때 같이 실려 실내로 들어오게 되는데, 일반적으로 대부분의 거대입자는 몇 분 또는 몇 시간 내에 기류가 잔잔해지면 자체 무게에 의하여 바닥으로 낙하한다. 그러나 거대입자 중에서도 상대적으로 직경이 작은 2.5~10㎛의 중간크기 입자는 호흡 시 흡입될 수 있으므로, 호흡기계통의 질환을 가진 사람이 숨을 쉴 때 폐로 유입되는 경우, 건강에 심각한 영향을 미칠 수 있다. 정상적으로 코를 통해 호흡하는

표 4-4 미세먼지 농도에 따른 인체영향

농도(μg/㎥)	폭로시간	건강위해
100	1년	만성 기관지염 유발률 증가
150	24시간	병약자, 노인의 사망 증가
300 이상	–	기관지염환자의 급성 악화

자료 : 송현진 · 김득현(2005). p. 40.

경우, 거대입자는 비강경로에서 여과되기 때문에 문제의 소지가 상대적으로 적다.

오염물질로서의 미세입자를 유의해야 하는 또 하나의 이유는, 미세입자에 중금속이 농축되어 있을 수 있기 때문이다. 미세먼지가 인체에 미치는 영향은 미세먼지의 구성성분에 따라 달라질 수도 있지만, 입자의 크기가 작아지면 작아질수록 유해성 가스나 중금속을 쉽게 흡착하여 인체에 전달하는 매개체가 되기도 한다. 미세먼지가 일으키는 병은 단순한 기침에서부터 천식은 물론, 규폐증[1], 진폐증[2], 탄폐증[3], 석면폐증[4]같은 중병을 일으키기도 한다(차동원, 2007).

■ 석면

석면(asbestos)은 내화재, 방화재, 보온재, 단열재, 절연재 등에 이용되고 석면 슬레이트 등 건축재료의 제조에도 사용되고 있다. 석면은 부서지기 쉽기 때문에 공기 중으로 쉽게 분산되며 석면에 노출되는 주 경로는 호흡을 통한 흡입이다. 석면 조직의 흡입과 폐암 및 늑막암 위험의 증가와는 명백한 관련이 있다. 늑막의 벽과 폐의 세포 조직에 침전된 많은 양의 섬유 조직 때문에 염증과 결합 조직이 형성된다. 이 때문에 폐의 기능이 손상될 수도 있다(박은선, 1996).

---

1) 유리규산의 미립자가 섞여 있는 공기를 장기간 마심으로써 증세가 발생하는 만성질환으로, 오래 전부터 광산 등지에서 그 존재가 알려진 직업병 중 하나이다.

2) 유해한 분진을 장기간 흡인할 때 폐 조직 내에 분진이 침착하여 만성의 섬유증식반응(섬유증)을 일으킨 상태로, 유해한 분진을 취급하는 직업에 종사하는 사람에게서 볼 수 있으므로 직업병에 포함된다.

3) 진폐증의 한 종류로 탄광 노동자와 같이 탄소가루를 흡입하는 사람에게서 일어나는 병이다. 폐 안에 탄소가루가 침착하여 만성기관지염, 간질, 결합조직증식 등의 증상을 일으킨다.

4) 석면 먼지를 들이쉼으로써 일어나는 진폐증으로 석면을 다루는 사람의 직업병으로 나타나는데, 폐에 섬유 증식성의 변화를 가져 오고 폐에 환기기능장애와 확산장애를 일으키며 심장장애, 늑막의 비후, 폐암, 악성종양 등의 합병증을 일으키기도 한다.

「산업안전보건법」 및 「석면함유제품의 제조 · 수입 · 양도 · 제공 또는 사용 금지에 관한 고시」에서는 석면의 제조 등의 허가와 석면조사, 제조 등 금지에 대한 내용을 포함하고 있다(표 4-11).

2008년 9월의 한 보도에 의하면 전국 유치원과 초 · 중 · 고교의 석면 실태를 조사한 결과 10곳 중 8곳에서 석면성분이 들어 있는 건축자재가 사용된 것으로 조사되었다(경향신문, 2008. 09. 19).

■ 미생물성 오염물질

미생물성 오염물질의 발생은 사람들의 실내활동과 일반가정에서 사용하는 각종 스프레이, 공기청정기, 가습기, 냉장고, 요리, 애완동물 등에서 기인하며, 가구 위나 뒤편에 쌓여 있는 실내먼지, 모서리나 가구 뒤에서 발생하는 결로도 미생물성 오염물질의 발생원이다.

실내공기 중에 떠다니고 있는 부유세균과 같은 미생물은 먼지나 수증기 등에 부착하여 생존하고 있으며, 주로 호흡기관에 균주화(菌株化)되어 영향을 미치고, 세균수는 먼지의 농도와 대체로 비례한다. 이러한 부유세균은 전염병과 알레르기질환을 유발한다. 이와 같은 미생물성 오염물질 전부를 별개로 관리하기 어려우므로, 「다중이용시설 등의 실내공기질관리법」에서는 총부유세균을 측정항목으로 하여 기준을 정하고 있다.

병원성 세균이란 각종 바이러스(virus), 박테리아(bacteria), 균류(fungus) 등을 말하며, 실내공기 중에 떠돌며 계속 부유하는 부유세균과 바닥으로 서서히 떨어지는 낙하세균으로 구분할 수 있다. 낙하세균은 실내의 바닥, 가구, 가사용품의 표면에 떨어져 물품은 물론 그것을 이용하는 사람에게도 영향을 미치는데, 수술을 받은 환자의 경우 환부에 떨어진 낙하세균은 병원성 감염을 초래할 수 있다. 「학교보건법」에서는 총부유세균뿐 아니라 낙하세균도 측정항목으로 하고 기준을 규정하였다.

실내환경에 존재하고 있는 미생물들은 다습하고 공기질이 나쁠 경우 잘 증식하게 되는데 전염성 질환, 알레르기질환, 호흡기질환 등을 유발시키는 원인이 된다. 덕트 내에 쌓인 먼지는 미생물성 오염물질의 발생원이고, 에어컨 사용이나 스프레이, 살균제 살포 등으로 박테리아나 곰팡이 등이 증식할 수 있으며, 급배기장치를 통해 결핵, 폐렴 등과 같은 기인성(氣因性) 전염병이 옮겨질 수 있다.

이들 미생물성 입자는 온도와 습도가 높은 환경에서 더 잘 번식하고 오염된 공기, 즉 먼지 등 미생물의 영양분이 많은 곳에서 더 잘 번식하므로, 이러한 환경이 되지 않도록 관리하는 것이 중요하다(차동원, 2007).

■ 집먼지진드기

집먼지진드기(Mites)는 0.1~0.5㎜의 미세한 벌레로 먼지 속에서 사람이나 동물의 피부에서 떨어지는 비듬, 각질 등을 먹고 산다. 집먼지진드기가 사는 곳은 빛이 없고 습한 곳으로 침실의 매트리스, 이불, 베개, 요, 거실의 소파, 카펫 등 실내의 구석구석이며, 각종 섬유 제품 및 의류, 봉제인형에도 살고 있다.

집먼지진드기는 호흡기 알레르기질환의 가장 중요한 기인항원으로 알려져 있으며 우리나라 소아 호흡기 알레르기 환자의 70% 이상과 성인 환자의 50%에서 집먼지 및 집먼지진드기 항원에 대한 알레르기 피부반응 검사에 양성 반응이 나타났다고 한다(최정윤 외, 2002).

집먼지진드기는 주로 침구류에 서식하므로 극세사로 조성된 침구를 사용하여 집먼지진드기의 이동을 차단하는 방법이 있고, 집먼지진드기는 습도 45% 이하의 환경에서는 생존하지 못하므로, 서식장소인 침구류 등을 거풍하거나 환기 등의 방법으로 습도를 45% 이하의 환경으로 만들어 사멸키는 방법이 있다. 집먼지진드기는 그 자체보다 사체나 배설물이 알레르겐(allergen)[5]이 되므로 사멸 후 사체나 배설물을 세탁, 강력흡입 등의 방법으로 제거해야 한다.

화학오염물질

■ VOCs(Volatile Organic Compounds ; 휘발성유기화합물)

유기용제로 통칭되는 휘발성유기화합물이란, 증기압이 높아 대기 중으로 쉽게 휘발되는 기체상 혹은 액체상 유기화합물의 총칭이다. 유기용제는 유기물을 녹이고 스며드는 성질이 있어서 피부를 통해 흡수되기 쉽고, 용제의 종류에 따라 침범되는 장기(臟器)도 달라진다. 휘발성유기화합물은 현재 건축자재, 세탁용제, 페인트, 살충제 등 생활 속에서 다양하게 사용되고 있다. 이러한 휘발성유기화합물은 실내의 밀

---

5) 알레르기 항원 또는 알레르기 원인물질

폐화로 인해 실외보다 실내공기 중에서 더 높은 농도를 나타내고 있으며, 환기량이 부족해지는 겨울철에 그 농도가 증가한다.

실내에 휘발성유기화합물이 발생하는 매커니즘으로 증산(蒸散)지배형 방산, 확산지배형 방산이 있다. 페인트칠을 한 벽이나 왁스를 칠한 바닥이 아직 건조되지 않은 경우처럼 표면의 오염물질이 증발하는 것을 증산지배형 방산이라고 하며, 바닥이나 표면에 존재하는 휘발성유기화합물이 없어질 때까지 지속된다. 이 경우 오염화학물질이 실내에 방산되는 속도는 온도와 표면 부근의 풍속에 영향을 받는다. 온도가 높거나 표면 부근의 풍속이 빠르면 방산되는 속도는 빨라진다. 이것은 세탁물을 건조시킬 때에 기온이 높고 통풍이 좋은 곳에 말리는 것과 같은 원리이며, 비교적 단기간에 표면에 존재하는 오염화학물질이 증발된다. 한편, 건축자재의 내부에 함유된 오염화학물질이 건축자재의 표면으로 스며 나와 공기 중에 방산되는 경우를 확산지배형 방산이라고 한다. 예를 들어 합판에서 접착제의 성분이 방산하는 경우이다. 오염화학물질이 건축자재 내부의 미세기공을 통해 내부에서 외부로 서서히 이동하여 공기 중으로 증발되며, 이와 같이 표면과 내부의 농도차에 의해서 건축자재 내부에서 표면으로 오염화학물질이 이동하는 것을 확산이라고 한다. 건축자재 내부에서의 확산은 표면에서 증발되는 속도에 비해 매우 느리므로, 확산지배형의

표 4-5 주요 휘발성유기화합물의 발생원과 인체에 미치는 영향

오염물질	주요 발생원	인체에 미치는 영향
벤젠(Benzene)	연기, 세척 및 청소용품, 페인트, 접착제, 파티클보드	골수손상, 혈소판 감소증, 백혈구 감소증, 빈혈증
톨루엔(Toluene)	페인트, 접착제, 난방기구, 카펫, 단열재, 왁스	간, 혈액, 신경 등에 독성 피로감, 정신착란
자일렌(Xylene)	페인트, 접착제, 난방기구, 카펫, 코팅제, 염료착색제	신경계에 대한 독성이 아주 강함
에틸벤젠 (Ethyl Benzene)	가구광택제, 페인트, 바닥왁스, 전기용품	신경계에 대한 독성이 강함
펜타클로로벤젠 (Pentachlorobenzene)	목재방부제, 곰팡이 제거제, 좀약	정서불안, 신경착란, 피로감
디클로로벤젠 (Dichlorobenzene)	방향제, 곰팡이 제거제, 좀약	어지럼증, 신경계 손상, 피로감

자료 : 윤동원(2004), p. 70.

경우에는 건축자재표면의 풍속이나 온도에 관계없이 방산된다. 신축한 직후의 방에 냄새가 나는 것은 증산지배형 방산에 의한 것이며, 어느 정도 시간이 경과한 후에도 실내에서 오염화학물질이 검출되는 것은 확산지배형 방산 때문이다.

휘발성유기화합물은 주로 호흡 및 피부를 통해 인체에 흡수되며 급성중독일 경우 호흡곤란, 무기력, 두통, 구토 등을 초래하며 만성중독일 경우 혈액장애, 빈혈 등을 일으킬 수 있다. 대부분의 휘발성유기화합물은 강력한 마취제로 중추신경계 억제작용을 나타내며, 눈과 호흡기계를 자극하고 피부, 심장에 과민반응을 일으키기도 하고, 고농도에서는 간과 신장에 손상을 입히기도 한다. 대표적인 물질로서 톨루엔, 벤젠, 자일렌 등이 가장 독성이 강한 방향족 화합물이다(한국환경정책·평가연구원, 2001).

표 4-6 휘발성유기화합물의 농도별 인체 증상

농 도	증 상
400 $\mu g/m^3$ 이하(0.1ppm 이하)	재실자의 불쾌감 인식
600 $\mu g/m^3$(0.14ppm)	20%의 재실자가 자극을 느끼고 가벼운 두통 등의 증상 호소
1000 $\mu g/m^3$(0.24ppm)	인간의 지각 등으로 오염물질을 감지할 수 있는 정도
2~10ppm	두통, 메스꺼움, 어지러움, 구토증세, 기침 등을 유발

주 : ppm은 저자 환산
자료 : 손장렬·윤동원(1995), p. 48.

■ HCHO(Formaldehyde ; 포름알데히드)

포름알데히드는 휘발성유기화합물 중 하나로 비점(끓는점)이 다른 휘발성유기화합물에 비해 매우 낮으며, 자극적 냄새를 가지는 가연성, 무색의 기체이다. 건축자재에서 발생된 포름알데히드는 실내온도와 습도가 높을수록 방출속도가 빨라지며, 일반적으로 신축 후 방출되는 기간은 4.2년 정도로 추정되고 있다.

포름알데히드의 발생원은 포르말린 제조, 합판 제조, 합성수지 및 화학제품 제조, 소각로, 석유정제, 유류 및 천연가스 연소시설 등으로 매우 광범위하다. 또한 실내공기오염의 주요 원인물질로 일반주택 및 공공건물에 많이 사용되는 벽지, 카펫, 접착제, 단열재인 우레아폼 등에 의해 발생되며, 가공목재 자체에서도 방출된다.

신축된 건축이나 새로운 가구 구입 후 실내에 들어가면 눈이 따갑고 목이 아픈 경우가 있는데 이것은 주택이나 가구에 사용되고 있는 단열재나 합판에서 발생하는 포름알데히드 때문인 경우가 많다.

실내공기 중 포름알데히드가 $60\mu g/m^3$ 이하의 수준에서는 주목할 정도의 인체 영향이 유발되지는 않으며, $120\mu g/m^3$ 이상일 때에는 적절한 조치가 필요하다. 포름알데히드 노출로 인해 코피, 콧물, 인후건조, 인후염, 두통, 피로, 기억력과 집중력 장애, 현기증, 숨막힘, 알레르기성 피부염, 두드러기 등의 증상이 나타나기도 하며, 여성에게 있어서는 생식기능 장애, 태아 독성 등도 나타날 수 있다고 보고되어 있으나 이것에 대한 검증이 더 필요하다(송현진·김득현, 2005).

표 4-7 포름알데히드의 농도에 따른 증상

농도(ppm)	발생하는 증상
0.01~1.6	눈의 자극이 시작되는 최저값
〈0.04	신경조직의 자극이 시작됨
0.05~1.0	냄새가 느껴지는 최저값
0.08~1.6	눈과 코에 자극
0.08	WHO, 일본의 기준값, 우리나라의 기준값
0.1	독일의 최소 오염농도
0.25~0.33	호흡장애의 시작
0.5	목의 자극이 시작되는 최저값
2~3	눈을 찌르는 듯 아파짐
10~20	심하게 눈물이 남
30~	생명이 관계된 위험, 독성 폐수종

주 : 0.08ppm은 $100\mu g/m^3$에 해당됨
자료 : 마사오 이노우에 저, 김현중 역(2004), p. 61.

방사성 물질 : 라돈(Radon)

라돈과 라돈의 산물은 우라늄 계열의 무색무취의 방사성 물질이며, 사람이 가장 흡입하기 쉬운 기체성 물질이다. 라돈은 일반적으로 흙, 시멘트, 콘크리트, 대리석, 모래, 진흙, 벽돌 등의 건축자재 및 우물물, 동굴, 천연가스에 존재하여 공기 중으로 방출되고 있다. 토양에서 방출되는 라돈가스는 콘크리트판의 기공을 통하거나 구조체나 하수관의 틈을 통해 실내로 침투될 수 있다. 라돈가스는 공기보다 무겁기 때문에 지표에 가깝게 존재하므로 지하실의 농도가 높게 검출된다.

서울시에 소재한 지하실이 있는 주택 34가구를 대상으로 라돈의 평균 농도를 분석한 결과에 의하면, 지하실의 라돈 농도가 최저 1.5pCi[6]/l에서 최고 9.9pCi/l까지 검출되었으며 1층 거실은 평균 1.7pCi/l로 나타났다. 이같은 수치는 국제방사성 방어위원회의 기준치 2.7pCi/l를 초과하는 수치이며, 미국 환경청의 라돈 권고기준치인 4pCi/l를 초과하는 주택도 있는 것으로 나타났다.

구미주택의 경우 특히 지하실을 거실로 많이 이용하는 스웨덴, 캐나다, 북미 등에서 라돈에 관한 연구가 활발히 진행되고 있으며, 1970년대 측정연구 결과, 라돈가스는 대부분의 주택 내에 존재하는 것으로 보고되기도 하였다.

라돈의 알파붕괴에 의하여 라듐의 낭핵종을 생성하는데 이 낭핵종은 기체가 아닌 미세한 입자로 흡입 시 폐로 들어가 폐포나 기관지에 부착되어 알파선을 방출하기 때문에 폐암이 발생되는 것으로 알려져 있고, 라돈은 폐 중에 흡수되면 배출되는 일이 없다. 미국의 NRC(National Research Council)에서 작성한 보고서(1999)에 의하면 1995년 기준으로 미국 전체 폐암 사망자의 1/10~1/7이 라돈에 기인한 것으로 보고 있다. 또 전체 폐암환자 중 라돈과 관련된 폐암은 부분적으로 라돈과 흡연 사이에서 상승 작용하는 것으로 나타났다. 미국의 국립 방사능 방어 및 측정위원회(NCRP)에서는 미국 내 연간 13만 명의 폐암 사망자 중 약 2,000~5,000명이 주택 내에서 발생한 라돈가스에 노출된 영향으로 인하여 사망한 것으로 추계하고 있다. 또한 구미 각국에서는 역학조사 및 동물실험을 통하여 라돈 농도가 5pCi/l인 상태에서 1년간 생활할 경우 100만 명 중 400명 정도 폐암을 유발한다고 추정하고 있다.

---

6) pCi : 피코퀴리, 방사능의 단위; 시간당 방사능 붕괴횟수, 10^{-12}

1976년 미국 환경청에서는 라돈의 기준 권고치 농도를 4pCi/l 또는 그 이하로 정하고 있다. 이 농도에 일생 동안 폭로될 경우 폐암으로 사망할 위험률이 약 1~2% 정도로 추산하고 있으며 200pCi/l는 약 44%의 폐암 발생 위험률에 달할 수 있는 농도로 추정되고 있다(박은선, 1996).

2. 실내공기와 환기

1) 실내공기질 관련법규

실내공기질의 관리와 관련된 법규 또는 제도는 실내공기의 유지를 위해 오염물질의 관리항목과 기준을 정하는 것, 환기시설을 갖추고 오염물질방출 건축자재의 사용을 제한하는 것, 실내공기질 인증제도로 구분할 수 있다.

⊿ 실내공기질 관리가 포함되어 있는 법규

'실내'라 함은 지상과 지하를 포함하여 인공적으로 건축된 건축물 내부공간을 의미하는 것으로서 자연적인 통풍에 의하여 충분한 공기의 순환이 이루어지기 어려운 경우를 말한다. 따라서 모든 형태의 지상 건물의 내부공간과 지하역사, 지하상가, 터널, 지하선로 등 모든 형태의 지하시설의 공간 및 넓은 의미에서는 차량, 철도, 항공기 등의 수송수단의 내부도 포함된다고 볼 수 있다.

예전에는 실내공기질은 지하공간과 같은 특정공간에 국한된 문제로 인식하여 「지하생활공간공기질관리법」이 있었으나, 새집증후군 등 실내공기오염에 대해 대중적 인식이 확산되면서 2003년 5월 「지하생활공간공기질관리법」이 「다중이용시설 등의 실내공기질관리법」으로 개정되어, 2004년 5월부터 시행되었다. 2013년 6월 개정된 「다중이용시설 등의 실내공기질관리법」에는 다중이용시설 및 신축공동주택, 그리고 대중교통차량의 실내공기질 관리가 규정되었다. 이외 학교, 사무실, 공중이용시설 등을 대상으로 하는 실내공기질 관리 관련법령들이 제정되어 있다. 또한 실내공기에 의해 국민이 건강상의 영향을 받는 것을 예방하고자 건설교통부(현

표 4-8 실내공기질 관리가 포함되어 있는 법규

법령	「다중이용시설 등의 실내공기질관리법」(2013.6.12)			「산업안전보건법」(2013.6.12)	「학교보건법」(2013.3.23)	「공중위생관리법」(2013.8.6)
관리대상	다중이용시설	신축공동주택	대중교통차량	사무실, 작업장	학교	공중이용시설
목적	지하역사 등 17개 다중이용시설(불특정다수인이 이용하는 시설)의 실내공기질 관리	신축공동주택의 실내공기질 관리	대중교통차량(불특정인을 운송하는 데 이용되는 차량)의 실내공기질 관리	산업재해를 예방하고 쾌적한 작업환경을 조성	학교교사의 환경위생(실내공기질 포함)관리	공중이 이용하는 영업과 시설의 위생관리
관리방법	사용중인 시설의 유지기준 준수의무, 실내공기질 측정, 관리책임자교육, 환기설비 설치, 오염물질방출 건축자재 사용제한	신축공동주택의 입주전 공기질(휘발성유기화합물과 포름알데히드) 측정·공고, 제출	대중교통차량의 제작자에게 관리지침에 맞게 제작하도록 권고, 운송사업자에게 관리지침에 맞게 운행하도록 권고	작업환경(공기질 등) 측정, 환기·채광·조명·보온·방습·청결 등의 적정기준 유지	일상·정기·특별점검 의무, 환기설비 설치 등 적정조치	공중 위생영업의 종류별 시설 및 설비기준, 실내공기를 위생관리기준에 적합하도록 유지, 초과시 덕트 및 설비 교체 또는 청소 규정
	공기질 유지기준에 맞지 아니하게 관리되는 경우에는 공기정화설비 또는 환기설비 등의 개선이나 대체 그 밖의 필요한 조치 명령					

국토교통부)에서는 『새집증후군 예방 매뉴얼』(2007), 서울특별시 학교보건진흥원에서는 『유치원 환경위생 관리 매뉴얼』(2007), 환경부에서는 『보육시설의 실내공기질 설계 및 유지관리지침서』(2008)와 『공동주택 실내공기질 관리』(2008)를 제작·보급하였다.

2009년 1월에는 관계부처(교육과학기술부, 지식경제부, 보건복지가족부, 환경부, 노동부, 국토해양부) 합동으로 실내공기질 관리 기본계획(2009~2013)을 수립하였으며, 중점 추진과제는 실내공기질 관리대상 확대 및 기준합리화, 목질판상제품 오염물질 방출 관리, 환기설비 관리체계구축, 저탄소형 실내공기질 관리방법 개발·보급, 석면 등 건강영향이 큰 물질 관리 강화, 실내공기질 관련 환경성질환 관리이다.

이와 같이, 실내공기질 관리 관련법령들은 비교적 최근 제정되거나 전면 개정되었으나, 그 중요성에 대한 인식확산으로 인해 관리를 강화하는 방향으로 지속적으로 개정되거나 조항이 신설되고 있다.

실내공기질기준

실내공기질 관리가 포함된 법규에는 실내공기 오염물질에 대한 유지관리기준을 포함하고 있다. 「다중이용시설 등의 실내공기질관리법」에는 다중이용시설의 운영 중인 상태에 대해 오염물질의 유지, 권고기준이 규정되어 있다. 공동주택에 대한 내용으로는, 신축 공동주택의 경우 입주 전 실내공기질 측정결과를 공고하도록 하고, 실내공기오염물질의 측정항목과 그에 대한 권고기준이 마련되어 있다.

「다중이용시설 등의 실내공기질관리법」이외의 법령에서 실내공기질기준은 〈표 4-10〉과 같다. 이들 법령은 적용대상에 따라 오염물질의 허용기준에 다소 차이가 있는데 사용자가 노약자인지 장시간 사용하는 공간인지 등에 따라 다소 차이가 있다. 그런데, 거주 중인 주택에 대해서는 현재 실내공기질의 유지기준을 규정하고 있는 법령이 없다. 따라서 주택의 실내공기질을 평가할 때는 「다중이용시설 등의 실내공기질관리법」에서, 주택은 노약자가 거주하기도 하고 장시간 기거하는 공간이므로 보육시설, 노인요양시설을 포함한 시설군기준을 적용하기도 한다.

환기시설 및 건축자재 사용 관련조항

환기시설설치나 건축자재사용 관련조항으로 공동주택에 관한 것은 신축 및 리모델링하는 주택은 시간당 0.5회 이상의 환기가 이루어질 수 있도록 환기설비를 설치하여야 하며, 거실과 지하층, 보일러실의 환기 규정, 부엌·욕실 및 화장실의 배기설비 규정 등이 있고, 오염물질방출 건축자재는 사용할 수 없다. 그 외 건물의 환기나 건축자재사용 관련조항을 요약하면, 환기를 위한 창문 설치, 금연구역의 지정 및 흡연구역의 환기시설설치, 오염물질방출 건축자재 사용제한, 석면의 제조, 조사 등의 제한 등이 규정되어 있다. 「학교보건법」에서는 신축학교, 노후화된 학교, 도로변 학교 등으로 구분하여 실내공기질 관련내용을 규정하고 있다.

표 4-9 다중이용시설의 실내공기질 기준

	오염물질 항목 / 다중이용시설	미세먼지 (μg/m³)	이산화탄소 (ppm)	폼알데하이드 (μg/m³)	총부유세균 (CFU/m³)	일산화탄소 (ppm)
유지 기준	지하역사, 지하도상가, 여객자동차터미널의 대합실, 철도역사의 대합실, 공항시설중 여객터미널, 항만시설중 대합실, 도서관·박물관 및 미술관, 장례식장, 목욕장, 대규모점포, 영화상영관, 학원, 전시시설, 인터넷컴퓨터게임시설제공업 영업시설	150 이하	1,000 이하	100 이하 (0.08ppm*)		10 이하
	의료기관, 보육시설, 국공립 노인요양시설 및 노인전문병원, 산후조리원	100 이하			800 이하	
	실내주차장	200 이하				25 이하

비고: 도서관, 영화상영관, 학원, 인터넷컴퓨터게임시설제공업 영업시설 중 자연환기가 불가능하여 자연환기설비 또는 기계환기설비를 이용하는 경우에는 이산화탄소의 기준을 1,500ppm 이하로 한다.

	오염물질 / 다중이용시설	이산화질소 (ppm)	라돈 (Bq/m³)	총휘발성유기화합물 (μg/m³)	석면 (개/cc)	오존 (ppm)
권고 기준	지하역사, 지하도상가, 여객자동차터미널의 대합실, 철도역사의 대합실, 공항시설중 여객터미널, 항만시설중 대합실, 도서관·박물관 및 미술관, 장례식장, 목욕장, 대규모점포, 영화상영관, 학원, 전시시설, 인터넷컴퓨터게임시설제공업 영업시설	0.05 이하	148 이하	500 이하 (0.12ppm)	0.01 이하	0.06 이하
	의료기관, 보육시설, 국공립 노인요양시설 및 노인전문병원, 산후조리원			400 이하 (0.1ppm)		
	실내주차장	0.30 이하		1,000 이하		0.08 이하

비고: 총휘발성유기화합물의 정의는 「환경분야 시험·검사 등에 관한 법률」 제6조제1항제3호에 따른 환경오염공정시험기준에서 정한다.

신축 공동 주택 권고 기준	1. 포름알데히드 210μg/m³ 이하 (0.17 ppm) 2. 벤젠 30μg/m³ 이하 3. 톨루엔 1,000μg/m³ 이하 4. 에틸벤젠 360μg/m³ 이하 5. 자일렌 700μg/m³ 이하 6. 스티렌 300μg/m³ 이하	(2390μg/m³ ; 0.58ppm)

자료 : 「다중이용시설 등의 실내공기질관리법 시행규칙」 (2012.7.4) 별표2, 3, 4의2
* ppm환산치는 ppm으로 표시되는 기기의 측정치를 비교하기 위해 환산한 수치임[7]

---

7) 환산식은 ppm = mg/m³ × 22.4/M × t/273 × 760mmHg/P(M: 분자량 또는 평균분자량, t: 절대온도, P: 대기압)를 이용하였고(대기환경연구회, 2000) 환산조건은 실내공기질 공정시험방법(2004)에 제시된 조건인 20℃, 1기압으로 계산하였다.

※ Bq(베크렐) : 시간당(s) 방사능 붕괴횟수. 1Ci = 3.7× 10¹⁰Bq

cf. 시버트(Sv) : 방사선의 생물학적 손상정도

표 4–10 「다중이용시설 등의 실내공기질관리법」 이외 법령에서의 실내공기질 기준(일부발췌)

법령 기준		「공중위생관리법」 (2013.3.23) 및 시행규칙 (2013.3.23)	「학교보건법」(2013.3.23) 및 시행규칙(2013.3.23)			「산업안전보건법」 (2013.6.12.) 및 「사무실 공기관리 지침」(2012.9.20)
적용대상		공중이용시설 (업무시설, 공연장, 학원, 대규모점포, 혼인예식장, 체육시설 등)	「유아교육법」 제2조제2호, 「초·중등교육법」 제2조 및 「고등교육법」 제2조에 따른 각 학교			사무실 (8시간 시간가중평균농도 기준)
온· 습도	실내온도	–	18~28℃(난방 : 18~20℃, 냉방 : 26~28℃)			–
	비교습도	–	30~80%			–
오염 물질 허용 기준	미세먼지	150μg/㎥ 이하 (24시간 평균치)	100μg/㎥	모든 교실	10마이크로미터 이하	150μg/㎥ 이하
	CO₂	1,000ppm 이하 (1시간 평균치)	1,000ppm		기계환기시설은 1,500ppm	1000ppm 이하
	CO	25ppm 이하 (1시간 평균치)	10ppm	개별 난방 및 도로변 교실	직접연소에 의한 난방의 경우	10ppm이하
	NO₂	–	0.05ppm			0.05ppm 이하
	HCHO	120μg/㎥(0.1ppm) 이하(1시간 평균치)	100μg/㎥	모든 교실		120μg/㎥(또는 0.1ppm) 이하
	총부유세균	–	800CFU/㎥	모든 교실		800CFU/㎥
	낙하세균	–	10CFU/실당	보건실·식당		–
	라돈	–	4.0pCi/ℓ	지하교실		–
	총휘발성 유기화합물	–	400μg/㎥	건축한 때로부터 3년이 경과되지 아니한 학교	증축 및 개축 포함	500μg/㎥ 이하
	석면	–	0.01개/cc	석면을 사용하는 학교	단열재로 석면을 사용하는 경우	0.01개/cc 이하
	오존	–	0.06ppm	교무실 및 행정실		0.06ppm 이하
	진드기	–	100마리/㎡	보건실		–

주 : CFU/㎥: Colony Forming Unit, 1㎥중에 존재하고 있는 집락형성 세균 개체 수

※RLU(Relative Light Unit·오염도 측정 단위로, 물체에 묻은 유기화합물의 농도를 측정하는데 수치가 클수록 오염도가 높다고 판단)

자료: 「공중위생관리법」과 「공중위생관리법시행규칙」별표6, 「학교보건법」과 「학교보건법시행규칙」별표4의 2, 「산업안전보건법」과 「사무실 공기관리 지침」(고용노동부 고시 제 2012-71호)

표 4-11 환기시설 관련조항

조 항	내 용	근 거
공동주택 및 다중이용시설의 환기설비 기준	신축 또는 리모델링하는 주택 또는 건축물(기숙사를 제외한 100세대 이상의 공동주택, 주택을 주택 외의 시설과 동일건축물로 건축하는 경우로서 주택이 100세대 이상인 건축물; 이하 "신축공동주택등"이라 한다)은 시간당 0.5회 이상의 환기가 이루어질 수 있도록 자연환기설비 또는 기계환기설비를 설치하여야 한다.	「건축물의 설비기준 등에 관한 규칙」 (2013.9.2) 제 11조
	다중이용시설을 신축하는 경우, 기계환기설비를 설치하여야 하는 다중이용시설은 각 시설의 필요환기량에 적합한 환기설비를 설치하여야 한다.	
개별난방설비	공동주택과 오피스텔의 난방설비를 개별난방방식으로 하는 경우에는 보일러실의 윗부분에는 그 면적이 0.5제곱미터 이상인 환기창을 설치하고, 보일러실의 윗부분과 아랫부분에는 각각 지름 10센티미터 이상의 공기흡입구 및 배기구를 항상 열려있는 상태로 바깥공기에 접하도록 설치할 것. 다만, 전기보일러의 경우에는 그러하지 아니하다. 보일러실과 거실사이의 출입구는 그 출입구가 닫힌 경우에는 보일러가스가 거실에 들어갈 수 없는 구조로 할 것	// 제 13조
거실의 채광 등	단독주택 및 공동주택의 거실, 교육연구시설 중 학교의 교실, 의료시설의 병실 및 숙박시설의 객실에는 국토교통부령으로 정하는 기준에 따라 채광 및 환기를 위한 창문등이나 설비를 설치하여야 한다.	「건축법 시행령」 (2013.5.31.) 제51조
채광 및 환기를 위한 창문	건축법 시행령 51조의 규정에 의하여 환기를 위하여 거실에 설치하는 창문 등의 면적은 그 거실의 바닥면적의 20분의 1이상이어야 한다. 다만, 기계환기장치 및 중앙관리방식의 공기조화설비를 설치하는 경우에는 그러하지 아니하다.	「건축물의 피난·방화구조 등의 기준에 관한 규칙」 (2013.3.23) 제17조
지하층의 구조	건축법 제53조에 따라 건축물에 설치하는 지하층의 구조 및 설비는 거실의 바닥면적이 50제곱미터 이상인 층에는 직통계단외에 피난층 또는 지상으로 통하는 비상탈출구 및 환기통을 설치할 것. 다만, 직통계단이 2개소 이상 설치되어 있는 경우에는 그러하지 아니하다. 거실의 바닥면적의 합계가 1천제곱미터 이상인 층에는 환기설비를 설치할 것	// 제 25조
환기시설의 설치 등	사업주체는 공동주택의 실내 공기의 원활한 환기를 위하여 대통령령으로 정하는 기준에 따라 환기시설을 설치하여야 한다.	「주택법」(2013.9.5) 제21조의3
배기설비 등	① 주택의 부엌·욕실 및 화장실에는 바깥의 공기에 면하는 창을 설치하거나 국토교통부령(주택건설기준 등에 관한 규칙)이 정하는 바에 따라 배기설비를 하여야 한다. ② 주택법 제21조의3의 규정에 의하여 공동주택의 각 세대에 설치하는 환기시설의 설치기준 등은 건축법령이 정하는 바에 의한다.	「주택건설기준 등에 관한 규정」(2013.6.17) 제44조
건강친화형 주택의 설계 기준	① 500세대 이상의 공동주택을 건설하는 경우에는 다음 각 호의 사항을 고려하여 세대 내의 실내공기 오염물질 등을 최소화할 수 있는 주택(이하 "건강친화형 주택"이라 한다)으로 설계하여야 한다. 1. 오염물질을 적게 방출하거나 오염물질의 발생을 억제 또는 저감시키는 건축자재(붙박이 가구 및 붙박이 가전제품을 포함한다)의 사용에 관한 사항 2. 청정한 실내환경 확보를 위한 마감공사의 시공관리에 관한 사항 3. 실내공기의 원활한 환기를 위한 환기설비의 설치, 성능검증 및 유지관리에 관한 사항 4. 환기설비 등을 이용하여 신선한 바깥의 공기를 실내에 공급하는 환기의 시행에 관한 사항	// 제65조

(계속)

조 항	내 용	근 거
사무실의 환기기준	공기정화시설을 갖춘 사무실에서 근로자 1인당 필요한 최소외기량은 분당 0.57세제곱 미터 이상이며, 환기횟수는 시간당 4회 이상으로 한다.	「사무실 공기관리 지침」 (2012.9.20)
금연을 위한 조치	보건복지부령이 정하는 공중이 이용하는 시설의 소유자ㆍ점유자 또는 관리자는 해당 시설의 전체를 금연구역으로 지정하여야 한다. 이 경우 금연구역을 알리는 표지와 흡연 자를 위한 흡연실을 설치할 수 있으며, 금연구역을 알리는 표지와 흡연실을 설치하는 기준ㆍ방법 등은 보건복지부령으로 정한다. ※ 해당시설의 범위를 확대 개정하여 입법 예고 중에 있음 지방자치단체는 흡연으로 인한 피해 방지와 주민의 건강 증진을 위하여 필요하다고 인 정하는 경우 조례로 다수인이 모이거나 오고가는 관할 구역 안의 일정한 장소를 금연 구역으로 지정할 수 있다.	「국민건강증진법」 (2013.7.30) 제9조

표 4-12 건축자재 사용 관련조항

조 항	내 용	근 거
오염물질방출 건축자재의 사용제한	① 환경부장관은 관계중앙행정기관의 장과 협의하여 환경부령이 정하는 오염물질이 많 이 나오는 건축자재(이하 "오염물질방출건축자재"라 한다)를 정하여 환경부령이 정 하는 바에 따라 고시할 수 있다. ② 다중이용시설 또는 공동주택을 설치(기존 시설 또는 주택의 개수 및 보수를 포함한 다)하는 자는 제1항에 따라 환경부장관이 고시한 오염물질방출건축자재를 사용하여 서는 아니된다.	「다중이용시설 등의 실 내공기질관리법」 (2013.6.12) 제11조
오염물질방출 건축자재	「다중이용시설 등의 실내공기질관리법」 제11조 제1항의 규정에 의한 환경부령이 정하 는 오염물질은 별표 5와 같다. [별표 5] 건축자재에서 방출되는 오염물질(제10조제1항 관련) 오염물질은 폼알데하이드와 휘발성유기화합물로 하되, 아래 표의 구분에 따른 방출농 도 이상인 경우로 한다. **표 내용 아래 참조** 비고: 1. 위 표에서 오염물질의 종류별 단위는 mg/m²·h를 적용한다. 다만, 실란트에 대한 오염물질별 단위는 mg/m·h를 적용한다. 2. "일반자재"란 건축물 내부에 사용되는 건축자재 중 접착제, 페인트, 실란트, 퍼티를 제외한 건축자재를 말한다. 3. 총휘발성유기화합물의 범위 및 산정방법은 「환경분야 시험ㆍ검사 등에 관한 법률」 제6조제1항제3호에 따른 환경오염공정시험기준에 따른다.	「다중이용시설 등의 실 내공기질관리법 시행규 칙」(2012.7.4) 제10조

구분 \ 오염물질 종류	폼알데하이드		총휘발성 유기화합물	톨루엔
	2010년 까지	2011년 부터		
접착제	0.5	0.12	2.0	0.080
페인트			2.5	
실란트			1.5	
퍼티			20.0	
일반자재			4.0	

(계속)

조 항	내 용	근 거
건축물의 내부마감재료	공동주택에는 「다중이용시설 등의 실내공기질관리법」 제11조제1항 및 동법 시행규칙 제10조에 따라 환경부장관이 고시한 오염물질방출 건축자재를 사용하여서는 아니 된다.	「건축물의 피난·방화구조 등의 기준에 관한 규칙」(2013.3.23) 제24조
석면조사	① 건축물이나 설비를 철거하거나 해체하려는 경우에 해당 건축물이나 설비의 소유주 또는 임차인 등(이하 "건축물이나 설비의 소유주등"이라 한다)은 다음 각 호의 사항을 고용노동부령으로 정하는 바에 따라 조사(이하 "일반석면조사"라 한다)한 후 그 결과를 기록·보존하여야 한다. 1. 해당 건축물이나 설비에 석면이 함유되어 있는지 여부 2. 해당 건축물이나 설비 중 석면이 함유된 자재의 종류, 위치 및 면적 ② 제1항에 따른 건축물이나 설비 중 대통령령으로 정하는 규모 이상의 건축물이나 설비의 소유주등은 고용노동부장관이 지정하는 기관(이하 "석면조사기관"이라 한다)으로 하여금 제1항 각 호의 사항과 해당 건축물이나 설비에 함유된 석면의 종류 및 함유량을 조사(이하 "기관석면조사"라 한다)하도록 한 후 그 결과를 기록·보존하여야 한다. 다만, 석면함유 여부가 명백한 경우 등 대통령령으로 정하는 사유에 해당하여 고용노동부령으로 정하는 절차에 따라 확인을 받은 경우에는 기관석면조사를 생략할 수 있다.	「산업안전보건법」(2013.6.12) 제38조의2
석면해체제거 작업기준의 준수	석면이 함유된 건축물이나 설비를 철거하거나 해체하는 자는 고용노동부령으로 정하는 석면해체·제거의 작업기준을 준수하여야 한다.	// 제38조의3
석면해체·제거업자를 통한 석면의 해체·제거	① 기관석면조사 대상으로서 대통령령으로 정하는 함유량과 면적 이상의 석면이 함유되어 있는 경우 건축물이나 설비의 소유주등은 고용노동부장관에게 등록한 자(이하 "석면해체·제거업자"라 한다)로 하여금 그 석면을 해체·제거하도록 하여야 한다. 다만, 건축물이나 설비의 소유주등이 인력·장비 등에서 석면해체·제거업자와 동등한 능력을 갖추고 있는 경우 등 대통령령으로 정하는 사유에 해당할 경우에는 스스로 석면을 해체·제거할 수 있다. ② 제1항에 따른 석면해체·제거는 해당 건축물이나 설비에 대하여 기관석면조사를 실시한 기관이 하여서는 아니 된다. ③ 석면해체·제거업자(제1항 단서의 경우에는 건축물이나 설비의 소유주등을 말한다. 이하 제38조의5에서 같다)는 제1항에 따른 석면해체·제거작업을 하기 전에 고용노동부장관에게 신고하고, 제1항에 따른 석면해체·제거작업에 관한 서류를 보존하여야 한다.	// 제38조의4
석면농도기준의 준수	석면해체·제거업자는 제38조의4제1항에 따른 석면해체·제거작업이 완료된 후 해당 작업장의 공기 중 석면농도가 고용노동부령으로 정하는 기준(이하 "석면농도기준"이라 한다) 이하가 되도록 하고, 그 증명자료를 고용노동부장관에게 제출하여야 한다.	// 제38조의5
석면등의 사용금지 등	누구든지 석면이나 석면함유제품(이하 "석면등"이라 한다)을 제조·수입·양도·제공 또는 사용(이하 "사용등"이라 한다)하여서는 아니 된다. 다만, 별표의 법령에서 석면등의 사용등을 금지하거나 사용등을 할 수 있도록 정하고 있는 경우에는 그 법령에서 정하는 바에 따른다.	「석면안전관리법」(2013.3.23) 제8조

(계속)

조 항	내 용	근 거
건축물 석면조사	① 대통령령으로 정하는 건축물의 소유자(「유아교육법」 제7조에 따른 유치원, 「초·중등교육법」 제2조에 따른 학교(이하 "학교등"이라 한다)의 경우에는 학교등의 건축물을 관리하는 자를 말하며, 이하 "건축물소유자"라 한다)는 「건축법」 제22조제2항에 따른 사용승인서를 받은 날(「건축법」 제29조제1항에 따른 협의를 하는 건축물의 경우에는 같은 조 제3항 단서에 따라 통보한 날을 말한다)부터 1년 이내에 석면조사기관으로 하여금 석면조사(이하 "건축물석면조사"라 한다)를 하도록 한 후 그 결과를 기록·보존하여야 한다. 다만, 다음 각 호의 어느 하나에 해당하는 건축물의 경우에는 그러하지 아니하다. 1. 「건축법」 제65조에 따른 친환경건축물 인증을 받은 건축물로서 대통령령으로 정하는 바에 따라 석면건축자재가 사용되지 아니한 것으로 확인된 건축물 2. 「산업안전보건법」 제38조의2에 따라 석면조사를 받았거나 받고 있는 건축물	// 제21조
건축물 석면조사 결과에 따른 조치	① 건축물소유자는 건축물석면조사 결과를 건축물석면조사가 끝난 후 1개월 이내에 특별자치도지사·시장·군수·구청장(학교등의 경우에는 교육감 또는 교육장을 말한다. 이하 이 장, 제39조, 제40조 및 제49조제5항에서 같다)에게 제출하여야 한다. 이 경우 대통령령으로 정하는 기준 이상의 석면건축자재가 사용된 건축물(이하 "석면건축물"이라 한다)에 대하여 그 건축물에 사용된 석면건축자재의 위치, 면적 및 상태 등을 표시한 건축물석면지도를 작성하여 함께 제출하여야 하고, 임차인·관리인 등 건축물 관계자 및 건축물의 양수인에게도 환경부령으로 정하는 바에 따라 알려 주어야 한다. ② 석면건축물의 소유자는 석면으로 인하여 인체에 미칠 위해를 방지하기 위하여 대통령령으로 정하는 석면건축물 관리기준을 지켜야 한다. 다만, 근로자만이 상시적으로 종사하는 작업장소 등 대통령령으로 정하는 장소에 대하여는 「산업안전보건법」에서 정하는 바에 따른다.	// 제22조
석면건축물 관리기준	① 법 제22조제2항 본문에서 "대통령령으로 정하는 석면건축물 관리기준"이란 다음 각 호와 같다. 1. 석면건축물의 소유자는 법 제23조제1항에 따른 석면건축물안전관리인(이하 "석면건축물안전관리인"이라 한다)을 지정하여 석면건축물을 관리할 것 2. 석면건축물의 소유자는 석면건축물에 대하여 6개월마다 석면건축물의 손상 상태 및 석면의 비산 가능성 등을 조사하여 환경부령으로 정하는 바에 따라 필요한 조치를 할 것 3. 석면건축물의 소유자는 전기공사 등 건축물에 대한 유지·보수공사를 실시할 때에는 미리 공사 관계자에게 법 제22조제1항에 따른 건축물석면지도(이하 "건축물석면지도"라 한다)를 제공하여야 하며, 공사 관계자가 석면건축자재 등을 훼손하여 석면을 비산시키지 않도록 감시·감독하는 등 필요한 조치를 할 것	「석면안전관리법 시행령」 (2013.3.23) 제33조
사업장 주변 의 석면배출 허용기준 준수 등	① 석면해체·제거작업을 하는 자(이하 "석면해체·제거업자"라 한다)는 대통령령으로 정하는 사업장 주변의 석면배출허용기준(이하 "사업장주변석면배출허용기준"이라 한다)을 지켜야 한다. ④ 특별자치도지사·시장·군수·구청장은 「도시 및 주거환경정비법」 제2조제2호에 따른 주택재개발사업, 주택재건축사업 등 대통령령으로 정하는 사업의 사업장에서 사업장주변석면배출허용기준을 준수하는지 여부를 확인하기 위하여 그 사업장 주변에 대하여 석면의 비산 정도를 측정하고, 그 결과를 공개하여야 한다.	「석면안전관리법」 (2013.3.23) 제28조

(계속)

조 항		내 용	근 거
교사 안에서의 공기의 질에 대한 관리 기준	신축학교	• 「다중이용시설 등의 실내공기질관리법」 제11조의 규정에 의한 오염물질방출건축자재[8]의 사용을 제한할 것 • 교사 안에서의 원활한 환기를 위하여 환기시설을 설치할 것 • 책상·의자 컴퓨터 등 학교의 비품은 폼알데하이드 방출량이 작은 것을 사용할 것 • 교사 안에서의 폼알데하이드 및 휘발성유기화합물이 유지기준에 적합하도록 필요한 조치를 강구하고 사용할 것	「학교보건법 시행규칙」 (2013.3.23) 별표4의2
	개교 후 3년 이내의 학교	• 폼알데하이드 및 휘발성유기화합물 등이 유지기준에 적합하도록 중점적으로 관리할 것	
	노후화된 학교 (10년 이상이 된 학교)	• 미세먼지 및 부유세균이 유지기준에 적합하도록 중점 관리할 것 • 기존시설을 개수 및 보수를 하는 때에는 친환경 건축자재를 사용할 것 • 책상 의자 컴퓨터 등 학교의 비품은 폼알데하이드 방출량이 작은 것을 사용할 것	
	도로변 학교 등	• 차량의 통행이 많은 도로변의 학교와 겨울철에 개별난방(직접연소에 의한 난방의 경우에 한한다)을 하는 교실은 일산화탄소 및 이산화질소가 유지기준에 적합하도록 중점적으로 관리할 것 • 식당 및 보건실 등은 낙하세균과 진드기(보건실에 한한다)가 유지기준에 적합하도록 중점적으로 관리할 것 • 석면을 단열재로 사용한 학교는 석면이 유지기준에 적합하도록 중점적으로 관리할 것	

---

8) 환경부 국립환경과학원은 2004년부터 2012년까지 국내에 시판된 실내 건축자재 3,350개의 오염물질 방출량 조사 결과, 전체 시험대상 제품 3,350개 중 약 7.7%에 해당하는 257개 제품이 실내 오염물질 방출 기준을 초과한 것으로 확인됐다. '오염물질 다량방출 건축자재 정보'는 환경부와 생활환경정보센터 홈페이지 www.me.go.kr(법령/정책-고시/훈령/예규), http://www.iaqinfo.org(환경자료실-법령·정책자료)에서 확인할 수 있다.
(자료 : http://www.me.go.kr/web/286/me/common/board/list.do "새집증후군 주의! 일부 실내 건축자재, 오염물질 기준치 초과". 환경부 보도자료, 2013.7.3.)

📊 실내공기질 인증제도

실내공기질을 인증하는 현형 제도는 〈표 4-13〉과 같이, 인증제도가 아직 법적근거를 가지고 있지는 않으나, 실내공기 오염물질 측정항목 등은 「다중이용시설 등의 실내공기질관리법」에 따라 인증하는 제도들이 있다.

표 4-13 실내공기질 인증제도

	좋은 실내공기질 인증제도	실내공기질 인증제도	실내공기질 관리 우수 시설 인증제(서울시)	신축 공동주택 실내공 기질검증제(서울시)	금연아파트사업 (서울시)
개요	• 다중이용이설을 이용하는 국민이 체감할 수 있는 실내공기질 개선과 다중이용시설 관리자의 자율적 실내공기질 관리기반 마련을 위함 • 실내공기질 현황 및 유지관리 상태를 정밀 조사하여 실내공기질 관리 우수시설을 객관적으로 인증하는 제도로서, 해당시설 스스로 자발적이고 지속적으로 실내공기질을 관리해 나갈 수 있도록 지원해주는 제도	모두가 더불어 잘 사는 늘 푸른사회, 건강사회, 행복사회를 조성하기 위해 한국표준협회와 연세대학교가 공동개발한 i숨지수 모델을 활용하여 기업 및 단체의 매장과 시설 등 이용공간의 실내공기질과 그 관리수준을 객관적으로 평가하고 그 우수성을 인증하는 제도	실내공기질과 유지관리 상태를 평가해 실내공기질 관리를 객관적으로 인증하는 것으로, 해당시설이 자발적이고 지속적으로 실내공기질을 관리하도록 유도하기 위함	신축 아파트 실내공기질을 전국에선 유일하게 한 번 더 확인하여, 시공사로 하여금 즉시 시정토록 조치하여, 입주민들의 새집증후군 예방	단지내 금연아파트 참여에 대해 거주세대 50%이상의 동의를 얻어 관할 보건소로 신청서를 제출, 금연아파트 인증가이드에 따라 1차 현장평가, 2차 전문가 평가를 거쳐, 금연아파트로 인증하고 2년마다 재인증
법적 근거	인증제도가 법적근거를 가지고 있지는 않으나, 실내공기 오염물질 측정항목 등은 '다중이용시설 등의 실내공기질관리법'에 따름				법적근거는 없으나, 국민건강증진법과 유관
운영 기관	환경부	한국표준협회	서울시, 서울시보건환경연구원		서울시
실시 시기	2012년 6월 시범사업 실시 시작	2011년	2012년	2008년	2007년

(계속)

	좋은 실내공기질 인증제도	실내공기질 인증제도	실내공기질 관리 우수시설 인증제 (서울시)	신축 공동주택 실 내공기질검증제 (서울시)	금연아파트사업 (서울시)
인증 대상	(시범사업 대상) 어린이집과 백화점 및 대형마트	작업장, 사무실, 학교, 신축건물, 다중이용시설	'다중이용시설 등의 실내공기질관리법' 상의 관리대상 다중이용시설	'다중이용시설 등의 실내공기질관리법' 상의 신축공동주택	- 공동생활공간을 금연구역으로 선포, 자율적 활동 1. 필수금연구역 지정 : 아파트 동 출입구, 복도, 계단, 엘리베이터, 지하주차장, 어린이놀이터, 관리사무소 2. 선택금연구역 지정 : 아파트 베란다, 아파트내 복리후생시설(파고라, 노인정 등) ※ 필요시 주민의견수렴 후 금연구역 추가지정 3. 선택 흡연구역 설치 (흡연표지판 부착 및 재떨이 설치) 흡연자의 계도 위해 흡연장소 지정 ⇒ 간접흡연 피해가 발생하지 않는 장소 지정
평가 내용	• 시설 이용 관리 실태 • 체감 공기질 만족도 • 다중이용시설 등의 실내공기질관리법 10개 오염물질 정밀 측정	• 건물 또는 시설 소유자(또는 관리자)의 인식 • 건물 관리 시스템 • 실내공기질 측정 (다중이용시설 등의 실내공기질 관리법 10개 오염물질)	• 실내공기 오염물질별 수준 • 실내환기 및 정화시스템 운영실태 • 실내공기질 관리	'다중이용시설 등의 실내공기질관리법'에 따른 신축 공동주택 실내공기질 측정항목 폼알데하이드, 벤젠, 톨루엔, 에틸벤젠, 자일렌, 스틸렌 등 6개 물질	- 아파트내 금연구역관리, 금연홍보, 캠페인참여 등 금연문화를 선도할 "금연아파트 자율운영단" 구성 - 희망시 주민대상 금연교육 및 보건소 이동금연클리닉 지원 - 금연아파트 운영에 필요한 홍보물과 캠페인 물품 지원 1. 금연홍보물 : 운영가이드북, 리플릿,금연구역표지판 3종, 전입안내문,음성광고 2. 흡연구역표지판, 현수막, 어깨띠 등 제공 - "금연아파트 인증서" 및 인증현판 부착
인증 마크		이 곳은 사람이 숨쉬기 좋은 공간입니다	밝은 실내공기 우수시설	–	

자료 : 좋은 실내공기질 인증제도 홈페이지 (http://goodair.kaca.or.kr)

실내공기질 인증제도 홈페이지 (http://isum.ksa.or.kr)

서울특별시청 홈페이지 보도자료 (http://spp.seoul.go.kr/main/news/news_report.jsp)

'서울시, 실내공기질 우수한 다중이용시설 인증제 첫 도입',

'서울시, 산후조리원과 노인복지시설로 실내공기질 인증 확대',

'서울시, 신축 아파트 실내공기질 검증해 새집증후군 막는다'

서울특별시청 홈페이지 http://health.seoul.go.kr/archives/1247 ※서울시 이외 다수지자체 시행중

2) 실내공기오염의 원인

실내공기의 오염물질은 오염된 외부공기의 침입, 실내·외부의 건축재료, 오염을 유발시키는 실내의 활동에 의해 발생된다.

　실내에서 발생하는 주요 오염물질의 발생원은 매우 다양하고 복잡한 상태에서 공기 오염물질을 방출하므로 오염물질 역시 매우 복합적일 수 있어 인체에 미치는 영향은 더욱 커질 것으로 예상할 수 있다.

외부 원인

오염물질의 종류에 따라서는 외부의 오염농도가 실내보다 높은 경우가 있기 때문에 실외공기의 오염물질이 건물 내부에 침투되어 실내공기를 오염시키게 된다. 대기 오염물질로는 자동차로부터 배출되는 질소산화물, 이산화황을 비롯하여 오존, 먼지, 황산염, 에어로졸, 납 등이 있다.

　자동차, 소각장이나 보일러 주변, 낙엽 연소기 등에서 배출되는 연소물질은 창문이나 바람의 흐름을 타고 실내로 들어갈 수 있으며, 주요 배출원이 건물에 가까이 있을 때 이러한 오염 문제가 일어날 수 있다. 자동차로부터 배출된 오염물질은 적하장 등을 통해 건물의 환기시스템으로 유입되거나, 주차장 쪽의 창문을 통해 실내로 유입되기도 한다.

건물 원인

많은 종류의 실내공기 오염물질은 콘크리트, 석재, 하드보드, 단열재, 방화재료와 같은 건물재료로부터 방출된다. 실내공기의 화학적 오염은 오래된 건물보다 신축건물에서 더 심각하다. 신축건물의 재료로부터 발생하는 휘발성화학물질은 여러 달 혹은 몇 년 동안 지속된다. 포름알데히드가 포함된 접착제를 사용하는 하드보드나 합판은 포름알데히드를 방출할 수 있으며 천장과 바닥타일, 절연체 등과 같이 석면이 포함된 재료가 옮겨지거나 손상될 경우 석면섬유가 공기 중으로 방출될 수 있다. 또한 공기의 질을 유지하기 위한 공조시스템이 청소관리가 잘 되지 않을 경우 세균이나 먼지 등에 오염되어 실내공기를 악화시키는 요인이 되기도 한다.

　다양한 실내내장재 특히 합성물질을 포함한 내장재는 실내공기를 오염시키는 것으로 알려져 있다. 주로 접착제를 이용하는 바닥 카펫과 합성섬유로 만들어진 커튼은 여러 휘발성화학물질의 원인이 될 수 있고, 파손된 쿠션과 커튼 등으로부터도 유기체 먼지와 유리섬유입자가 발생할 수 있다.

표 4-14 실내에서 발생하는 주요 오염물질

발생원		발생오염물질
인간활동	연소기구	CO_2, CO, 암모니아, NO, NO_2, 배연, 취기, 휘발성유기화합물
	보행, 뛰기 등의 동작	모래먼지, 섬유류, 세균, 곰팡이, 먼지
	음식조리	미세먼지, PAHs[9], 취기, 포름알데히드, 휘발성유기화합물
	의류, 침구	섬유, 모래먼지, 세균, 곰팡이, 취기, 포름알데히드, 집먼지진드기
	화장품	각종 미량물질, 휘발성유기화합물
	흡연	먼지, 타르, 니코틴, CO, 각종 발암물질, 휘발성유기화합물
	대화, 재채기, 기침	세균 및 바이러스
	피부	비듬, 암모니아, 악취
	사무기기	암모니아, 오존, 휘발성유기화합물
건축자재	합판류, 내화재, 단열재, 접착제, 시공 발생물, 유리섬유	HCHO, 석면, 라돈, 곰팡이, 진드기, 휘발성유기화합물
외기	자동차 배기가스	CO, CO_2, NO_2, SO_2, PAHs, 휘발성유기화합물, 중금속
	연료의 연소	먼지, NO_2, SO_2

자료 : 환경부(1999). p. 6.

생활 원인
실내공기 오염의 주요 원인으로 취사, 난방, 흡연, 생활용품 등 인간의 활동에 의한 것이 있다.

유기용제
예전에는 유기용제가 공장 등에 제한되어 있었으나 최근에는 도료, 스프레이, 접착제

---

9) Polycyclic Aromatic Hydrocarbon : 다환 방향족 탄화수소로서 유기물이 불완전연소 시 발생하며 발암성 물질로 분류됨

같은 유기용제를 함유한 상품이 많이 나와 일반 소비자도 간단히 쓸 수 있게 되었다. 그 결과 사용법이 적절하지 않거나, 과다사용, 유해물질인 것을 알지 못하고 부적절한 용도로 사용하는 경우 등에 따라 두통, 눈이나 목 따가움을 호소하는 일이 많이 생겼다. 스프레이로 살충제 사용 시는 미세한 약물 방울이 몇 시간씩 공기 중에 떠 있는 경우가 있으며, 그 후에 방바닥이나 가구에 내려앉게 된다. 또 헤어 스프레이나, 방제용 스프레이 등의 제품들은 화학물질을 남기는데 이것이 호흡기를 통해 흡입되어 혈관에 녹아 들어가기도 한다. 원룸형 주택과 같이 소규모공간에서는 거주자의 화장품 사용, 욕실세제 사용 등에 의해 TVOC가 유해한 농도로 상승하기도 한다.

표 4-15 유기용제를 함유한 상품

종류	예
도료, 접착제	유성도료, 도료 희석액
펜	유성펜, 형광펜
스프레이 상품	도료(페인트, 스프레이), 세척제(유리, 양탄자 세척제), 정전기 방지제, 방수 스프레이, 레코드 스프레이, 곰팡이 방지제, 살충제, 방향제
액체상품	섬유유연제, 세탁 및 청소세제

자료 : 박봉규 외 4인(1989). p. 147.

■ 가스를 사용하는 제품

가스 가열조리기와 오븐은 CO_2, NO_2, NO_x, 알데히드, $RSPs$[10] 및 VOCs의 주요 배출원이다. 가스 가열조리기를 사용하는 주방의 CO 농도는 10~40ppmv 정도 되는 것으로 조사된 바 있다(태드 고디쉬 저, 한화진 외 역, 2005). 최윤정 외(2010)은 겨울철 농촌지역 독거노인주택의 실내공기환경을 측정한 결과, 평가기준과 비교하여 CO_2 농도가 높았고, 이의 원인은 난방부족과 이에 따라 온도유지를 위한 환기부족이 주원인이라고 분석하였다. 또한 CO 농도가 높았던 한 개 주택은 최대 21.9ppm까지 상승하였는데, 가스레인지의 불완전연소의 원인파악이 필요한 상태였다. 일반적으로 농촌은 청정지역이라는 선입견으로 실내공기가 양호한 상태일 것이라고

---

10) RSP(Respiratory Suspended Particulate) : 호흡성 먼지

생각하기 쉽다. 그러나 측정결과, 농촌지역의 외부공기 상태와는 달리, 실내공기는 매우 불량한 상태였으며, 가스레인지 사용 등 공기오염의 원인은 존재하는데 환기를 전혀 하지 않은 결과라는 것이 중요한 시사점을 제공한다고 하였다.

■ 냄새제거제와 섬유유연제

합성섬유에는 합성섬유의 좋지 못한 냄새를 제거하고 중화시키는 제품들을 사용하거나, 세탁기나 건조기에 향기가 첨가된 섬유유연제를 넣기도 하고, 가구에서 나는 냄새는 방향제를 놔두거나 직접 뿌리기도 한다. 그러나 이것은 화학물질의 냄새를 더 심한 화학물질로 덮는 일이다. 이런 제품들에는 눈과 코를 자극해서 기침이 나게 하고 목을 쉬게 만드는 자일렌이라는 화학물질이 들어 있는 제품이 많다. 농도가 짙은 자일렌은 우리 몸의 반응시간과 균형감각, 중추신경계에 영향을 미친다.

섬유유연제에 들어있는 화학물질은 벤질아세테이트, 리모넨[11], 캠퍼 같은 발암물질이 대부분이다. 이들은 중추신경계 이상, 두통, 메스꺼움, 구토, 어지럼증을 일으키며 혈압을 저하시킨다(안젤라 홉스 저, 안희영·류혜지 역, 2004). 실제로 일반적인 주택에서 실내공간에 세탁물을 널어 놓은 경우 포름알데히드가 검출되는 경우가 자주 있다.

■ 공기청정기와 공기청정제

합성화학물질과 전자장치로 공기를 정화시키려는 생각은 정반대의 결과를 초래한다. 공기청정기는 또 다른 전자기장의 원인이 되며 공기청정제는 눈과 목을 자극하고 기침을 유발하며 중추신경계와 평형감각에 영향을 주는 자일렌이 들어 있다(안젤라 홉스 저, 안희영·류혜지 역, 2004).

■ 취사

음식을 조리하고 빵을 구울 때 나는 냄새는 매우 강하고 멀리 퍼지며 오래 남는다. 심지어 커피를 끓일 때 나는 냄새도 이미 쇠약해진 몸에는 상당한 부담을 준다. 개

---

11) 테르펜류에 속하는 탄화수소의 한 종류로 오렌지향이 나며 세척력이 좋아 향료의 원료(방향제) 및 세정제에 사용된다. 그러나 리모넨은 오렌지향이 첨가된 방향제나 세제뿐 아니라 천연물질인 감귤류의 섭취에 의해서도 발생되며, 리모넨은 공기 중에 있는 오존과 반응해 포름알데히드를 생성하거나 미세먼지와 반응해 2차 유해물질을 생성할 수 있다.

방식 주택에서는 이런 냄새를 관리하기가 매우 어렵기 때문에 가능하면 환기를 많이 시켜 냄새가 집 전체로 퍼지지 않도록 노력해야 한다(안젤라 홉스 저, 안희영·류혜지 역, 2004). 또한 취사 시 발생하는 연기는 미세먼지 농도를 증가시킨다. 특히 음식물이 탈 때는 미세먼지 농도가 급격히 상승하기도 하며 포름알데히드나 VOCs가 발생하기도 한다.

■ 흡연

담배연기는 0.01~1.0㎛의 부유액체분진(liquid particle)으로 구성되어 있다. 또한 일산화탄소를 포함한 많은 가스 오염물질을 생성한다.

담배연기 안에는 수천 가지의 입자상 및 가스상 물질들이 포함되어 있으며 주요 물질로는 RSPs, 니코틴, 니트로사민, PAHs, CO, CO_2, NOx, 아크롤레인, 포름알데히드, 시안화수소 등이 있다. 흡연자는 특히 고농도의 일산화탄소에 노출되며 일산화탄소는 헤모글로빈과 결합하여 산소운반능력을 떨어뜨린다.

담배연기에서 나오는 연기의 2/3는 대기로 방출되며 실제로 담배연기 중의 카드뮴과 니켈은 흡연자 자신이 들이키는 양보다 담배연기로 빠져나가는 양이 더 많다. 또한 타르와 니코틴은 흡연자가 들이키는 연기보다 내뿜는 연기 속에 2배나 더 많으며, 벤조피렌은 3배, 일산화탄소는 5배나 더 많다. 그러므로 담배연기로 가득 찬 방안에 있는 비흡연자는 흡연자와 같은 정도의 오염물질에 노출되게 되며 이것을 수동적 흡연(passive smoking)이라고 한다(박봉규 외, 1989).

환경 내 담배연기(ETS : Environmental Tobacco Smoke)에 비자발적으로 노출되는 비흡연가는 체내에 탐색 가능한 수준의 니코틴과 콘틴(cotinine), 니코틴 부산물을 가지고 있는데, 이는 비흡연가가 ETS 합성물질을 흡수하여 신진대사 한다는 것을 의미한다. 담배연기는 직접 담배를 피우는 사람에게 폐암, 후두암, 간암 등을 유발하고 순환기와 소화기에도 병변을 일으킨다. 동시에 ETS에 노출된 비흡연가에게 폐암의 위험이 크다는 연구가 다수 발표되었다. 담배연기의 주 성분은 흡연자와 비흡연자 모두에게 점막질환과 상부 호흡기관의 손상을 초래하며, 비흡연자가 담배연기에 노출되면 노출되지 않았을 때보다 기침, 가래생성, 눈의 따가움, 기침감기, 피로 등을 더 많이 경험한다고 하며, 유아의 호흡기 질환은 부모의 흡연과 관계가 있다(태드 고디쉬 저, 한화진 외 3인 역, 2005). 어린이는 흡연환경에 노출되면 어른보다 더 자주 기침을 하며 기관지염과 천식 등의 호흡기 계통 질병을 경험하게 된다(박은선, 1996). 최근 국내 한 연구팀(세브란스병원 암센터, 김주항, 조병철 교수)은 간접흡연에 오래 노출된 폐암환자는 폐암치료제의 효과가 현저히 떨어지는 것으로 규명했다(i세브란스 홈페이지). 대학생이 거주하는 원룸형 다가구주택에서 겨울철 미세먼지 농도를 측정한 결과(최윤정 · 김운학, 2010), 흡연하지 않는 원룸의 PM10 농도는 평균 $8\sim54\mu g/m^3$였으나, 실내에서 흡연하는 2개의 주택은 흡연 시 창문을 개방하였음에도 평균이 $109\mu g/m^3$, $141\mu g/m^3$였고 최대 $400\mu g/m^3$까지 상승하였다. 또한 흡연하는 원룸에서 창문개방에 의해 CO_2 농도와 TVOC 농도는 저하되었지만, 흡연에 의한 미세먼지농도와 CO농도는 쉽게 낮아지지 않는 것으로 나타났다.

따라서 생활공간, 공공장소, 보행 중 흡연을 방지하기 위한 제도화가 진행되고 있다. 「국민건강증진법」에 의해 금연구역 지정, 흡연구역의 환기설비 설치뿐 아니라, 서울시를 비롯한 일부 지자체에서는 금연아파트 인증을 시행하고 있다.

■ **재실자의 활동**

리모델링 후 거주 중인 아파트의 실내공기질을 측정한 연구(심현숙 · 최윤정, 2008)에서, 위에 언급한 원인들 이외에 거주자 생활에 의한 요인들, 즉 재실자 수, 아이들 뛰어놀 때, 재실자 활동, 음식조리, 외부창 열림, 아세톤이나 스프레이 또는 섬유유연제 사용이 실내공기의 오염농도에 영향을 주는 요인임을 알 수 있으며, 환기는 이러한 오염농도를 낮추는 방법이며, 실내공기의 건물원인으로는 리모델링의 경우도 신축만큼 또는 그 이상으로 오염농도가 심각한 것으로 나타났다.

3) 환기조절

실내의 오염된 공기를 깨끗하게 하는 가장 유효한 방법은 오염된 실내공기와 깨끗한 외기를 교환하는 것으로 이를 환기라 한다. 환기의 주요 목적은 주생활에 의해 오염된 실내공기를 외기와 교환하여 실내의 공기상태를 깨끗하게 유지하는 데 있다. 실내공기오염 조절의 측면에서 환기를 할 경우 다음과 같은 효과를 기대할 수 있다.

■ **재실자에게 필요한 산소를 공급한다.** 실내에 많은 사람들이 있으며 밀폐된 경우에는 호흡작용에 의해 실내의 산소 농도가 저하되므로 산소의 공급을 위해 환기

가 필요하다.

- 재실자에 의한 공기오염을 허용치 이하로 유지한다. 실내는 사람들로부터 분진, 탄산가스, 수증기 등과 함께 체취가 발생된다. 따라서 환기 상태가 좋지 않은 실내에 많은 사람이 있으면 탄산가스의 농도와 수증기량이 많아지고 동시에 좋지 않은 냄새도 나므로 불쾌감을 느끼게 되고 심하면 구토 기미도 있게 된다. 그러므로 실내의 공기를 깨끗이 하기 위하여 적당한 환기가 필요하다.

- 재실자 이외로부터 발생하는 유해오염물질을 제거한다. 실내에서 발생하는 유해오염물질은 주거의 경우 모든 생활공간에서 여러 가지 경로를 통해 유해가스나 부유분진 등이 발생하므로 이를 방지하기 위하여 환기가 필요하다.

- 실내에 있는 연소기구에 필요한 산소공급을 한다. 가스기구, 석유스토브, 취사용 레인지 등의 연소기구(개방형 연소기구)가 실내에 설치되어 있을 때 완전연소를 유지할 수 있도록 산소를 공급해야 한다. 환기가 부족한 실내에서는 산소농도가 저하되어 불완전연소가 되고, 이때 CO가스가 발생되며 이는 더 산소농도를 저하시키는 악순환이 되므로 충분한 환기가 필요하다.

- 부엌, 화장실, 욕실 등에서 발생하는 수증기, 연기, 냄새 등을 제거한다. 부엌에서 조리 시 발생하는 수증기, 연기, 냄새 또는 화장실이나 욕실 등에서 발생하는 냄새 등의 오염물질이 다른 실내로까지 퍼지면 불쾌감을 주고 건강에 해를 미친다. 또한 이러한 것들은 결로의 원인이 되기도 하므로 특별한 환기창이나 환기선 등을 달아 환기를 할 필요가 있다.

필요환기량과 환기횟수

실내공기 오염의 제거를 목적으로 하는 환기를 할 경우 필요한 공기가 유입 또는 유출되는 양의 최저치를 필요환기량이라 한다. 또한 환기량이 과다하여 난방효과가 저해되는 경우에는 환기량의 상한을 억제하게 되는데 이를 허용환기량이라고 한다.

■ CO_2 허용치에 근거한 필요환기량

재실자에 의해 실내공기가 오염되는 원인은 인체에서 발생하는 체취와 기타 오염물질의 종합적인 영향에 의하지만 일반적으로는 인체로부터 발생하는 CO_2에 비례한다고 볼 수 있다. 또한 체취나 기타 오염물질의 양을 측정하는 것은 곤란하지만 CO_2

농도의 측정은 간단하기 때문에 재실자에 의한 공기오염의 지표로서 CO_2를 이용하는 것이 일반적이다.

CO_2 허용치에 근거한 필요환기량은 다음 식과 같다.

식 4-1

$$V = \frac{CO_2\,발생량}{기준치 - 외기농도}$$

CO_2 농도의 허용치(1000ppm)를 기준으로 계산한 결과 1인당 약 20~30㎥/h 정도의 신선한 공기가 필요하다.

■ 환기횟수

실내에서 성인 한 사람당 필요한 환기량은 20~30㎥/h이며, 실내의 환기횟수는 필요환기량에 재실자 수를 곱하고 실의 용적으로 나누어 산출한다.

즉, 다음 식과 같다.

식 4-2

$$환기횟수 = \frac{필요환기량 \times 재실자\,수}{실의용적}$$

주거 내에서의 환기횟수는 실의 종류에 따라 다르며 일반적으로 화장실은 1시간에 2회, 부엌은 3회 그리고 거실이나 다른 방은 1시간에 1회의 환기횟수를 필요로 한다.

1회의 환기횟수라는 것은 실의 체적에 해당하는 정도의 실내공기를 외기와 교환하는 것을 의미한다.

📊 환기계획

■ 환기의 효과 및 영향

실제 거주 중인 건물에서 환기의 효과를 보여주는 연구결과가 있다. 〈NOTE 4-1〉에서 보는 바와 같이 학교교실에서 창과 문을 닫고 진행하는 수업시간 중에는 CO_2 농도 상승이 심각한 실정이며, 기준치 이하로 나타난 시간은 1교시 시작 전과 앞뒷문을 최대한 개방하고 학생들이 급식실로 이동한 점심시간뿐이었다. 즉, 환기와 CO_2 농도는 밀접한 관련이 있음을 알 수 있다.

20개 아파트 단위주거에서 실내온열환경을 측정·관찰한 결과(최윤정·정연홍, 2008), 외부와 연결된 창문이 열린시간, 즉 환기시간이 증가할수록 실내온도 저하량도 유의적($p < .05$)으로 커지며, 환기시간 5분은 실내온도를 1.48℃ 저하시킨다고 분석하였다. 이는 창을 개방하는 환기는 냉·난방부하를 증가시킨다는 것을 의미한다.

따라서 실내공기질의 확보를 위해서는 주택의 창을 개방하는 환기도 중요하지만, 에너지절약을 위해서는 자연환기시스템, 기계환기설비의 이용, 하이브리드 설비, 이중외피 설계 등을 이용한 환기방법이 필요하다.

■ 자연환기 계획

자연환기는 자연의 바람을 이용한 환기방식으로 온도차에 의한 압력과 건물주위의 바람에 의한 압력으로 발생된다. 실내와 외부에 온도차이가 있을 경우에 공기밀도의 차이로 압력차가 발생하여 환기가 일어난다. 또한, 〈그림 4-1, 4-2〉와 같이 개구부의 위치와 벽의 배치에 따라 공기의 흐름이 달라진다. 환기효과는 마주보는 면

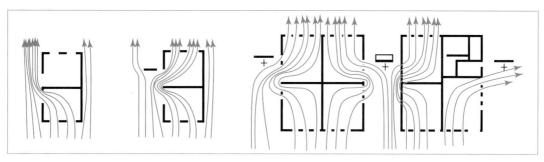

그림 4-1 벽의 배치에 따른 기류의 조절

학교교실의 냉방 시 실내열·공기환경 실태(최윤정 외 4인, 2007 일부발췌)

학교교실의 냉방 시 실내 열·공기요소를 측정하며 생활요인을 관찰조사하였다. 그 중 남자 중학생이 사용하고 있는 한 개 교실의 CO_2 농도 변동 모습을 보면 그림과 같다.

이 교실의 CO_2 농도는, 423~4,147ppm(평균 2,235.2ppm)으로 측정치의 대부분이 기준치를 초과하였다. CO_2 농도는 측정시작 시 423ppm으로 최저치였는데, 수업시간에는 CO_2 농도가 계속 상승하였다. 개구부가 개방되지 않은 상태로 35분이 지속되자 약 2,500ppm이 증가하였고, 쉬는시간에 앞뒷문이 최대로 개방되자 약 400ppm 이 감소하였다. 수업이 다시 시작되면서 개구부가 개방되지 않은 상태로 40분이 지속되자 약 1,600ppm이 증가 하여 4,147ppm으로 최고치를 기록하였는데, 이때가 오전 10시 50분이었다. 11시경 쉬는시간에는 학생들의 잦은 이동에 따라 앞뒤 교실문이 최대로 개방되면서 CO_2 농도가 1,500ppm 가량 감소하였다. 그러나 점심시간 이후 수업시간에 환기가 되지 않자 다시 CO_2 농도가 상승하였다.

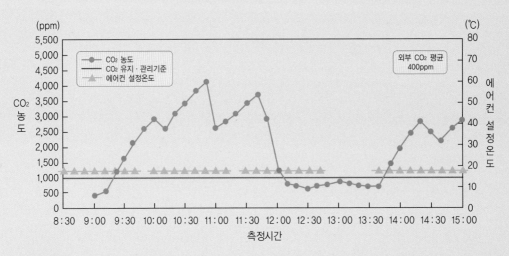

활동 내용 (남)	자습	쉬는시간	수업	쉬는시간	수업	쉬는시간(공튕김)	수업	점심시간	점심시간(공놀이)	점심시간	수업 (이동 수업)	쉬는시간	수업	쉬는시간(공튕김)	수업
창문·교실문 상태	양측창 최대 앞뒷문 최대		닫힘	앞뒷문 최대	닫힘	앞뒷문 최대	닫힘	앞뒷문 최대		닫힘	외창 앞뒷문 최대	닫힘	앞뒷문 최대	닫힘
재실자 수(명)	36	30	36	30~35	36	23	36	2~4	6	2	35	36	34	36
선풍기 가동	2대 (좌·우)										3대	2대 (좌·우)		

주 : 공 튕김은 학생들이 바닥에 공을 튕기며 즐기는 놀이활동을 말함.

〈학교교실의 CO_2 농도 변동 모습〉

에 유입구와 유출구가 있을 때 좋아짐을 알 수 있다.

자연환기시스템은 기계적 동력을 요하지 않는 장치를 이용한 자연환기방식이다. 크게 외기 도입형과 실내형으로 분류할 수 있는데, 외기 도입형은 외기와 면하는 면에 설치되어 실외 공기가 실내로 유입되며, 실내외 온도에 따라 사용자에 의한 개폐가 가능하다. 실내형은 각 실을 연결하는 창호부에 설치되는 장치로서 통풍구 (vent)의 형태를 지니는 경우가 많으며, 화장실 등의 배기장치만 설치된 공간에 make-up air를 제공할 수 있는 장치이다. 〈그림 4-3〉은 실내형 환기장치의 일종으로 출입문에 환기구를 제작한 것이며, 자연환기구는 〈그림 4-4〉와 같이 형태가 다양하다. 최근에는 CO_2 농도 센서에 의해 자동 개폐되는 자동환기창 등이 도입되기도 한다(그림 4-5).

이중외피는 기존의 외피에 하나의 외피를 추가한 다중외피의 원리를 이용한 것으로, 각 외피에 개구부를 둠으로써 중공층과 실내로의 환기가 가능한 구조로 되어 있다. 즉, 내외측 외피의 상하에 개구부를 두어 실내외 온도차에 의해 자연환기가 이루어지게 되며, 바람에 의한 압력의 영향을 감소시켜 고층건물에 자연환기를 위한 창호의 개폐가 가능하게 하며, 기계환기에 소모되는 운전에너지를 절감하고 거주자의 쾌적도를 증가시킬 수 있다. 〈그림 4-6〉의 이중외피에 의한 환기는 주거 건물에서 발코니 확장 시 적용할 수 있다.

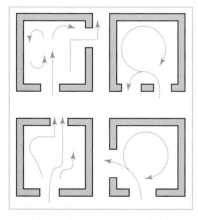

그림 4-2 개구부의 위치와 공기의 흐름

그림 4-3 환기도어
(그린홈 플러스)

그림 4-4 자연환기 시스템(내부에서의 형태, 외부에서의 형태)

그림 4-5 자동환기창
자료 : 시사저널(2006. 3. 31).

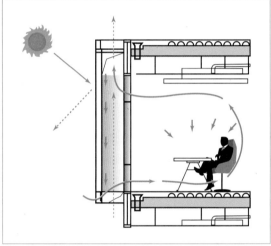

그림 4-6 이중외피를 활용한 환기

📊 새집증후군 감소대책

■ 환기

환기는 가장 현실적이고 효과 있는 새집증후군 감소방법이다. 휘발성유기화합물은 신축건물에서 농도가 높게 검출되며, 신축 후 3개월이 지나면 신축 당시 농도의 1/3 이하로 감소된다고 알려져 있다. 휘발성유기화합물에 의한 피해를 줄이는 가장 효과적이고도 간단한 방법은 환기 후 입주하는 것이다.

최윤정 외 3인(2006)은, 완공된 지 3개월 이하인 신축 아파트의 TVOC 농도를 1개월 간격으로 5회 측정하여 그 실태와 생활적 요인과의 관련성을 분석하였다. 그 결과 TVOC 농도가 가장 단시간에 감소한 주택은 통풍에 유리한 입지적 조건과 함께

3개월 정도 모든 창을 개방한 환기를 하여 측정주택 중 가장 환기량이 많았던 것이 원인으로 분석되었다. 한편, 1개월 사이에 급격한 TVOC 농도 감소가 나타난 경우는 입주가 이루어진 전·후였다. 입주 전 측정 시에는 가구와 일부 마감재 교체가 농도증가에 영향을 주었고, 입주 후 측정 시에는 입주로 인해 자연적으로 생활적 환기량이 증가된 것과 거주자가 의도적으로 창문을 개방하여 환기량을 증가시켰기 때문이며, TVOC 농도에 긍정적 영향을 미칠 수 있는 식물도 도입되었기 때문으로 해석된다. TVOC 농도가 감소하다가 다시 증가한 주택은 겨울에 입주하여 환기량이 적었을 뿐 아니라 몇 개월 후 황사의 영향으로 환기량을 감소시킨 계절적 원인이 있는 것으로 판단된다. 즉, 환기에 의한 농도저하 이후에도 환기량을 급격히 감소시킬 경우는 재방산현상(re-bounding)이 발생할 수 있으므로 지속적인 환기가 중요하다는 것을 알 수 있다.

■ 베이크아웃(bake-out)
신축 또는 리모델링한 건물에서 실내온도를 30~40℃ 범위를 유지하며 건축자재로부터의 오염물질 발생량을 일시적으로 증가시킨 후에 이를 제거하는 방법이다. 낮동안에 난방(bake)으로 건축자재로부터 휘발성유기화합물을 방출시켜, 야간에 환기(out)를 통해 내보내는 베이크아웃(bake-out)을 하면 VOCs의 농도를 낮추는 데 효과적인데, 국내 한 연구에 의하면 1주일간의 베이크아웃에 의해 유의미한 농도저하가 있는 것으로 나타났다.

■ 원인물질의 제거 및 친환경자재 사용
오염발생원을 근본적으로 제거하거나 친환경자재를 사용함으로써 결과적으로 실내의 VOCs 농도를 감소시킬 수 있다. 건축공사 시 각종 접착제나 오염물질을 방출하는 자재의 사용을 하지 않음으로써 VOCs의 농도를 줄일 수 있다.

■ 식물을 이용한 공기정화
1980년부터 시작된 NASA의 연구에 따르면, 단순히 실내 식물을 거주지에 배치하고 적절히 관리하는 것만으로도 경제적·효율적으로 실내오염을 제거할 수 있다고 한다. 식물의 제거기능은 시간이 경과함에 따라 제거율이 높아지고 식물에는 눈에 띄는 피해가 없다. 한편, 각각의 물질에 대한 흡수능력은 식물에 따라 다른데 공기오염물질을 제거하는 대표적인 식물의 예는 〈표 4-16〉과 같다(손기철, 2004).

식물에 의한 효과는 최근들어 연구가 활발히 진행되고 있다. 식물의 양이 많을수록 효과적이며, 분수와 같이 물분자가 부서지는 경우 음이온이 방출되므로, 이들이 포함되는 실내정원의 설치는 바람직하다고 볼 수 있다.

그림 4-7 식물을 도입한 아파트공간
(광주군 우림아파트)

표 4-16 공기오염물질을 제거하는 대표적인 식물

오염물질	제거식물
포름알데히드	보스턴 고사리, 포트멈 국화, 대나무야자, 인도고무나무, 벤자민 고무나무, 스파티필름
벤젠	헤데라, 스파티필름, 거베라
자일렌, 톨루엔	피닉스 야자, 인도고무나무, 싱고니움
오존	스파티필름, 벤자민 고무나무

자료 : 손기철(2004). pp. 41-42.

■ 기계정화를 이용한 공기정화

공기정화기에는 필터방식과 전기집진방식이 있다. 필터방식은 팬이나 모터를 이용해 공기를 끌어들인 후 필터로 오염물질을 걸러내는 것이고, 전기집진방식은 공기 중에 있는 먼지를 정전기를 이용하여 집진기에 모으는 방식이다.

필터방식에는 보통 큰 먼지를 제거하는 부직포 필터와 고성능의 헤파(HEPA : High Efficiency Particulate Arrestor) 필터, 물을 이용한 워터 필터 등이 쓰인다. 부직포 필터는 자체비용도 저렴하고 필터 교체비용도 저렴한 반면, 미세먼지를 제거하는 데는 적당하지 못하다. 반면 헤파 필터는 공기 중 0.3㎛ 이상의 미세먼지를 제거해 주는 것으로, 바이러스, 담배연기, 석면가루 등 공기 중에 존재하는 대부분의 미세먼지를 잡아낸다. 워터필터는 흡입된 공기를 물에 접촉시켜 공기 중의 오염물질을 물에 가라앉히는 방식이다. 물을 필터로 사용하므로 필터를 교환할 필요가 없지만, 주기적으로 물을 갈아줘야 하며, 다른 필터에 비해 효과가 떨어진다는 게 단점이다. 이 밖에 특정 유해가스를 잡아내는 특수 필터도 있다.

전기집진방식은 기기내부에 높은 전압을 발생시켜 먼지가 전하를 띄게 해 전극판에 달라붙도록 하는 것이다. 필터를 세척해서 쓸 수 있기 때문에 교체비용이 들지 않지만, 먼지가 달라붙으면 효율이 떨어지고 자주 필터를 청소하지 않으면 필터의 성능이 떨어진다.

한국공기청정협회에서는 실내 공기청정기 표준규격을 정해서 이에 통과된 제품에 한해 CA마크를 부여하고 있다. 따라서 CA마크 인증 여부도 제품 선택의 중요한 기준이 된다.

그러나 현재 시판되고 있는 공기청정기 중 일부 휘발성유기화합물 제거 성능이 있는 것도 출시되었지만, 기존제품 대부분은 미세먼지 제거성능을 가진 것으로서, CO_2 농도를 감소시키거나 휘발성유기화합물 제거에는 거의 효과가 없으므로 공기청정기에 의존하기보다는 환기를 생활화하는 것이 더 효과적이라고 할 수 있다.

Chapter 5

실내공기질의 측정과 평가

주택을 비롯한 건물의 실내공기질 평가를 위한 물리적 요소 측정항목으로, 새집증후군과 관련하여 신축주택의 실내공기질 측정을 위해서는 VOCs, HCHO, 라돈 등을 주요 항목으로 들 수 있으며, 거주 중인 주택의 실내공기질 측정을 위해서는 CO_2, CO, PM10이 기본항목이 된다. 이 외에 연소기구 사용이 많거나 도로변 주택인 경우 NO_2, O_2 및 필요에 따라 특정 물질의 측정을 추가하기도 한다.

Chapter 5

실내공기질의 측정과 평가

1. 실내공기요소의 측정

1) 측정계획

〈표 5-1〉은 강의실과 비교대상 측정장소에서 실내공기요소를 측정하고 평가, 분석하기 위한 계획의 예이다. 수강생을 4조로 구성한다면, 2개 조는 강의실, 2개 조는 다른 공간에서 측정 진행순서에 따라 진행한 후 측정결과에 대해 실내공기질 평가 측면과 실내공기질의 원인 분석 측면에서 논의한다.

표 5-1 실내공기요소 측정의 개요

측정장소	담당조	측정요소	결과 논의
강의실	1조, 2조	강의실의 실내공기요소	〈실내공기질 평가〉 • 측정치와 평가기준과의 비교 • 측정치의 이론적 의미(인체에 미치는 영향)
주거환경 실험실	3조, 4조	실험실의 실내공기요소	〈실내공기질의 원인 분석〉 • 오염요소의 시간변동특성 및 원인 분석 • 측정대상 및 장소 간의 비교 및 원인 분석

2) 측정 진행순서

기본적인 진행순서는 실내온열요소와 동일하다.

- 측정계획, 측정기기의 사용방법, 측정방법(「학교보건법」에 따름 ; 10장 참조), 측정 보고서 작성방법 등을 숙지하고, 측정시간 및 간격을 정한다.
- 실내공기요소의 측정기기는 종류가 다양하고 측정법도 다소 까다로운 것들이 많으며, 감지센서의 유효기간이 있으므로 측정 전에 이에 대한 확인, 클리닝(cleanning) 등 측정기기에 대한 점검이 필요하다.
- 각 조별 측정장소에서 측정을 실시하면서 〈표 5-3〉의 측정 보고서에 기록한다. 예를 들어, 강의실과 비교대상 측정장소를 공기오염도가 높을 것으로 예측되는 공간으로 선정할 수 있다.

  「학교보건법」에 따르면, 대부분의 실내공기요소는 수업 중인 상태에서 측정하도록 되어 있고, TVOC의 경우 신축학교 등의 실내공기질 관리를 위해 '실내공기질공정시험기준'에 따라 학생이 없는 밀폐 상태에서 측정하도록 되어 있으나, 본 연습 시에는 편의상 TVOC도 다른 요소들과 동일한 조건에서 측정연습을 하도록 한다.
- 조별로 측정결과를 종합하고 평균 등을 구한다.
- 각 조의 대표는 측정결과를 칠판 등에 기록하여 측정대상 및 장소 간의 비교가 가능하도록 한다.

표 5-2 실내공기요소 측정기기의 예

측정기기명	모델명	측정 가능요소
미세먼지측정기	광산란식 Digital 분진계 (KANOMAX-Model 3442)	PM10
CO, CO₂측정기	IAQ-CLAC Indoor Air Quality Meter Model 8762-M-EU 또는 Model 7545 KANOMAX IAQ Monitor Model 2211-01	CO, CO₂, 온도, 습도
HCHO측정기	PPM Formaldemeter™ 400	HCHO
라돈측정기	CONTINUOUS RADON MONITOR (Model 1027)	라돈
복합가스측정기	Q-RAE PLUS (PGM-2000)	NO₂, O₂
실내환경 종합측정기	DirectSense™ IAQ LAP IQ-610Xtra Monitoring Kits	TVOC, CO, CO₂, NO₂, O₃, 온도, 습도

표 5-3 실내공기요소 측정 보고서

	학과		학년	학번 :			성명 :	
측정 개요	측정 장소			외부환경	CO₂ 외기농도			
	측정 일시			인체측 요 인	연 령			
건축적 요인	구 조				성 별			
	실내마감재				건강상태			
	환 기 설 비				흡연정도			

측정·조사 도구	측정 기기	미세먼지		평면도
		CO₂		
		CO		
		NO₂		
		HCHO		
		라돈		
		TVOC		
		오존		
		산소		
	주관적 평가척도 : 공기오염감 (공기가 오염되었다고 느끼는가)	1 매우 그렇다 2 그렇다 3 약간 그렇다 4 거의 그렇지 않다 5 그렇지 않다		

요소 시간	미세먼지 (㎍/㎥)	CO₂ (ppm)	CO (ppm)	NO₂ (ppm)	HCHO (ppm)	라돈 (pCi/ℓ)	TVOC (ppm)	오존 (ppm)	산소 (%)	실내온도 (℃)	상대습도 (%)	공기 오염감	관련 요인
평 균													
평가기준													
논 의													

* 실제 활용 시 부록 이용

3) 측정 보고서

실내공기요소 측정 보고서에는 측정장소와 일시 등의 측정개요, 측정장소의 외부 CO_2농도, 측정공간의 건축적 요인, 주관적 반응 응답자의 인체측 요인, 측정기기의 기기명과 모델명 등을 기재한다. 측정 전에 「학교보건법」의 실내공기질 유지관리 기준을 요소별로 평가기준란에 기록한다. 측정간격에 따라 측정한 공기오염물질의 측정치를 기록하고 측정이 끝나면 요소별로 평균을 구한다. 논의는 〈표 5-1〉에서와 같이 실내공기질의 평가 측면과 원인 분석 측면에서 서술하고, 측정장소 실내공기질의 문제점을 도출한 후 개선안을 제안한다.

2. 실내공기질의 평가방법

1) 조사항목

주택을 비롯한 건물의 실내공기질 평가를 위한 측정 및 조사항목은 〈표 5-4〉, 주관적 반응을 조사하기 위한 평가척도는 〈표 5-5〉와 같다. 물리적 요소 측정항목으로는 새집증후군과 관련하여 신축주택의 실내공기질 측정을 위해서는 VOCs, HCHO, 라돈 등을 주요 항목으로 들 수 있으며, 거주 중인 주택의 실내공기질 측정을 위해서는 CO_2, CO, PM10이 기본항목이 된다. 이 외에 연소기구 사용이 많거나 도로변 주택인 경우 NO_2, O_2 및 필요에 따라 특정 물질의 측정을 추가하기도 한다.

배경항목으로는 외부 CO_2농도, 실내온도, 상대습도 등의 측정이 필요하다. 측정과 함께 조사해야 할 관련요인은 외부요인, 주거 관련요인, 거주자요인, 생활적 요인으로 구분하여 실내공기질과 관련이 있는 요인은 빠짐 없이 조사하는 것이 중요하다.

거주자의 주관적 반응은 신축주택의 경우에는 새집증후군 각 증상에 대해 그 정도가 어떠한지로 질문할 수 있으며, 거주 중인 주택의 경우는 공기오염감, 먼지감, 냄새감 등에 대해 '공간의 공기가 오염되었다고 느끼십니까'와 같이 질문하고 그 정도를 척도화하여 응답하게 할 수 있다. 그러나 인간은 냄새가 있는 공기오염물질이 아닌 경우 특히 CO_2, CO, PM10, 라돈 등에 대해서는 전혀 감지능력이 없어, 주관

표 5-4 실내공기질 측정 및 조사항목

구분			항목
물리적 요소 측정항목			• CO_2, CO, PM10, NO_2, VOCs, TVOC, HCHO, 라돈, O_3, O_2 등 • 배경항목 : 외부 CO_2 농도, 실내온도, 상대습도 등
관련요인 조사항목	외부요인	외부환경	지역구분, 주변환경(도로변이나 오염원 배출원 여부) 등
	주거 관련요인	단지특성	세대수, 사용승인 및 입주시기 등
		건물특성	건축구조, 건축년수, 건물유형, 건물층수, 방위, 지붕형태 등
		단위주거 및 측정 공간 특성	해당층수, 건물 내 위치, 발코니 유무, 공간구성, 면적, 창의 크기와 유형 등
		마감재 및 리모델링 특성	리모델링 여부, 가구 및 마감재 교체 여부, 가구 및 마감재 종류 등
		설비특성	공기조화설비, 환기설비, 취사열원, 난방열원 등
	거주자 요인	사회인구학적 배경	연령, 성별, 월소득, 직업, 학력, 가족특성, 주택소유형태 등
		인체측 요인	건강 상태(알레르기 보유 여부), 흡연 여부 등
	생활적 요인	실내공기환경 조절내용	공기조화설비 가동, 환기설비, 레인지후드 가동, 공기청정기 사용 등
		생활행위	창호개방, 가스레인지 사용, 화학물질함유 생활용품(화장품, 탈취제, 섬유유연제 등) 사용, 체재 인원수, 흡연, 먼지발생행위(청소, 이불털기) 등
		생활특성	거주기간, 기상·취침시간, 재실시간, 기거양식 등
주관적 반응 조사항목			새집증후군 증상정도, 공기오염감, 먼지감, 냄새감 등
기타			평면도, 사진촬영(측정모습 등)

적 반응은 변별력이 매우 낮다. 변별력이 낮은 정도가 아니라 인간의 실내공기에 대한 주관적 반응은 편견을 가지고 있다. 실내공기 오염도가 낮고 온도가 높은 실내를 실내공기가 오염된 상태의 온도가 낮은 실내보다 더 공기가 오염되었다고 느끼는 경향이 있다. 즉, 온도가 낮은 공기를 오염되지 않은 공기로 오인한다. 따라서 실내공기에 대한 주관적 반응은 거의 새집증후군 증상 정도나 냄새감 항목 정도에서만 조사의 의미가 있다고 할 수 있다.

표 5-5 실내공기환경에 대한 주관적 반응 척도

증상	척도	① 많이 느낌	② 느낌	③ 약간 느낌	④ 거의 못 느낌	⑤ 못 느낌
새집증후군	두통					
	눈 따가움					
	목 따가움					
	잦은 기침					
	코막힘					
	피부 가려움					
	메스꺼움					
	무기력증					
	새집 냄새 (페인트냄새 등)					
공기오염감						
먼지감						

2) 측정방법

주택의 실내공기질 평가 시에는 거주자의 생활을 수용한 상태에서 물리적 요소 측정시간마다 관련요인을 관찰, 기록하는 방법이 일반적이다. 이는 주거학적인 관점

표 5-6 실내공기질 측정위치 및 시간

구분	방법
측정위치	측정대상 공간의 중앙에서 바닥으로부터 60cm(좌식) 또는 1.2~1.5m(입식)
측정시간 및 간격	측정 목적에 따라 1주일 또는 1일(24시간), 생활시간대, 특정 시간대를 선정하여 연속측정 또는 10분~1시간 간격으로 측정
관찰기록	측정시간 동안 관련요인(창호개폐, 환기, 취사 등 생활행위, 재실자수 등)을 기록
입주 전 신축주택의 VOCs, TVOC(총휘발성유기화합물) 및 HCHO(포름알데히드) 측정	「환경분야 시험·검사 등에 관한 법률」의 '실내공기질공정시험기준' 의 신축공동주택 실내공기질 시험방법에 따라 측정
거주 중인 주택의 실내공기요소 측정	「환경분야 시험·검사 등에 관한 법률」의 '실내공기질공정시험기준' 의 다중이용시설 실내공기질 시험방법에 따라 측정

에서 측정결과의 원인 분석에 매우 필요하다. 측정방법은 「실내공기질공정시험기준」 중 거주 중 건물의 측정방법인 다중이용시설 실내공기질 시험방법에 따라 측정한다. 최근 문제가 되고 있는 새집증후군 관련 실내공기질 평가는 입주전 신축주택에서 「실내공기질공정시험기준」 중 신축공동주택 실내공기질 시험방법에 따르는 것을 원칙으로 한다. 일반적인 측정위치 및 시간은 〈표 5-6〉, 현장측정 기록표는 〈표 5-7〉과 같다.

3) 분석방법

■ 물리적 요소의 측정결과는 〈표 5-8〉과 같이 평균, 최저치, 최고치를 산출하여, 실내공기질 유지관리기준과 비교하고, 측정치의 이론적 의미(인체에 미치는 영향)로 쾌적성을 평가한다.

■ 물리적 요소의 측정치와 관련요인 관찰결과는 〈그림 5-1〉과 같이 x축을 시간 변동, y축을 측정요소로 하는 그래프로 작성하여, 변동특성과 그 원인을 파악한다.

■ 외부농도와 실내농도를 비교하거나, 측정대상 및 장소 간의 측정결과, 관련요인을 비교하여 실내공기의 오염도와 그 원인을 분석할 수 있다.

■ 이상의 결과를 통해 측정대상 실내공기환경의 문제점을 파악하고 개선안을 제안한다.

표 5-7 실내공기환경 현장측정 기록표

				외부요인	외부환경	지역구분	
	측정일자						
	측정장소					주변환경	
거주자 요인	사회 인구 학적 배경	연령			단지 특성	세대수	
		성별				사용승인 및 입주시기	
		월소득			건물 특성	건축구조	
		직업				건축년수	
		학력				건물유형	
		가족특성				건물층수	
		주택소유형태				방위	
	인체측 요인	건강 상태 (알레르기 보유 여부)				지붕형태	
		흡연여부				해당층수	
생활적 요인 (평소)	실내 공기 환경 조절 내용	공기조화설비 가동		주거 관련 요인	단위 주거 및 측정 공간 특성	건물 내 위치	
		환기설비 가동				발코니 유무	
		레인지후드 가동				공간구성	
		공기청정기 사용				면적	
	생활 행위	창호개방				창의 크기	
		가스레인지 사용				창의 유형	
		화학물질함유 생활용품 사용			마감재 및 리모 델링 특성	리모델링 여부	
		체재 인원수				가구 및 마감재 교체 여부	
		흡연				가구 및 마감재 종류	
		먼지발생행위					
	생활 특성	거주기간			설비 특성	공기조화설비	
		기상·취침시간				환기설비	
		재실시간				취사열원	
		기거양식				난방열원	

평면도(측정점 표시)/사진촬영

시간	물리적 요소											관련요인		
	미세 먼지 ($\mu g/m^3$)	CO_2 (ppm)	CO (ppm)	NO_2 (ppm)	HCHO (ppm)	라돈 (pCi/ℓ)	TVOC (ppm)	오존 (ppm)	산소 (%)	실내 온도 (℃)	상대 습도 (%)	실내공기 환경 조절내용	생활 행위	재실자 수

실내공기 오염물질 시료채취 및 평가방법

실내공기질공정 시험기준에서 다중이용시설과 신축공동주택에서 실내공기 오염물질을 채취하고 오염도를 평가하는 사항에 대하여 규정하는 바를 요약하면 다음과 같다.

1. 시료채취지점 선정 및 조건

1.1 다중이용시설

1.1.1 시료채취지점 선정

시료채취장소 및 지점 수는 측정하려는 대상 시설의 구조와 용도, 예상되는 오염물질 발생원의 분포 및 발생강도, 환기설비의 설치위치와 운용패턴, 시설의 이용 빈도 및 특성 등을 사전에 충분히 고려하여 다음과 같이 결정한다.

(1) 대상시설이 여러 개의 동과 층으로 구성되어 있는 경우, 시설의 용도 및 사용목적을 대표할 수 있는 기준 동과 층을 위주로 하여 측정지점을 선정한다. 건물의 용도와 사용목적의 중요도에 따라 여러 개의 동과 층에서 측정지점을 선정할 수 있다.

(2) 대상시설의 동일 층 내에서도 시설의 구조 특성과 용도가 달라서 실내공기질이 명확히 다를 것으로 예상되는 경우에는 공간을 구분하여 측정지점을 별도로 선정할 수 있다.

(3) 대상시설의 최소측정지점 수는 건물의 규모와 용도에 따라 결정한다.

〈다중이용시설 내 최소 시료채취지점 수 결정〉

다중이용시설의 연면적(㎡)최소	시료채취지점 수
10,000 이하	2
10,000 초과~20,000 이하	3
20,000 초과	4

주 : 실내·외 공기는 침기와 환기 절차에 의해 상시 교환이 일어나기 때문에 실외공기를 동시에 측정해서 실내공기측정값 검토 시 활용할 수 있다. 따라서 필요시에는 대상시설 건축물로부터 최소 1m 이상 떨어져서 실외공기시료를 채취해야 하며, 시료채취 당시의 온도, 습도, 풍속 등 물리적 환경인자에 관한 정보를 기록한다.

1.1.2 시료채취 위치

시료채취 위치는 환기시설의 위치, 시설 이용자의 다수 여부, 오염물질 발생원의 분포, 실내기류 분포, 공기질의 대표성 등을 고려하여 다음과 같이 선정한다.

(1) 시료채취 위치는 주변시설 등에 의한 영향과 부착물 등으로 인한 측정 장애가 없고, 대상시설의 오염도를 대표할 수 있다고 판단되며, 시설을 이용하는 사람이 많은 곳으로 선정한다.

(2) 시료채취는 인접지역에 직접적인 오염물질 발생원이 없고, 시료채취지점의 중앙점에서 바

계속

닥면으로부터 1.2~1.5m 높이에서 수행한다. 만약 이것이 불가능하다면 시료채취지점의 모든 벽으로부터 1m 이상 떨어지고, 바닥면에서 1.2~1.5m 높이에서 시료를 채취한다.

(3) 측정지점에 자연환기구나 기계환기설비의 급배기구가 설치되어 있는 경우에는 급배기구에서 가능한 멀리 떨어진 곳(최소한 1m 이상)에서 채취하며, 다수의 환기 및 급배기구가 존재할 경우는 인접한 환기구 설치지점의 중간지점을 채취지점으로 한다.

(4) 다중이용시설별 시료채취위치의 예는 다음 표에 나타내었다.

〈다중이용시설의 시료채취위치의 예〉

대상시설	시료채취위치의 예	비고
지하역사	승강장, 대합실, 연결통로 등	환승역사의 경우 역간 연결통로
지하도 상가	주 보행공간 등	
여객자동차 터미널의 대합실, 공항시설 중 여객터미널, 항만시설 및 철도역사의 대합실	대합실, 승강장 등	승강장이 외기에 노출되어 있을 경우 대합실만 해당
도서관	주 열람실, 개방형 서고 등	
박물관 및 미술관	주 관람 및 전시실 등	
대규모 점포	층별 주요 활용공간	지하층이 있을 경우 지하층 1개 지점 필히 포함
장례식장	로비 등 주요 활용공간	
찜질방	휴식공간, 로비 등	
의료기관	로비, 대기공간 등	
보육시설	보육실, 놀이공간, 식당, 로비 등	
노인복지시설	침실, 휴식공간, 식당, 강당, 로비 등	
산후조리원	로비, 대기공간 등	
실내주차장	층별 주차공간	지하층이 있을 경우 지하층 1개 지점 필히 포함

1.1.3 시료채취조건

다중이용시설에서의 시료채취는 오전 8시부터 오후 8시 사이인 주간시간대에 해당시설이 실제 운영하고 있는 조건과 동일한 환경상태(온도, 습도 등)에서 실시한다. 자연환기구가 설치되어 있거나 기계환기설비가 가동되는 대상 시설의 경우, 채취지점이 이러한 공기유동경로 및 기류 발생원 주변에 위치하지 않도록 최대한 주의한다. 단, 지하역사 승강장 등 불가피하게 기류가 발생하는 곳에 한해서는 실제조건 하에서 시료채취를 수행한다.

※ 황사경보와 황사주의보 발령 시 다중이용시설 실내공기 시료채취는 실시하지 않는다.

계속

1.2. 신축공동주택

1.2.1 시료채취세대 선정

신축 공동주택 내 시료채취세대의 수는 공동주택의 총 세대수가 100세대일 때 3개 세대(저층부, 중층부, 고층부)를 기본으로 한다. 100세대가 증가할 때마다 1세대씩 추가한다. 이때 중층부, 저층부, 고층부 순으로 증가한다. 저층부는 최하부 3층 이내, 고층부는 최상부 3층 이내, 중층부는 전체 층 중 중간의 3개 층을 의미한다(예 : 15층 건물에서 저층부는 1~3층, 중층부는 7~9층, 고층부는 13~15층). 단, 공동주택이 여러 개의 동으로 구성되어 있는 경우에는 선정된 시료채취세대 수를 넘지 않도록 각 동에서 골고루 선택한다. 하나의 단지에 시공사가 여러 개인 경우는 시공사별로 구분하여 측정지점을 선정한다.

1.2.2 시료채취위치

각 단위세대에서 실내공기의 채취는 거실의 중앙에서 바닥면에서 1.2~1.5m 높이에서 실시한다. 만약 이것이 불가능하다면, 모든 벽으로부터 1m 이상 떨어지고, 바닥면에서 1.2~1.5m 높이에서 시료를 채취한다.

1.2.3 시료채취조건

일반적으로 신축공동주택에서 실내공기시료의 채취는 오후 1시에서 6시에 실시하며, 시료를 채취하기 위해서는 다음 그림과 같은 조건이 필요하다.

| ① 30분 이상 환기 | ② 5시간 밀폐 | ③ 시료채취 |

시료채취 시작

① 30분 이상 환기	신축공동주택의 단위세대의 외부에 면한 모든 개구부(창호, 출입문, 환기구 등)와 실내출입문, 수납가구의 문 등을 개방하고, 이 상태를 30분 이상 지속한다.
② 5시간 이상 밀폐	외부공기와 면하는 개구부(창호, 출입문, 환기구 등)를 5시간 이상 모두 닫아 실내 · 외 공기의 이동을 방지한다. 이때, 실내 간의 이동을 위한 문과 수납가구 등의 문은 개방한다.
③ 시료채취	시료채취는 실내에 자연환기 및 기계환기설비가 설치되어 있을 경우, 이를 밀폐하거나 가동을 중단하고 실시한다. 시료채취 시 실내온도는 20℃ 이상을 유지하도록 한다.

〈신축공동주택 실내공기 채취조건〉

계속

2. 오염물질별 시료채취시간 및 횟수

실내공기오염물질의 특성, 잠재적인 건강영향, 발생원의 방출특성, 분석방법의 정량한계, 측정목적에 따라 시료채취시간 및 횟수는 결정된다. 다중이용시설에서 실내공기를 채취할 경우, 대상 시설의 오염도를 대표할 수 있으며 시설의 이용객이 많은 시간대에 실시하도록 한다. 실내공기 오염물질별 시료채취시간 및 횟수는 다음 표와 같다. 시료채취 여건상 불가피할 경우(파과, 정량한계 미만 등)에 한하여 시료채취유량 및 채취시간을 조절하여 시료채취량을 조정할 수 있다.

〈실내공기오염물질별 시료채취시간 및 횟수〉

실내공기오염물질	시료채취시간	횟수	비고
휘발성유기화합물	30분	연속 2회	30분/1회씩 연속 2회 측정
포름알데히드	30분	연속 2회	30분/1회씩 연속 2회 측정
미세먼지(PM10)	6시간 이상	1회	지하역사의 경우 혼잡시간대(7~9시 또는 18시~20시)를 필히 포함하도록 함
석면	총 시료채취량 1,200L 이상	1회	미세먼지(PM10) 농도를 고려하여 시료채취량 조절
일산화탄소	1시간	1회	
이산화탄소	1시간	1회	
오존	1시간	1회	
이산화질소	1시간	1회	
라돈	측정방법에 따라 다름	1회	단기측정(2일 이상~90일 이하)과 장기측정(90일 이상)으로 구분
총부유세균	총 시료채취량 250L 이하	3회	시료채취간격 20분 이상

3. 실내공기질 표시 및 평가방법

3.1 다중이용시설

다중이용시설 내 각 측정점에서의 실내공기질 측정값은 각각의 측정치를 표시하고 평균값으로 대상시설의 오염도를 평가한다. 하나의 측정점에서 반복 측정한 경우 그 지점의 실내공기질 측정값은 반복 측정농도의 평균값으로 나타낸다.

3.2 신축공동주택

신축공동주택 내 실내공기질은 각 측정세대에서의 측정값을 표시하고 오염도를 평가한다. 하나의 측정점에서 반복 측정한 경우 그 지점의 실내공기질 측정값은 반복 측정농도의 평균값으로 나타낸다.

자료 : 환경분야 시험 · 검사 등에 관한 법률(2013. 7. 16)
실내공기질공정시험기준(2010. 3. 5, 환경부고시 제2010-24호), pp. 17-22.

표 5-8 조사결과표의 예

주택	측정치				측정일의 생활요인	
	항목	Avg.	Min	Max	농도증가 시	농도감소 시
6번 (24평)	실내온도(℃)	21.2	18.2	22.7	※ 재실자 수 3~5명	
	상대습도(%)	58.8	49.0	73.0		
	CO_2(ppm)	125.7	526.0	2027.0	가스레인지 사용	거실창, 현관문, 발코니 사이문, 다용도실 문 열림
	CO(ppm)	2.0	1.1	3.0	가스레인지 사용	
	미세먼지 ($\mu g/m^3$)	56.8	0.0	100.0	짐정리, 블라인드 설치, 마루보수공사	현관문 열림
	TVOC(ppm)	0.98	0.00	1.78	물끓임	환기, 가스레인지 사용
	HCHO(ppm)	0.40	0.01	0.67	물끓임	환기
관련 요인	리모델링 내용	거실, 전면 발코니	• 발코니 확장, 발코니 이중창 교체, 발코니출입문 설치 • 마감재 교체-천정, 벽(일반벽지+일반접착제), 바닥(강화마루)			
		안방 및 발코니	• 옷장 교체(브랜드) • 마감재 교체-천정, 벽(일반벽지+일반접착제), 바닥(비닐계장판) • 발코니 탄성코팅(냄새 심함)			
		자녀방 1, 2	• 자녀방 서랍장 • 마감재 교체-천정, 벽(일반벽지+일반접착제), 바닥(비닐계장판)			
		부엌 및 다용도실	• 마감재 교체-천정, 벽(일반벽지+일반접착제), 바닥(비닐계장판) • 다용도 실탄성코팅(냄새 심함)			
		욕실	–			
		현관	• 마감재 교체-천정, 벽(일반벽지+일반접착제)			
		리모델링 양 : 32/96				
	환기특성	평상시 환기방법	자연환기, 욕실팬, 주방후드(가끔)			
		리모델링 직후 환기방법	자연환기(낮에만 창개방)			
		리모델링 후 경과일	4일			
		새집증후군 반응	3.9(거의 못느낌)			

자료 : 심현숙·최윤정(2008). p. 305.

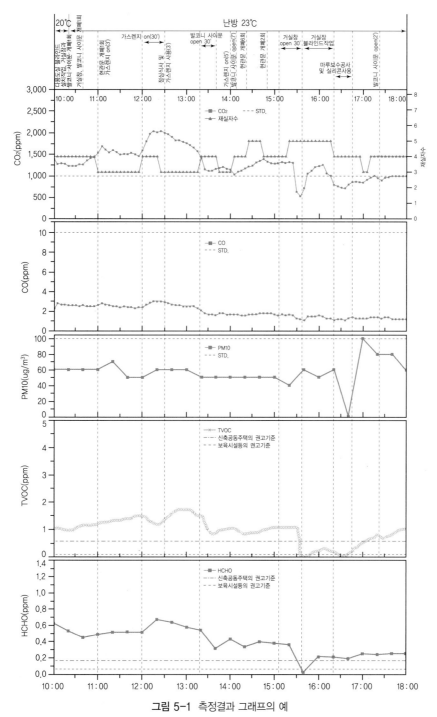

그림 5-1 측정결과 그래프의 예

자료 : 심현숙·최윤정(2008). p. 306.

Chapter 6

실내조명과 생활

일조는 빛, 열, 건강효과 및 광합성효과 등의 직접효과와 창에 의한 통풍, 건조, 조망, 개방감 등의 간접효과를 가진다. 실내조명은 거주자에게 심리적인 영향을 미치고, 불량한 빛환경은 시력 저하를 비롯하여 피로 등의 생리적 영향, 작업능률 저하 등의 영향을 준다. 그러나 상황에 적합한 빛은 치유효과까지도 기대할 수 있다.

Chapter 6

실내조명과 생활

1. 빛환경의 영향

1) 인간의 빛환경 반응

일조의 효과

햇빛은 파장에 따라 자외선, 가시선, 적외선 등으로 구분되며, 자외선과 가시선이
주생활에 활력을 주고 심리적인 영향, 위생상의 영향을 주게 된다. 일조는 〈표 6-
1〉과 같이 빛, 열, 건강효과 및 광합성효과 등의 직접효과와 창에 의한 통풍, 건조,
조망, 개방감 등의 간접효과를 가진다.

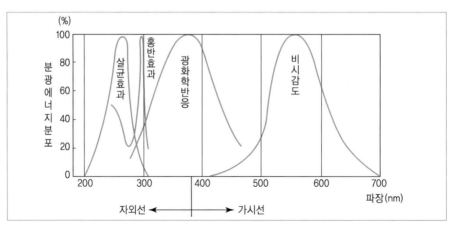

그림 6-1 빛파장의 특성

구분		내용
일조의 직접효과	빛의 효과	• 천공광에 의한 일조는 주광조명의 효과가 있고, 명랑화·활성화 혹은 밝기에 의해 청결한 생활을 영위할 수 있는 효과도 있다.
	열의 효과	• 일조가 좋은 주택과 나쁜 주택 사이에는 겨울철 난방비에서 분명히 경제적 차이가 나타나므로 일반적으로 열효과는 빛효과보다 강하다는 인식을 갖는다.
	건강효과 및 광합성의 효과	• 자외선은 대기 중으로 투과 중에 300nm 이하의 단파장은 흡수되고 300nm 이상의 파장만이 지상에 도달한다. 그 중에서 290~320nm 부근의 파장이 건강에 필요한 자외선으로 건강선 또는 도르노(dorno)선이라 한다. 인체의 칼슘 대사에 필요한 비타민 생성에는 이 파장영역의 자외선이 영향을 가장 많이 주며, 피부를 강하게 하는 효과와 피부병, 그 밖의 치료에 응용되고 있다. • 건축에서는 햇빛을 실내로 유입시켜 의류, 침구, 바닥 등의 소독을 하며, 이는 특히 병원건축에서 일조계획의 중요성을 강조하는 하나의 요소가 된다.
일조의 간접효과		• 일조권 확보 시 통풍이 원활하며 눅눅함이 방지될 수 있다. • 개구부로부터 양호한 조망을 얻을 수 있고 개방감을 준다.

자료 : 이경희·임수영(2003). pp. 101-102.

실내조명의 영향

실내조명은 거주자에게 심리적인 영향을 미치고, 불량한 빛환경은 시력 저하를 비롯하여 피로 등의 생리적 영향, 작업능률 저하 등의 영향을 준다. 그러나 상황에 적합한 빛은 치유효과까지도 기대할 수 있다.

■ 심리적 영향

높은 명도의 밝고 환한 조명 상태에서는 심리적으로 동적인 충동을 받게 된다. 육체와 정신이 개방되어 능동적인 상태가 되며 정신적인 중후감이나 폐쇄감이 감소하여 타인과의 융화도가 높고 자기 표현이 적극적이며 인간생활의 외적인 유대감이 깊어진다. 그러나 빛이 너무 강한 경우 상대적으로 심리적인 불안감이 짙어지고 위축감을 느끼며 정신건강에 치명적인 고독을 느끼는 등 큰 타격을 받게 된다.

중간 명도의 침착하고 깊은 분위기의 조명에서는 육체와 정신이 모두 정적인 세계로 유도되며 특히 정신활동의 범위가 높아진다. 철학적인 사색이 가능하고, 창조적인 사고를 촉진한다. 타인과의 융화도가 낮아지며 자기 자신에 몰입하게 된다. 신비와 환상으로 이끌리며 우울함과 자기 비판의 자각증세를 일으키기도 하고 정신적인 여유를 갖고 내면의 세계에 충실하려는 욕구에 이끌리는 것이 중간 명도의 상태이다.

매우 어두운 상태의 실내조명에서는 육체적으로는 완전히 정지된 상태가 되며 정신적으로는 정신과 행동이 대립된다. 수면과 휴식으로 순조롭게 적응되지 않을 경우 이 상태가 장시간 지속되면, 정신적 갈등과 강박관념에 사로잡히기 쉽다. 밖의 세계와의 완전한 단절로 인한 심리적 공포감, 절망감이 정신세계를 자극하게 된다.

■ 생리적 영향

인체의 피로는 전신, 국부 또는 정신의 피로 등으로 나누어서 생각할 수 있다. 조명은 눈의 피로에 영향을 주지만, 눈의 피로는 피로감이 눈의 아픔, 두통, 어깨의 뻐근함 등으로 쉽게 인식되며, 눈의 피로에 의해 중추신경의 피로, 즉 뇌의 피로도 나타날 수 있다.

한창 발육이 왕성한 학령기에 눈에 과로를 수반하는 작업을 많이 하는 것은 근시의 진행에 크게 영향을 미친다. 일반적으로 유아시기에는 눈이 매우 건강하지만, 우리나라 학생들의 근시율은 초등학교 1학년 학생의 경우 평균 11%, 6학년이 되면 40%, 중학교 3학년에서 60%, 고등학교 2학년에서는 70%로 증가되고 있다는 보고가 있다. 눈의 모양체의 피로는 근시의 발생과 직접적인 관계가 있으며, 조명의 우열은 모양체의 피로와 관계가 있다.

안정피로는 시각기관에 나타나는 일종의 신경증상인데, 조도부족 등의 현상이 있을 경우, 대상물을 식별하거나 조작하기 위해서 과도한 노력을 지속할 때 일어난다. 증상으로 안부에 통증을 유발하고 작업을 계속할 수 없게 된다.

사람의 시각기능은 노화에 의해 저하되어 나이가 많아지면 망막의 감도가 떨어질 뿐만 아니라 동공의 축소나 수정체의 광투과율 저하 등의 현상이 나타나서 밝기에 대한 감각이 저하되는 것이 보통이다. 따라서 노인들을 위한 조명은 일반성인보다 높은 밝기가 필요한데, 북미조명학회(IESNA)의 실험에 따르면 20세를 기준으로 할 때 60세는 약 2배, 70세는 약 2.6배, 80세는 약 3.4배의 밝기가 필요한 것으로 나타났다(지철근 외, 2008).

■ 작업능률에 미치는 영향

불량조명은 작업자로 하여금 직무상의 판독, 조작, 식별 작업 시 여분의 에너지를 소모케 함으로써 피로를 배가시키고 착각피로에 의한 재해율을 증가시키며 동시에 작업능률을 저하시킨다. 그러므로 조명의 적정화는 이러한 장애를 배제시키며 작업능률과 작업의욕을 증가시킬 수 있다.

사람은 정보의 85%를 시각을 통하여 얻고, 육체노동의 80~90%가 눈에 의하여 기능이 제어되기 때문에 일상 업무에서 요구되는 전체 움직임에는 조명이 필수적이다. 따라서 조명과 노동생산성의 관계는 불가분의 관계에 있다고 볼 수 있다. 〈그림 6-2〉는 조도와 작업량의 관계를 나타낸 것이다.

시력은 균등하게 밝은 실내에서 조도와 더불어 상승하지만 보려는 대상물만 밝게 하고 주위가 심하게 어두운 경우에는 시력의 상승이 둔화되고, 조도가 약 1,000*ℓx*이상인 경우에는 시력이 떨어지게 된다. 이와 같이 조명의 질은 작업에 미치는 영향이 크다.

또한 시야 내의 휘도의 분포는 물론 시야 밖의 휘도환경도 작업능률에 영향을 미치는데, 높은 조도에서는 광원의 개수나 휘도가 증가하면 눈부심이 일어나기 쉬우므로 작업능률의 저하도 생기기 쉽다. 그러나 일반적인 작업에서 눈부심을 느끼지 않는 범위에서는 조도가 높을수록 작업능률이 높아지는데, 조도가 높아지면 시력이 증진하고 명시의 깊이가 깊어지며, 밝으면 기분이 명랑해져서 작업이 촉진되기 때문이다.

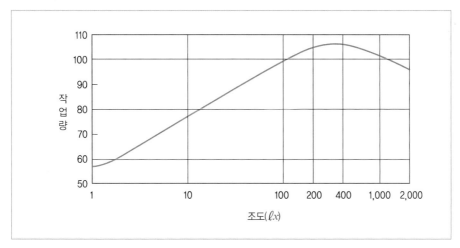

그림 6-2 조도와 작업량

자료 : 지철근 외(2008), p. 26.

■ 빛의 치유효과

광색은 심리적 영향, 사고력, 감성, 치유력 등에 영향을 주므로, 상황에 맞지 않는 광색에 의해 생리적·심리적으로 부정적 영향을 줄 수도 있고, 상황에 적합한 광색은 치유적 영향을 줄 수도 있다.

인간은 과도한 빛에 노출되면 근시가 될 수 있으며, 수면공간이 너무 밝으면 수면 장애와 멜라토닌 형성 저하에 따라 면역기능이 약화될 수 있다. 인체는 햇빛을 본지 15시간 후 멜라토닌 분비로 졸리게 되고, 어둠에 노출된지 2시간 후 멜라토닌이 분비된다. 우리의 신체는 밤에 불빛을 받게 되면, 호르몬의 분비가 줄어 암세포를 억제하는 제 역할을 못하기 때문에 야간 근무자들의 암 발생 비율이 높아진다. 덴마크 코펜하겐 연구소가 유방암 환자 7,000명을 대상으로 조사한 결과, 불빛 아래에서 교대 근무하는 근로자가 유방암에 걸릴 확률이 비경험자에 비해 50%나 높다는 사실을 발견했다. 즉, 낮에는 밝아야 하고 밤에는 어두워야 한다. 라이트 테라피(light therapy)란 수면장애, 우울증 등의 치료방법으로 광색의 측면, 밝기의 측면에서 빛을 이용하는 것을 말한다(노시청, 2004).

밤에도 밝은 빛에 의한 피해로는, 도로나 가로에 설치된 옥외 조명광이 주거내부를 비추면 거주자의 수면, 프라이버시 등에 악영향을 미칠 위험이 있다. 이를 포함하여 밤에도 밝은 빛에 의한 여러 가지 피해를 줄이고자 하는「인공조명에 의한 빛 공해 방지법」이 2012년2월1일 제정되었다. 이 법은 인공조명으로부터 발생하는 과도한 빛 방사 등으로 인한 국민 건강 또는 환경에 대한 위해(危害)를 방지하고 인공조명을 환경친화적으로 관리하여 모든 국민이 건강하고 쾌적한 환경에서 생활할 수 있게 함을 목적으로 한다. 조명환경관리구역에서 허용되는 빛방사허용기준을 제정하였으며, 시·도지사는 빛공해가 발생하거나 발생할 우려가 있는 지역을 조명환경관리구역 제1종~제4종으로 지정할 수 있게 하였다.

「인공조명에 의한 빛공해 방지법 시행규칙」(2013.1.31. 제정) [별표]

빛방사허용기준(제6조제1항 관련)

1. 영 제2조제1호의 조명기구

측정기준 \ 구분	적용시간	기준값	조명환경관리구역				단위
			제1종	제2종	제3종	제4종	
주거지 연직면 조도	해진 후 60분 ~ 해뜨기 전 60분	최대값	10 이하			25 이하	lx (lm/m²)

2. 영 제2조제2호의 조명기구

가. 점멸 또는 동영상 변화가 있는 전광류 광고물

측정기준 \ 구분	적용시간	기준값	조명환경관리구역				단위
			제1종	제2종	제3종	제4종	
주거지 연직면 조도	해진 후 60분 ~ 해뜨기 전 60분	최대값	10 이하			25 이하	lx (lm/m²)
발광표면 휘도	해진 후 60분 ~ 24:00	평균값	400 이하	800 이하	1000 이하	1500 이하	cd/m²
	24:00 ~ 해뜨기 전 60분		50 이하	400 이하	800 이하	1000 이하	

나. 그 밖의 조명기구

측정기준 \ 구분	적용시간	기준값	조명환경관리구역				단위
			제1종	제2종	제3종	제4종	
발광표면 휘도	해진 후 60분 ~ 해뜨기 전 60분	최대값	50 이하	400 이하	800 이하	1000 이하	cd/m²

3. 영 제2조제3호의 조명기구

측정기준 \ 구분	적용시간	기준값	조명환경관리구역				단위
			제1종	제2종	제3종	제4종	
발광표면 휘도	해진 후 60분 ~ 24:00	평균값	5 이하		15 이하	25 이하	cd/m²
		최대값	20 이하	60 이하	180 이하	300 이하	

계속

2) 빛환경 계획의 원리

일반적으로 생활을 위한 빛을 주거 내에 확보하는 데에는 두 가지 방법이 있다. 하나는 낮 동안에 태양광선을 광원으로 이용하는 것으로 이를 주광조명(natural lighting, day lighting) 또는 채광이라 한다. 즉, 태양으로부터의 직사광선과 이것이 대기 중에 반사, 산란된 천공광(sky light)을 창이나 그 밖의 개구부를 통하여 실내에 끌어들이는 것이다.

다른 하나는 태양광선이 없는 야간에 전등이나 그 밖의 인공적 광원을 만들어 생활에 이용하는 것으로 인공조명(artificial lighting) 또는 조명이라고 한다. 일반적으로 조명이라고 하면 인공조명을 가리키는 경우가 많다. 낮에도 채광이 불충분하거나 실내의 조도분포를 적정화하고 싶은 경우에는 인공조명을 함께 사용한다. 그러나 주광조명은 경제적·심리적으로 오늘날의 조명기술이 따르지 못하는 뛰어난 특성이 있다. 실제로 인공광과 자연광은 빛의 방향이나 강도 등에서 각기 다른 특성을 지니고 있다. 따라서 주거조명에서 인공광을 사용할 것인지 또는 자연광을 이용할 것인지는 시간과 장소에 따라 각각의 특성을 살려 계획하는 것이 바람직하다.

일반적으로 사물을 잘 보기 위해서는 대상물(對象物)의 크기, 밝기, 대비, 시간 등이 문제가 된다. 크기에서는 밝기와 대비가 같아도 대상물(對象物)의 크기가 커야 잘 보인다. 또한 밝기는 빛을 받는 조도뿐만 아니라 대상물의 반사율에 의한 휘도에 따라 정해진다. 한편 대비조건은 대상(對象)과 배경과의 밝기의 차이가 문제가 되며 사물을 보는 데 영향을 크게 미친다. 또한 사물을 잘 보기 위해서는 어느 정도 보는 데 요하는 시간이 필요하다. 이상의 네 가지는 기본적인 조건이며, 이 중 특히 밝기와 대비는 기술적으로 중요한 조건이 된다. 이를 위한 기초개념으로 광속, 광도, 주광률 등을 이해해야 한다.

실내빛환경 계획이란 공간의 용도에 적합하게 빛의 밝기와 색을 조절하는 것으로서, 양호한 빛환경이 되려면 조도와 조도 분포, 휘도와 휘도분포, 눈부심 현상, 연색성, 조명의 심리효과, 안전/유지관리 등을 고려하여 채광창과 조명을 디자인하여야 한다.

■ 광속

광원으로부터 나오는 가시범위의 빛이 단위시간 내에 통과하는 빛의 양을 광속(luminous flux)이라 하며 단위는 루멘(℔m)이다. 와트 수가 동일한 백열전등과 형광등을 비교할 때 형광등 쪽이 훨씬 밝다. 이는 형광등으로부터 발산되는 빛의 양(光量)이 백열등보다 많기 때문이다.

표 6-2 대표적인 광원의 광속

광원	광속(ℓm)
태양	3.6×10^{28}
백열전구 40W	350
주광색 형광램프 40W	2,500
백색 형광램프 40W	3,000
3파장 형광램프 40W	3,500
고압나트륨램프 400W	46,000

자료 : 지철근 외(2008). p. 19.

■ 광도

광도(luminous intensity)는 광원으로부터 한 방향을 향하여 단위 입체각당 발산되는 광속을 말하며 단위는 칸델라(cd)이다. 자동차의 헤드라이트나 회중전등은 램프의 크기가 작고 전력소비가 적은 데 비해 대단히 밝다. 이것은 렌즈나 반사경의 도움으로 광원이 발산하고 있는 광속을 모으기 때문으로 이와 같은 빛의 세기를 광도라 한다.

표 6-3 대표적인 광원의 광도

광원	광도(cd)
태양	2.8×10^{27}
백열전구 40W	40
백색 형광램프 40W	330
형광수은램프 400W	1,800

자료 : 지철근 외(2008). p. 22.

■ 주광률

실외의 주광조도는 계절이나 시각에 따라, 태양고도의 변화 및 날씨 등에 따라 시시 각각 변동하며 이에 따라 실내의 주광조도도 변동하게 된다. 그러나 채광설계의 경우에 이처럼 변동하는 조도를 실내의 밝기를 나타내는 기준으로 이용하는 것은 계산하기가 어렵고 적합하지 않다. 따라서 주광의 변동에 의해 영향을 받지 않는 밝기의 지표로서 주광률(day light factor)을 이용하는데, 이 주광률은 실외조도와는 무관하게 그 실내가 밝은지 어두운지를 판단할 수 있는 지표이다.

주광률이라는 것은 외부의 밝기에 대한 실내밝기의 비율이며 다음 식과 같이 구할 수 있다.

식 6-1

$$주광률\ D = \frac{어떤\ 점의\ 조도\ E}{어느\ 시점의\ 전\ 천공조도\ E_s} \times 100(\%)$$

결국 주광률은 〈그림 6-3〉에서와 같이 실내의 어떤 한 점의 조도 E와, 그 점을 둘러싼 천장, 벽을 비롯하여 건물 전체 및 기타 장애물을 모두 제거했을 때, 그 점의 직사일광을 제거한 전 천공에 의한 수평면 조도 Es와의 비를 백분율로 표시한 것이다.

그 결과 작업이나 방의 종류에 따라 필요한 밝기를 확보하기 위하여 기준주광률이 실제의 목표치로 이용되고 있다.

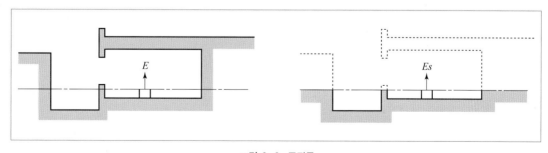

그림 6-3 주광률

표 6-4 기준주광률

단계	작업 또는 종별 예	기준 주광률 (%)	왼쪽의 경우의 주광조도(lx)			
			밝은 날	보통 때	어두운 날	매우 어두운 날
1	시계수리 · 주광만의 수술실	10	3,000	1,500	500	200
2	장시간의 재봉 · 정밀제도 · 정밀공작	5	1,500	750	250	100
3	단시간의 재봉 · 장시간의 독서 · 제도일반 · 타이프 · 전화교환 · 치과진찰	3	900	450	150	60
4	독서 · 사무 · 진찰 일반 · 보통 교실	2	600	300	100	40
5	회의 · 응접 · 강당 평균 · 체육관 최저 · 병실일반	1.5	450	225	75	30
6	단시간의 독서(주간) · 미술전시 · 도서관 · 자동차 차고	1	300	150	50	20
7	호텔로비 · 주택식당 · 거실 일반 · 영화관 휴게실 · 교회 객석	0.7	210	105	35	14
8	복도층계 일반 · 소형 화물창고	0.5	150	75	25	10
9	대형 화물창고 · 주택 헛간 · 광	0.2	60	30	10	4

■ 조도와 균제도

광원으로부터 비추어진 어느 면의 밝기를 조도(illumination)라 하며 조명설계에서 기본이 되는 밝기의 기준이다. 조도는 어느 면에 입사하는 빛의 양으로 표시되므로 어느 면 위 한 점의 조도는 단위면적(1㎡)당의 입사광속을 말하는 것으로 어떤 면 A(㎡)에 광속 F(lm)가 균등하게 입사하고 있을 때 이 면의 조도는 E=F/A(lx=lm/㎡)이다.

조도는 보는 사람의 위치에 영향을 받지 않는 객관적인 지표이고 그 면을 보는 사람의 눈에 느껴지는 밝기와는 직접 관계되지 않는다. 우리가 밝은 곳에서 책을 읽을 경우, 활자와 지면의 조도는 똑같다. 그러나 흑색 잉크로 인쇄된 문자와 흰 종이와는 빛의 반사율이 다르므로 밝기에 차이가 생겨 글자를 읽을 수 있는 것이다.

조도란, 조명계획 시 기준이 되는 개념이다. 작업의 종류, 사용빈도 등을 고려하여 적당하게 볼 수 있는 정도를 얻을 수 있는 조도를 적정조도라 하며 조명설계의 기준으로 한다. 이 적정조도를 조도기준이라 하며 각종 건물별로 장소와 작업내용에 따라 설계의 기준이 될 조도를 정하고 있다.

이러한 조도기준은 주로 작업면의 수평면 조도이고, 건강한 20대의 시력을 기준으로 한 것이므로 같은 공간에서도 보는 대상물의 차이, 작업의 정도, 작업시간 등에 따라 몇 단계의 조도선택이 필요하다.

조명계획 시에는 각 공간의 조도가 조도기준에 적합하도록 하는 것도 중요하지만 조도의 분포도 고려해야 한다. 최고조도와 최저조도의 비를 균제도(均齊度 ; uniformity ratio of illumination)라고 하는데, 실내에 극단적으로 밝은 곳과 어두운 곳이 있는 것은 거주자에게 피로감과 안전사고 등의 원인이 된다. 낮 동안에 인공조명과 주광조명이 밝게 사용되고 있는 상태에서는 인공조명에 의한 조도의 균일한 정도가 주광조명에 의해 불균일해지는데, 이러한 경우 균제도의 목표치는 1/7 정도 이상이 적당하다. 측창채광의 경우, 방의 안쪽은 조도가 부족하여 그 분포가 고르지 못하므로 천장이나 벽을 밝은 색으로 마무리하여 반사효과를 이용하면 이 결점을 다소 보완할 수 있다. 일반적으로 〈표 6-6〉과 같은 균제도 목표치에 적합하게 전반 조명을 계획하고 디자인상 필요한 부분에 국부조명을 설치한다.

표 6-5 여러 상황에 따른 조도

장소	조도(lx)
직사일광의 지면상(여름)	100,000
약간 흐린날 지면상	30,000~50,000
몹시 흐린날 지면상	10,000~20,000
천공광 지면상	10,000
만월의 지면상	0.2
맑은 날의 북쪽 창가	2,000
밝은 방(맑은 날)	200~500
독서에 적당한 밝기	200~500
1cd 점광원으로부터 1m	1.0
1cd 점광원으로부터 1km	10^{-6}

표 6-6 균제도 목표치

구분	균제도
인공조명	1/3 이상
전반조명/국부조명	1/10 이상
주광 병용 인공조명	1/7 이상
주광조명	1/10 이상

■ 휘도와 휘도비

어느 방향에서 본 표면 또는 시대상(視對象)의 밝기를 휘도(luminance)라 하며 단위는 니트(nt) 또는 스틸브(sb)로 나타낸다. 1nt=1cd/㎡이다. 즉, 휘도는 어떤 대상을 본 눈의 밝기를 나타내는 것으로, 이 대상은 서로 다른 방향으로 다른 양의 빛을 내기 때문에 보는 방향에 따라 휘도가 달라진다. 그러므로 조도와는 달리, 휘도는 보는 사람의 눈에 의한 밝기감과 직접 관계되는 지표이다.

휘도가 높은 광원이 눈에 보이면 눈부심이 일어나고 시선에 가까울수록 보는 데 지장을 준다. 백열전등이 켜진 상태에서 직접 보면 매우 눈이 부시지만 같은 전구에 갓을 씌우면 휘도가 작아지므로 눈부심 현상은 상당히 완화된다. 이와 같이 밝기에 대한 느낌이 달라지는 것을 휘도로 표시한다. 일반적으로 실내마감이나 지면의 표면휘도는 조도와 반사율의 곱으로 생각하면 된다.

또한 휘도는 면광원의 밝기이므로 그것을 보는 방향에 따라 휘도의 값은 변하지만 그 면을 보는 거리와는 관계가 없다. 시작업이나 사물을 잘 보기 위해서는 이 휘도의 대소나 대비 등이 중요한 조건이 된다.

휘도는 어떤 방향으로 반사하는 빛의 세기를 나타내는 개념으로, 우리 눈이 무엇을 본다는 것은 사실상 조도보다는 휘도의 차이에 의한 것이다. 그러나 휘도는 보는 방향에 따라 차이가 있는 것이므로 휘도를 기준으로 조명을 설계하기에는 무리가 있기 때문에 조명설계는 조도를 기준으로 한다.

휘도의 차이가 크면 보고자 하는 대상의 식별은 용이하나, 우리 눈은 시야 내에 휘도 차이가 큰 부분이 있으면 순응이 잘 안 되므로 작업이 어렵게 되며 피로의 원인이 된다. 따라서 작업자가 쾌적하게 작업을 수행하기 위해서는 실내면 전체의 휘

표 6-7 각종 광원의 휘도

광원	휘도(cd/cm²)	광원	휘도(cd/cm²)
태양(대기 외)	224,000	탄소아크	160,000
태양(천장)	160,000	발연아크	800
태양(수평)	600	유리관수은등	2
청공	0.4	석영수은등	100
전구 필라멘트		고압수은등	50
10W	120	초고압수은등	30,000
100W	600	네온(적색)	0.08
1,000W	1,200	네온(녹색)	0.08
프로스트전구		네온(청색)	0.02
10W	2	석유등(심지)	1.2
100W	14	양초	0.5
가스등		형광등(주광색)	0.35
불꽃	4.8	달의 면	0.3
만톨	0.4	눈부심을 느끼는 한계	0.5

표 6-8 반사율의 권장치

실내마감종별	주택	사무소	공장
천장면	0.6~0.9	0.8~0.9	0.8~0.9
벽면	0.35~0.6	0.4~0.6	0.4~0.6
커튼·벽걸이	0.35~0.6	–	–
가구	–	0.25~0.45	–
기계설비	–	0.25~0.45	0.25~0.45
바닥면	0.15~0.35	0.2~0.4	0.2 이상

도를 작업면의 휘도와 적정비율로 제한할 필요가 있다. 이를 권장휘도비라 하며 건물 종별에 따라 그 범위를 정하고 있다. 일반적으로 작업대상과 주변과의 시력이 저하되지 않는 휘도비의 범위는 1/3~1 정도가 적당하다.

(단위 : cd/m²)

그림 6-4 실내 휘도분포

■ 눈부심 현상

대상물을 보기가 괴롭다든지, 불쾌감을 느끼게 되는 현상으로 빛에 의해 일어나는 장애를 넓은 의미로 눈부심(glare ; 현휘) 현상이라 한다. 이러한 현상은 시야 중에 휘도가 높은 것이 있다든지 지나치게 강한 휘도대비가 있다든지 하는 경우에 일어난다. 글레어는 시선으로부터 30° 이내의 시야 내에서 생기기 쉬우며, 이 범위를 글레어역(glare zone)이라고 한다.

일반적으로 높은 휘도가 시선에 가까울 때 그리고 시야 내에 눈이 순응하고 있는 휘도보다 현저하게 높은 부분이 있거나 대비가 현저하게 큰 부분이 있을 때 사물을 보기가 어렵게 되거나 불쾌한 느낌을 주는 현상을 눈부심이라 하며 불능글래어, 불쾌글래어, 반사글래어 등으로 구분된다. 불능글래어는 잘 보이지 않게 되는 눈부심을 의미하고, 불쾌글래어는 신경이 쓰이며 불쾌해지는 눈부심을 의미한다. 이러한 현상은 직사일광이 강한 창측에 앉을 때에도 흔히 경험하게 된다. 광원으로부터 입사한 빛이 시대상(視對象)의 표면에서 반사하여 보기 어렵게 되는 현상을 반사글레어라 하는데, 이렇게 반사광에 의한 눈부심은 실내설계 측면에서는 실내의 표면처리를 매끄럽지 않게 하거나 광원의 면을 크게 함으로써 방지할 수 있다.

눈부심 현상은 눈의 피로감뿐 아니라 물체를 보는 데 지장을 초래한다. 따라서 거주자 측면 또는 주택관리 측면에서는 조명기구의 위치를 정하거나 책상이나 컴퓨터 모니터 등 작업면의 위치를 정할 때에는 눈부심 현상이 없는지 검토하고, 창가에는 차양이나 블라인드 등의 일조조절장치를 설치하는 것이 좋다.

■ 연색성

국제적 정의에 의하면 기준광원으로 조명한 경우와 비교하여 나타내는 색의 효과를 연색(演色)이라 하고, 특정 조건하에서 연색의 특성을 연색성(color rendition)이라 한다.

연색성의 좋고 나쁨은 여러 가지로 생각할 수 있으나 가장 보편적인 것으로는 주간의 자연광으로 보았을 때와 다름이 없는 색으로 보일 때에 연색성이 좋다고 하고, 이러한 빛을 발하는 광원을 연색성이 좋은 광원이라고 한다. 따라서 이렇게 주광과의 비교에 의해서 연색평가되는 방법이 건축계획에 이용하기 쉬우며 바람직하다.

예전에는 색온도가 낮은 백열전구의 연색성이 매우 좋은 것으로 평가되었다. 형광등은 물체를 푸른색 계열, 백열등은 황색 계열로 보이게 하는 경향이 있었으나, 최근에는 주광색 형광등 등 다양한 광색의 연색성을 고려한 광원이 생산되고 있으므로, 각 공간에 적합한 광색의 광원을 선택하는 것이 가능하다.

각 광원의 광색을 나타내는 데에는 색온도(color temperature)라는 수치를 사용하고 단위로는 켈빈(K : Kelvin)을 사용한다. 흑체를 고온으로 가열하면 발산하는 빛의 광색은 적색, 황색, 청록색을 거쳐 백열상태로 변한다. 흑체의 어느 온도에서의 광색과 어떤 광원의 광색이 동일할 때는 그 흑체의 온도를 가지고 그 광원의 광색을 나타내는데, 이를 색온도라 하고 절대온도로 표시하고 있으며 ℃+273°K가 된다.

일반적으로 색온도가 낮으면 붉은 빛의 따스함을 느끼는 빛으로 되고, 색온도가

표 6-9 대표적인 광원의 색온도

광원	색온도(K)	광원색	색온도(K)
태양	5,450	할로겐전구(500W)	3,000
푸른 하늘(오전 9시)	12,000	백열전구(100W)	2,850
구름낀 하늘	6,500	촛불	2,000
주광색 형광램프	6,500	형광수은램프	4,600
백색 형광램프	4,500	고압수은램프	5,600

자료 : 지철근 외(2008). p. 16.

높아짐에 따라서 태양광과 같은 백색의 빛을 띠게 되며, 더욱 높아지면 푸른빛을 띤 시원한 빛으로 된다.

■ 심리적 효과와 안전성, 유지관리

조명은 각 공간에 적합한 밝기를 조성하는 목적 외에 분위기 조성의 목적을 가지므로 생활의 활력을 위해 채광창을 계획하고, 조명의 밝기와 경제성보다는 디자인상의 이유로 간접조명이나 국부조명을 설치하기도 한다. 그러나 이런 경우 안전성을 고려하여 지나치게 조도나 휘도 차이가 큰 조명 디자인이 되지 않도록 주의해야 한다. 또한 주택에서는 광원이나 조명기구의 교체, 청소 등 유지관리의 용이성 역시 중요하게 고려할 점이다.

2. 채광과 일조조절

1) 일조 관련법규

현행법규 및 제도에서 주택의 '채광', '일조' 관련조항과 그 내용을 요약하면 〈표 6-10〉과 같다.

표 6-10 주택의 빛환경 관련 현행법규 및 제도 (2013년 9월 현재)

조항	내용	근거
채광	단독주택 및 공동주택의 거실, 교육연구시설중 학교의 교실, 의료시설의 병실 또는 숙박시설의 객실에 채광 및 환기를 위한 창문 또는 설비 설치 규정	• 「건축법」(2013.5.31) 제49조 2항 • 「건축법 시행령」(2013.5.31) 제51조 • 「건축물의 피난·방화구조 등의 기준에 관한 규칙」(2013.3.23) 제17조 1항
복도	공동주택의 중복도에 채광 및 통풍을 위한 개구부 설치 규정 ; 40미터 이내마다 1개소 이상 외기에 면하는 개구부 설치	• 「주택건설기준 등에 관한 규정」(2013.6.19) 제17조 2항
일조 등의 확보를 위한 건축물의 높이제한	전용주거지역과 일반주거지역 안에서 건축하는 건축물의 일조 확보와 관련하여 건축물의 높이 및 인동거리에 대해 규정	• 「건축법」 제61조 • 「건축법 시행령」 제86조 • 「건축법 시행규칙」(2013.3.23) 제36조

■ 거실의 채광

「건축물의 피난·방화구조 등의 기준에 관한 규칙」(2013. 3. 23) 제17조의 1항에서는 '채광을 위하여 거실에 설치하는 창문 등의 면적은 그 거실의 바닥면적의 10분의 1 이상이어야 한다. 다만, 거실의 용도에 따라 별표 1의 3에 따라 조도 이상의 조명장치를 설치하는 경우에는 그러하지 아니하다' 라고 규정하고 있다.

표 6-11 거실의 용도에 따른 조도기준(제17 조1항 관련별표 1의 3)

거실의 용도구분	조도구분	바닥에서 85센티미터의 높이에 있는 수평면의 조도(룩스)
1. 거주	독서·식사·조리 기타	150 70
2. 집무	설계·제도·계산 일반사무 기타	700 300 150
3. 작업	검사·시험·정밀검사·수술 일반작업·제조·판매 포장·세척 기타	700 300 150 70
4. 집회	회의 집회 공연·관람	300 150 70
5. 오락	오락일반 기타	150 30
6. 기타	1란 내지 5란 중 가장 유사한 용도에 관한 기준을 적용한다.	

■ 일조 등의 확보를 위한 건축물의 높이제한

「건축법 시행령」(2013. 5. 31) 제86조(일조 등의 확보를 위한 건축물의 높이제한)를 요약하면 다음과 같다.

① 전용주거지역이나 일반주거지역에서 건축물을 건축하는 경우에는 법 제61조제1항에 따라 건축물의 각 부분을 정북 방향으로의 인접 대지경계선으로부터 다음 각 호의 범위에서 건축조례로 정하는 거리 이상을 띄어 건축하여야 한다. 다만, 건축물의 미관 향상을 위하여 너비 20미터 이상의 도로(자동차 · 보행자 · 자전거 전용도로를 포함한다)로서 건축조례로 정하는 도로에 접한 대지(도로와 대지 사이에 도시 · 군계획시설인 완충녹지가 있는 경우 그 대지를 포함한다) 상호간에 건축하는 건축물의 경우에는 그러하지 아니하다. 〈개정 2012.12.12〉

1. 삭제 〈2012.12.12〉
2. 높이 9미터 이하인 부분: 인접 대지경계선으로부터 1.5미터 이상
3. 높이 9미터를 초과하는 부분: 인접 대지경계선으로부터 해당 건축물 각 부분 높이의 2분의 1 이상

② 법 제61조제2항에 따라 공동주택은 다음 각 호의 기준에 적합하여야 한다. 다만, 채광을 위한 창문 등이 있는 벽면에서 직각 방향으로 인접 대지경계선까지의 수평거리가 1미터 이상으로서 건축조례로 정하는 거리 이상인 다세대주택은 제1호를 적용하지 아니한다. 〈개정 2013.5.31〉

1. 건축물(기숙사는 제외한다)의 각 부분의 높이는 그 부분으로부터 채광을 위한 창문 등이 있는 벽면에서 직각 방향으로 인접 대지경계선까지의 수평거리의 2배(근린상업지역 또는 준주거지역의 건축물은 4배) 이하로 할 것
2. 같은 대지에서 두 동(棟) 이상의 건축물이 서로 마주보고 있는 경우(한 동의 건축물 각 부분이 서로 마주보고 있는 경우를 포함한다)에 건축물 각 부분 사이의 거리는 다음 각 목의 거리 이상을 띄어 건축할 것. 다만, 그 대지의 모든 세대가 동지(冬至)를 기준으로 9시에서 15시 사이에 2시간 이상을 계속하여 일조(日照)를 확보할 수 있는 거리 이상으로 할 수 있다.

가. 채광을 위한 창문 등이 있는 벽면으로부터 직각방향으로 건축물 각 부분 높이의 0.5배(도시형 생활주택의 경우에는 0.25배) 이상의 범위에서 건축조례로 정하는 거리 이상
나. 가목에도 불구하고 서로 마주보는 건축물 중 남쪽 방향(마주보는 두 동의 축이 남동에서 남서 방향인 경우만 해당한다)의 건축물 높이가 낮고, 주된 개구부(거실과 주된 침실이 있는 부분의 개구부를 말한다)의 방향이 남쪽을 향하는 경우에는 높은 건축물 각 부분의 높이의 0.4배(도시형 생활주택의 경우에는 0.2배) 이상의 범위에서 건축조례로 정하는 거리 이상이고 낮은 건축물 각 부분의 높이의 0.5배(도시형 생활주택의 경우에는 0.25배) 이상의 범위에서 건축조례로 정하는 거리 이상
다. 가목에도 불구하고 건축물과 부대시설 또는 복리시설이 서로 마주보고 있는 경우에는 부대시설 또는 복리시설 각 부분 높이의 1배 이상
라. 채광창(창넓이가 0.5제곱미터 이상인 창을 말한다)이 없는 벽면과 측벽이 마주보는 경우에는 8미터 이상
마. 측벽과 측벽이 마주보는 경우[마주보는 측벽 중 하나의 측벽에 채광을 위한 창문 등이 설치되어 있지 아니한 바닥면적 3제곱미터 이하의 발코니(출입을 위한 개구부를 포함한다)를 설치하는 경

계속

2) 채광계획

채광이란 태양광선을 실내에 받아들여 밝게 하는 것으로, 인공조명에 대하여 자연 또는 천연조명이라고도 한다.

주간의 태양광을 이용하여 실내를 밝게 함으로써 생활에 안정감을 주며, 특히 피로감이나 불쾌감이 없도록 쾌적한 빛환경을 만드는 것이 채광설계의 목표이다. 이처럼 태양광에 의한 주광조명의 특징은 시간적·위치적으로 인공광에 비해 제약을 받는다. 즉, 날씨가 맑은 주간에만 이용할 수 있고 주로 창으로부터의 채광에 한정되므로, 실내의 밝기는 창측은 밝고 실의 안쪽으로 갈수록 어둡게 된다. 또 인공광처럼 안정되지 못하고 계절이나 기후 상태, 그리고 태양고도에 따라 밝기의 정도와 광원의 색이 달라진다. 결국 안정된 밝기를 필요로 하는 작업환경으로는 결점이 있으나 주거의 경우에는 이 자연의 변화가 생활에 활력을 주기 때문에 중요한 의미를 갖는다. 주(主) 광선이 일정한 방향성을 가지며 반사가 없고 색이 가장 자연스럽다는 장점이 있으며, 창으로부터 태양이 채광됨에 따라 빛뿐만 아니라 열도 입사가 되고 조망도 좋으며 통풍, 환기도 도모할 수 있는 종합적인 효과가 있다.

이와 같이 낮 동안 건축물 실내의 밝기는 태양광을 창이나 개구부를 통하여 실내에 도입함으로써 유지되며 이와 같은 방법으로 적당한 밝기를 얻으려 하는 것이 채광설계의 기본이다.

■ 창계획

건물에서 창은 통풍과 환기를 좋게 하며 또 겨울에는 햇빛을 받아들임으로써 실내기후를 조절하는 역할을 한다. 또 외부에 대한 환경적 출입구의 기능도 갖는다. 그러므로 건축물에는 필연적으로 창 등의 개구부를 두어야 한다. 외부로 향한 개구부

표 6-12 창의 투과기능과 차단기능

외부환경요소	투과기능	차단필요성능
빛	채광, 일조	현휘, 적외선
공기	환기, 통풍	매연, 악취
음	정보음	소음
열	일사	열손실
시선	조망, 개방감	시각적 프라이버시
사람, 물건	출입	도둑, 곤충

를 통해서는 빛뿐만 아니라 열, 공기, 시선, 음 등이 투과하게 된다. 개구부에는 주변 환경의 차이와 실내환경의 요구에 따라 여러 가지 투과와 차단의 유형이 요구된다.

이러한 창의 여러 기능 가운데 창의 채광기능은 재실자의 거주성을 높이기 위한 기본기능이라 할 수 있다. 뿐만 아니라 에너지 절약이라는 측면에서 채광창의 계획은 매우 중요하다. 우리나라와 같은 위도에서는 실내의 깊이가 6m 이내이면 인공조명의 도움 없이도 자연채광으로 필요한 조도를 유지할 수가 있다. 그럼에도 불구하고 창을 통한 채광기능을 최대로 이용하지 못한다면 불필요한 인공조명으로 에너지를 소비하게 된다. 그러므로 인공조명에 사용되는 에너지를 창의 채광기능으로 조절할 수 있다면 그만큼 에너지를 절약할 수 있을 것이다.

그러나 창의 재료인 유리는 벽의 재료보다 단열성이 낮은 것이 사실이므로 겨울철에 낮 동안에는 창을 통해 일사를 획득하지만 밤의 열손실을 감소시킬 수 있는 창 재료를 선택해야 한다. 여름철에는 낮 동안 유입되는 일사에 의해 냉방부하가 상승되므로 일사방지를 위한 일조조절 장치나 창재료의 선택이 요구된다.

인간의 자연채광에 대한 기본적인 욕구충족과 인공조명에 쓰이는 에너지의 절약이라는 측면에서 채광창의 계획은 중요하며 또 되도록 많은 자연광을 받아들일 수 있도록 계획되어야 한다. 이를 위해 채광창의 계획 시에는 창의 위치, 크기, 형태, 재료 및 실내마감재료의 반사율과 색 등을 고려해야 한다.

- 창의 위치 : 창의 폭과 높이가 일정한 창이라도 창이 설치되는 벽면에서의 위치나 천장면에서의 위치에 따라 채광효과에 차이가 있게 된다. 측창은 벽의 중앙에 있을수록, 또한 아래쪽에 있을수록 더 큰 평균 투사율을 얻을 수 있으나 실

내의 깊이가 있을 경우에는 창의 위치가 높을수록 주광률의 변화가 작으므로 높은 창이 바람직하다. 천창의 경우는 중앙에 있을수록 채광효과가 좋다.

- 창의 크기 : 창의 크기는 철, 시멘트, 유리 등의 근대적인 건축재료의 출현으로 점차 커지고 있으며 현대건축에서는 벽 전체를 전면유리로 하는 경우도 있다. 그런 경우, 채광 이외에 냉·난방과 관련된 차열의 문제가 있으므로 이중유리나 흡열유리의 사용 등은 창면적 증대에 대한 대책이다.
- 창의 분할 : 한쪽 방향에서만 채광을 하는 측창의 경우에는 창을 집중하여 설치하는 것이 창을 분할하는 것보다 어느 정도 큰 투사율을 얻을 수 있지만 채광의 균제도로 보아서는 창을 분할하는 것이 유리하다.
- 창의 형태 : 벽이나 천장에 설치된 창이나 기타 다른 채광 개구부는 실외의 밝기와 그 개구부에 바로 인접한 실내 벽 표면의 밝기가 일반적으로 극단적인 대조를 이루어, 재실자가 창을 통하여 밖을 내다 볼 때 눈이 피로해지기 쉬우며 불쾌한 느낌을 갖게 된다. 이 문제를 해결하기 위해서는 경사창틀의 사용과 창면을 실내의 벽면으로부터 깊이 후퇴시킨 창을 고려해 볼 수 있는데, 이 경우에 창틀은 일종의 루버 역할을 하기 때문에 실내 깊숙이 빛을 끌어들이는 데에도 유리하다.

■ 채광설비

최근에는 자연광을 창이 없는 실내공간이나 지하공간 등으로 유입시키는 채광설비가 연구 중에 있고, 실제 도입되고 있다. 〈그림 6-5〉는 실외측 자연광이 입사되는 부분

실외측

실내측

그림 6-5 자연채광설비 연구사례
(D산업 건축환경연구센터)

그림 6-6 지하주차장의 천창
(판교 원마을 휴먼시아힐스테이트 10단지)

과, 자연광이 도입된 지하공간으로서 채광설비에 의한 실내조도가 500&x에 달한다. 〈그림 6-6〉은 공동주택의 지하주차장에 천창을 계획하여 자연광을 도입한 사례로서, 지하공간에 활력과 위생적 효과, 인공조명 에너지 절약효과를 기대할 수 있다.

3) 일조조절

일조는 유익한 효과가 많지만, 눈부심 방지와 여름철의 열취득을 차단하기 위해 조절할 필요가 있으며, 일조조절의 방법에는 다음의 세 가지가 있다.

구조적 조절

일사열량을 실내에 투입시키지 않기 위해서는 외벽의 밖에서 차단하는 방법이 효과적이며, 그 외에 벽체나 창의 외부에 설치하는 여러 가지 수법들이 이용되고 있다. 낮 동안의 태양고도가 높은 경우에는 차양, 발코니, 루버차양, 수평루버, 수평핀 등의 수평재에 의한 것들이 효과적이며, 서향빛과 같이 낮은 경사각으로 입사하는 일사 방지를 위해서는 수직루버, 수직핀 등 수직계에 의한 것이 좋다.

남쪽벽의 여름철 강한 햇빛을 조절하기 위해서는 차양을 설치함으로써 간단히 해결할 수 있다. 우리나라 주택은 오래 전부터 처마라는 구조에 의해 직사일광을 차단시켜 실내를 서늘하게 유지해 왔다. 아파트 등의 현대주택에서 발코니 부분은 아래층에서는 처마와 같은 효과를 갖는다. 그러나 처마는 태양의 고도가 높은 경우에 유

그림 6-7 전동차양

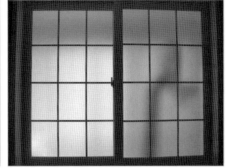

그림 6-8 반투명유리

효한 것으로 태양의 고도가 낮은 경우에는 더 깊게 해야 하는데 그럴 경우 실내의 밝기가 저하되는 결점이 있다.

또한 태양의 고도가 높은 남쪽에는 흰색의 목재나 알루미늄판 등으로 된 수평루버나 수직핀 등이 유효하다. 이 구조물은 실내의 밝기가 균일해지고 장식적인 효과는 있으나 창의 개방감이 적어지고 열차단의 효과도 차양보다 낮은 결점이 있다.

창재료에 의한 조절

창으로부터의 직사일광을 막으면서 창에 의한 채광과 통풍의 목적을 충분히 하기 위해서는 창의 재료선택이 중요하다. 창의 재료 중 유리는 가장 우수한 것으로 알려지고 있으나 태양광선의 약 85%를 투과하므로 실내온도를 상승시키고 눈부심을 유발할 수 있다.

그림 6-9 빛분산 복층유리
(2003 경향하우징페어)

우리나라는 오래 전부터 열린 창이 아닌 경우에는 한지를 창의 주 재료로 사용해 왔다. 이 한지는 습기에 젖어도 쉽게 망가지지 않으며 빛을 차단하지 않으면서 통풍효과도 있고 단열효과도 큰 것으로 알려지고 있다. 따라서 주거공간의 습기를 조절하고 단열효과를 높이며, 외기를 막으면서 통풍을 가능하게 하고 바깥의 햇빛을 완충시켜주는 한지는 우수한 창의 재료라고 할 수 있다.

최근에는 빛분산 복층유리, 불투명변환유리, 블라인드가 장착된 유리가 시판되고

그림 6-10 블라인드 장착유리
(2007 경향하우징페어)

그림 6-11 덧문
(2007 경향하우징페어)

있으므로 이러한 유리 종류를 선택하여 쾌적한
빛환경 계획을 할 수 있다. 또한 일조와 일사조
절, 단열효과를 가지는 다양한 덧문도 생산되고
있다.

📊 장식적 조절

그림 6-12 블라인드
(2005 경향하우징페어)

장식적 조절은 구조적 조절방법과 달리 창의 내
부에 설치하여 빛을 조절하는 것이다. 건물 외부
에 설치하는 발은 태양빛의 실내입사를 방지함과
동시에 밖에서 안이 잘 보이지 않기 때문에 프라
이버시의 확보에 도움이 된다. 그 밖
에 창 내측에 설치하는 것으로 베네시
안 블라인드, 레이스 커튼 등이 있는
데, 베네시안 블라인드는 태양의 이동
에 따라 날개의 각도를 바꾸어 일광의
입사를 방지하여 눈부심 방지에는 효
과적일 수 있으나 차폐열은 매우 낮은
결점이 있다.

그림 6-13 커튼
(일본 하루미단지)

3. 실내의 조명계획

1) KS 조도기준

실내의 조도기준으로는 우리나라의 대표적인 국가 규격인 한국산업규격(KS)에서 인공조명의 기준에 대하여 규정하고 있다. KS 조도기준에서는 〈표 6-13〉과 같이 조도를 분류하고 건물의 용도에 따른 조도기준을 제시하고 있다. 경기장, 공공시설, 공장, 교통, 병원, 사무실, 상점, 옥외시설, 주택, 학교 중 주택의 조도기준은 〈표 6-14〉와 같다.

표 6-13 조도 분류와 일반 활동 유형에 따른 조도값

활동유형	조도분류	조도범위(lx)	참고 (작업면 조명방법)
어두운 분위기 중의 시식별 작업장	A	3-4-6	공간의 전반조명
어두운 분위기의 이용이 빈번하지 않은 장소	B	6-10-15	
어두운 분위기의 공공장소	C	15-20-30	
잠시 동안의 단순 작업장	D	30-40-60	
시작업이 빈번하지 않은 작업장	E	60-100-150	
고휘도 대비 혹은 큰 물체 대상의 시작업 수행	F	150-200-300	작업면 조명
일반 휘도 대비 혹은 작은 물체 대상의 시작업 수행	G	300-400-600	
저휘도 대비 혹은 매우 작은 물체 대상의 시작업 수행	H	600-1000-1500	
비교적 장시간 동안 저휘도 대비 혹은 매우 작은 물체 대상의 시작업 수행	I	1,500-2,000-3,000	전반조명과 국부조명을 병행한 작업면 조명
장시간 동안 힘드는 시작업 수행	J	3,000-4,000-6,000	
휘도 대비가 거의 안 되며 작은 물체의 매우 특별한 시작업 수행	K	6,000-10,000-15,000	

〈비고〉

1. 조도 범위에서 왼쪽은 최저, 중간은 표준, 오른쪽은 최고조도이다.
2. 장소 및 작업의 명칭은 가나다순으로 배열하고 동일 행에 배열된 것은 상호 연관 정도를 고려하여 배열하였다.

자료 : 국가표준인증종합정보센터(http://www.standard.go.kr/) KS 조도기준(1998, 2013. 9 확인). KS A 3011.

표 6-14 주택의 조도기준

장소/활동	조도분류	장소/활동	조도분류
공공 주택 공용 부분		서재	
계단, 복도	E	공부[1], 독서[1]	H
관리 사무실	G	전반	E
구내 광장	A	욕실, 화장실	E
로비, 집회실	F	응접실	
비상계단, 차고, 창고	D	소파[1], 장식선반[1], 테이블[1] [3]	F
세탁장	F	전반	D
엘리베이터, 엘리베이터 홀	F	정원	
주택		방범	A
가사실, 작업실		식사[1], 파티[1]	E
공작[1]	G	테라스 전반	D
바느질[1], 수예[1], 재봉[1]	H	통로[1]	B
세탁[1]	F	주방	
전반	E	식탁[1], 조리대[1]	G
객실		싱크대[1]	F
앉아 쓰는 책상[1]	F	전반	E
전반	D	차고	
거실		전반	D
단란[1], 오락[1]	F	점검[1], 청소[1]	G
독서[1], 전화[1], 화장[1] [2]	G	침실	
수예[1], 재봉[1]	H	독서[1], 화장[1]	G
전반	D	심야	A
계단, 복도		전반	C
심야	A	현관(안쪽)	
전반	D	거울[1]	G
공부방		신발장[1], 장식대[1]	F
공부[1], 독서[1]	H	전반	E
놀이[1]	F	현관(바깥쪽)	
전반	E	문패[1], 우편접수[1], 초인종[1]	D
대문[현관(바깥쪽) 참조]		방범	A
벽장	D	통로[1]	B

주 : 1) 국부 조명을 하여 기준 조도에 맞추어도 좋다.

　　2) 주로 사람에 대하여 수직면 조도로 한다.

　　3) 전반 조명의 조도에 대하여 국부적으로 여러 배 밝은 장소를 만들어 실내에 명암의 변화를 주며 평탄한 조명으로 되지 않는 것을 목적으로 한다.

자료 : 국가표준인증종합정보센터(http://www.standard.go.kr/) KS 조도기준(1998, 2013. 9 확인). KS A 3011.

2) 광원과 조명방식

📊 광원

■ 광원의 발광 원리

각종 광원을 발광 원리에 따라 분류하면 〈그림 6-14〉와 같다. 백열전구는 필라멘트에 전류를 흐르게 하면 필라멘트의 전기 저항에 의해 발열하고 백열화되어 빛을 낸다. 할로겐램프의 발광 원리도 이와 비슷하지만 백열전구에 비해 고효율 장수명이다.

HID램프는 형광램프와 마찬가지로 전자가 수은 원자와 충돌해서 빛을 낸다. 형광램프와 다른 점은 HID램프에서는 수은 원자의 밀도가 높기 때문에 직접 가시광선을 방출한다는 점이다.

형광램프의 발광 원리는, 점등하면 전극에 전류가 흘러 가열된다. 고온이 된 음극

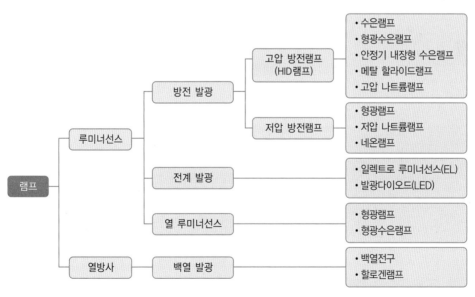

그림 6-14 발광 원리에 의한 광원의 분류
자료 : 일본건축학회 편저, 윤혜림 역(2005). p. 124.

물질로부터 열전자가 방출되고, 그 전자가 반대편의 양극 쪽으로 끌려감으로써 방전이 시작된다. 방전에 의해 이동하는 전자는 유리관 내에 봉입되어 있는 수은 원자와 충돌한다. 수은 원자는 충돌에 의해 전자의 에너지를 얻어 일단 여기 상태(수은 원자의 전자가 바깥쪽의 궤도로 튀어나온다)가 되고, 원래의 상태로 되돌아갈 때 자외선이 발생하게 된다. 이 과정을 저압방전이라고 한다. 다음은 이 자외선이 유리관 안쪽에 도포된 형광체에 의해 가시광선으로 변환되어 광원의 밖으로 방출된다. 이 과정을 방사 루미너선스라고 한다. 한편, 자외선은 유리관에서 흡수되기 때문에 광원 밖으로는 거의 방출되지 않는다. 이때 형광램프의 발광 스펙트럼은 유리관 내에 도포된 형광체의 종류에 의해 결정된다(일본건축학회 · 윤혜림 역, 2005).

발광다이오드(LED : Light Emitting Diode)는 전기에너지를 직접 광으로 변환시키는 고체 발광소자로, LED의 광색은 반도체의 재료에 따라 다르며 초창기에는 휘도가 낮고 광색의 한계가 있었으나, 새로운 LED재료가 개발되고 생산기술이 진보함에 따라 백색을 포함한 가시광선의 전체 영역에서 다양한 광색을 가지는 LED가 생산되고 있다. LED는 긴 수명, 낮은 소비전력, 높은 신뢰성 등 많은 장점을 가지고 있어 조명용 광원으로 사용되고 있으며, 처음 개발시점보다 그 발광효율이 향상되어 2010년 현재는 $80\ell m/W$ 이상이 시판되고 있는 추세이다. LED는 백열전구나 형광등에 비해 같은 밝기의 경우 소비전력이 낮아 친환경 광원으로 선택되고 있다.

■ 광원의 효율과 수명

광원의 효율은 소비하는 전력에 대해 발생되는 빛의 양으로 평가된다. 즉, '전광속/소비전력' 으로 표시된다. 형광램프의 효율은 백열전구의 램프효율보다 높으므로, 전반 조명용으로는 백열전구보다 형광램프가 적합하다고 할 수 있다. 단, 상점의 액센트조명과 같이 좁은 범위에 강한 빛을 집광해야 하는 경우라면 형광램프의 효율이 반드시 좋다고는 하기 어렵다. 발광 면적이 극히 작은 할로겐램프는 램프효율은 낮지만, 빛을 어느 일정 방향으로 모으는 데 있어서는 효율이 우수하다고 할 수 있다.

광원의 수명이란 광원이 점등되지 않게 되었을 때까지의 점등시간 또는 광속이 기정치보다도 낮아지기까지의 점등시간을 말한다. 백열전구 등 비교적 수명이 짧은 램프(1,000~2,000시간)의 경우에는 전자의 점등시간이 적용되고, 형광램프처럼 수명이 긴 램프(6,000~12,000시간)에 대해서는 후자가 적용된다(일본건축학회·윤혜림 역, 2005). HID램프의 수명은 대체로 형광램프와 비슷하다. 이에 비해 LED는 장수명(적절한 조건에서 10만 시간 이상)이므로 친환경 조명으로 추천되고 있다.

조명방식

■ 기구배치에 의한 분류

- **전반조명** : 조명기구를 일정한 높이와 간격으로 배치하여 방 전체를 균일하게 조명하는 방법으로, 그늘이 적은 장점이 있으나 변화 있는 공간분위기 조성에는 어려운 점이 있다. 실내 전체를 조명하는 방법으로는 주로 천장등이 이용되고 있다. 실내 조도분포가 사무실과 같이 한 공간에서 동일한 작업을 하는 곳에 적합하다.
- **국부조명** : 국부조명은 작업상 필요한 장소에만 부분적으로 조명하는 방법이다. 작업장소와 주위와의 휘도대비가 클 때에는 시각장애를 주기 쉽고 많은 수의 조명을 하면 설비비가 많이 들며 보수도 어려운 점이 있다. 국부조명은 실내의 분위기 조성에 효과적이며 시각적인 변화와 즐거움을 주는 반면, 실내 명암의 대비가 크기 때문에 눈부심을 일으켜 눈이 쉽게 피로해진다.

■ 조명기구의 배광형태에 의한 분류

조명기구의 기능상 가장 중요한 것은 배광의 형태이며, 조명기구로부터 발산되는 빛의 방향에 따라 직접형, 반직접형, 반간접형, 간접형, 전반확산형으로 구분된다(표 6-15). 직접조명이란, 조명기구로부터 발산되는 빛의 90~100%가 직접 대상물에 비추는 조명을 말한다. 반대로 간접조명은 90~100%의 빛이 벽이나 천장에 비춰서 반사시킨 빛이 대상을 비추는 조명을 말한다. 반직접조명은 60~90%의 빛이 직접 대상물에 비추는 것이며, 반간접조명은 60~90%의 빛을 반사시키는 조명, 전반확산조명은 반투명커버를 통해 전방향으로 비추는 조명방식이다.

표 6-15 조명기구의 배광형태 및 특성

배광형태	반사율	이미지	특성
직접조명 (direct luminaire)	0~10% 90~100%		• 빛을 직접 대상물에 비추는 조명 • 조명의 효과가 높고 사물을 뚜렷하게 돋보이게 하지만 그림자가 생김
반직접조명 (semi-direct luminaire)	10~40% 60~90%		• 직접조명과 같이 직접 비추는 빛과 커버 밖으로 나와 천장에 반사시킨 빛을 이용함
반간접조명 (semi-indirect luminaire)	60~90% 10~40%		• 벽이나 천장으로 반사시킨 빛과 커버 밖으로 하향된 빛을 조합시키는 방법
간접조명 (indirect luminaire)	90~100% 0~10%		• 빛을 벽이나 천장에 비춰서 반사시킨 빛을 이용함 • 눈부심이 없이 부드러운 빛을 얻을 수 있음
전반확산조명 (ambient luminaire)	40~60% 40~60%		• 반투명커버 밖으로 나온 빛을 전방향으로 비추는 방식 • 진한 그림자가 생기지 않아서 따뜻한 느낌이 나는 공간 연출

■ 건축화 조명

최근에는 건물의 일부가 광원이 된 건축화 조명 시스템을 사용하기도 한다. 이 방법은 건물의 일부에 조명기구와 광원을 매입시켜 조명과 건물이 일체가 되는 조명시스템이다(표 6-16).

조명기구의 종류와 용도

조명기구의 종류로는 샹들리에, 펜던트, 벽등, 천장직부등, 매입등, 스탠드 등이 있다(표 6-17).

표 6-16 건축화 조명

종류	특징	형태
다운라이트 (down light)	일반적으로 가장 많이 채택하고 있는 건축화 조명이다. 천장에 작은 기구를 매입시킨 것으로 매입형 조명기구의 한 종류이다. 이 조명방법은 조명이 필요한 부분에 집중조명할 수 있으나, 크기가 작은 조명기구에 의해 눈부심이 유발될 수 있다.	
루버천장 (louver light)	천장면에 루버를 설치하고 그 속에 광원을 배치하는 방법으로 루버의 재질은 금속, 플라스틱, 목재 등이 사용되며 그 형태와 설치방법에 따라 조명효과의 변화가 가능하다.	
벽면조명 (cornice light, valance light)	창문에 설치하는 커튼박스와 같은 형태에 조명을 매입하는 방법이다. 벽면조명으로 코니스 라이트(cornice light)와 밸런스 라이트(valance light) 등이 있다.	
코브 라이트 (cove light)	광원을 천장의 일부로 가려 천장에 반사시켜 간접적으로 조명하는 방법이다. 천장과 벽의 재료, 색, 마감에 따라 여러 가지의 조명효과를 얻을 수 있다.	
라인 라이트 (line light)	천장에 매입한 조명의 일종으로, 광원을 선형으로 배치하는 방법이다. 형광등 조명으로는 가장 높은 조도를 얻을 수 있는 조명방법이다. 선의 배열에 따라 디자인을 얻을 수 있다.	
광천장 (luminous ceiling)	천장을 확산투과성 플라스틱판으로 마감하여 그 속에 전등을 넣는 방법이다. 그림자 없는 쾌적한 빛을 얻을 수 있는 장점이 있다. 천장면의 마감재료의 종류나 설치방법에 따라 변화 있는 실내공간을 만들 수 있으며, 천장 전면을 낮은 휘도로 조명기구화함으로써 눈부심 없는 조명이 될 수 있다.	

표 6-17 조명기구의 종류별 특징 및 용도

종류	이미지	특징 및 용도
샹들리에 (chandelier)		장식적인 요소가 강한 조명기구이며 실내디자인의 분위기나 여건, 천장 높이에 따라 기구를 잘 선택해야 한다. 대형 샹들리에는 많은 하중을 요하므로 별도의 보강이 필요하며, 에너지 절약을 위하여 조광기(dimmer) 설치나 회로 구분이 필요하다.
펜던트 (pendant)		코드나 체인으로 천장에 매단 기구를 말하며, 대체로 식탁 위 조명과 같이 집중 조광이 요구되는 곳에 선택된다.
벽등 (bracket)		벽면에 설치하는 보조적인 조명이다. 설치된 장소가 눈에 띄기 쉽고 디자인이 중시된다.
실링라이트 (ceiling light)		체인이나 파이프 등을 사용하지 않고 천장에 직접 부착하는 기구로서, 주택에서는 일반적으로 침실 또는 거실의 전반조명으로 선택한다.
매입등 (down light)		천장에 매입해서 아래방향으로 직접 비추는 조명이다. 본체가 밖으로 나오지 않기 때문에 공간을 말끔히 정리하기 쉬운 이점이 있으나, 조광범위가 좁으므로 회화조명이나 월 워싱(wall washing) 용으로 선택한다.
스탠드 (stand)		테이블 스탠드와 플로어 스탠드가 있으며 주로 침실의 보조광이나 실내디자인의 오브제로 사용하며 기능에 따라 서재의 작업조명(task lighting)으로도 사용된다.

3) 조명계획

📊 조명계획의 순서

조명계획의 전체 프로세스는 '프로젝트 분석 → 조명종류 구성 → 광원 선택 → 조명기구 선택 → 조도계산 → 컨트롤'로 이루어진다(표 6-18).

📊 주택의 조명계획

주택에서의 조명은 밝기, 물체나 색이 보이는 방식, 사용의 용이성, 심리적 쾌적성, 비용 등에서 적절히 고려되어야 하며 각 공간별 조명계획의 고려사항을 요약하면 다음과 같다. 또한, 예전에는 명시를 위한 조명이 추가 되었으나 최근에는 간접조명이 도입되는 등 거주자의 생리적·심리적 쾌적성에 대한 고려가 증가되고 있다.

거실은 사회적 공간이며, 사회적 공간에는 전반조명이 필요한데, 되도록 부드러운 느낌이 들도록 직접조명과 간접조명을 병행해서 사용하는 것이 좋다. 장식벽을 향한 집중조명과 소파 등의 작업부분을 분리해서 계획한다. 장식벽에는 거주자가 요구하는 분위기의 연출을 위해 색전등을 쓰기도 하고 브래킷 등을 이용하여 아래에서 위로의 확산조명을 이용하기도 한다. 그러나 소파부분은 응접세트가 놓인 경우 이를 중심으로 변형된 펜던트조명을 고정시키거나 플로어 스탠드를 이용하여 어느 부분을 집중적으로 밝게 하기도 한다.

공부방은 연구나 공부 등과 같이 집중적으로 눈을 사용할 경우 국부조명이 필요하다. 능률 중심일 때는 직접조명을 병행하도록 하고 휴식적 분위기를 조성하고자 할 때에는 직접조명을 피하도록 한다. 작업면, 즉 책상면의 앞쪽에 국부조명을 설치하여 그림자가 생기지 않도록 한다.

침실의 조명으로는 스탠드를 머리맡에 두도록 하는데 조도를 2~3단으로 조절할

표 6-18 조명계획의 프로세스

단계	내용
프로젝트 분석	• 조명설계의 대상공간 분석 : 공간의 용도, 사용자, 생활행위 등 • 인테리어 디자인 콘셉트 이해/분석 및 인테리어 디자이너와 협의(마감재, 가구배치 등)
조명종류 구성	• 건축화 조명 / 부착형 조명 • 전반조명 / 국부조명
광원선택	• 용도에 따른 기준 조도 선정 • 광색 선정 • 램프 수명 및 배광에 따른 광원 선정
조명기구 선택	• 공간의 용도, 실내분위기, 유지관리를 고려한 조명기구 선택
조도계산	• 작업의 종류에 따른 기준조도 계산에 의한 광원의 수와 배치 결정
컨트롤	• 에너지 절감을 위한 용도에 따른 회로 구분 • 계절, 시간 등 외부밝기에 따른 조도 조절 및 회로 구분

수 있는 것을 선택한다. 그리고 반간접조명이나 간접조명을 천장 가장자리에 설치하거나 브래킷을 벽면에 부착해서 이용하여 휴식용 조명이 되도록 한다.

작업이 중심이 되는 부엌은 주택 중 가장 기능적으로 계획되어야 하므로 고르게 확산된 빛이 공간 구석까지 비치도록 해야 한다. 특히 싱크대 앞은 작업자의 그림자가 지지 않도록 국부조명을 따로 마련하는 것이 좋다.

식당은 다른 어느 공간보다 식탁과 그 주변에 둘러앉은 사람들이 강조되고 분위기 위주로 조명이 계획되어야 한다. 이를 위해서는 형광등보다는 백열전구가 효과적이고, 식탁 바로 위에 국부조명을 설치하여 주의를 집중시키는 것이 좋다.

현관은 장시간 점등하기보다는 순간적으로만 점등하게 되므로 백열등이 유리하며, 자동스위치를 설치하여 일정시간 후에 사람의 동작에 따라 꺼지도록 조절한다. 복도는 어둡지 않도록 배려하고 현관의 외벽에는 형광등을 설치하는 것이 유리하다.

욕실은 거울의 위나 양쪽에 조명등이 필요하며 욕실 역시 단시간 사용하는 공간이므로 백열등을 달고 깨끗한 느낌을 주는 광색을 선택하며, 습기에 잘 견딜 수 있는 방습등을 사용한다.

거주자의 생활을 파악할 수 있는 리모델링 시의 조명계획은 신축의 경우보다 거주자에 적합하게 계획할 수 있다. 리모델링한 아파트의 조도측정 연구결과(정연홍·최윤정, 2008), 모든 공간에서 대부분의 주택이 전반(휴식·침실)기준의 최고 허용조도기준보다 높게 나타나 주택의 전반조명은 필요 이상의 밝은 실태로 나타났고, 인공보유조도의 균제도는 대체로 양호하였으나 거실에서만 과반수 이상의 주택에서 부적합하였다. 작업면조도는 거의 모든 실에서 과반수 이상이 작업면조도기준에 부적합한 것으로 나타났는데, 이는 공간 가운데 위치한 천장직부등과 벽쪽으로 배치된 작업면의 위치 차이 때문인 것으로 해석된다.

따라서, 현재 주택조명으로 일반적으로 계획하고 있는 경우보다 전반조도는 낮게, 작업면조도는 높게 해야 하며, 이를 위해서 전반조명은 조도는 낮추고 눈부심 방지 및 휴식에 적합하도록 간접조명을 사용하며 작업면조명은 작업면의 위치에 맞게 계획할 필요가 있다. 신축아파트 조명계획에서는 실의 기능이나 가구의 위치를 예측할 수 있는 단계가 아니지만, 리모델링 시에는 작업면의 위치와 생활 특성을 미리 파악하는 것이 가능하므로 리모델링 시 디자이너는 조명기구를 디자인 위주의 단순 교체보다는 공간의 용도와 거주자의 생활 특성을 고려한 조명의 위치와 방식을 선택하는 것이 바람직하다.

감성조명

감성조명이란 실내조명의 색온도와 밝기의 조절에 인간의 감성과 햇빛의 변화범위를 응용하는 것이다. 예를 들어, 태양이 떠오르는 모습에서 희망을 느끼고, 태양이 지는 모습에서 마음의 안정을 느낀다. 즉, 햇빛의 시간변화에 따른 감성을 응용하여, 주택에 오전과 오후, 저녁때 색온도를 다르게 조절가능한 조명 시스템을 설치하는 것이다.

또한, 시간적 변화뿐 이니리, 작업의 종류에 따른 색온도와 밝기를 응용할 수 있다. 예를 들어, 조명의 색온도가 높고 밝은 것이 두뇌의 사고 속도를 높이는 데 효과적이므로, 일반 사무작업과 창의적인 작업의 사무실의 색온도는 다르게 한다. 주택의 거실의 경우 직접조명은 사람을 공격적이고 민감하게 만들기 때문에 정밀한 시작업이 아닌 가족단란의 시간에는 간접조명이면서 안정감을 주는 색온도로 연출하는 것이 좋다.

휴식

일상생활

석양빛

방범모드

〈거실 감성조명의 예(ㅍ사 조명박물관)〉

Chapter 7

실내조도의 측정과 평가

실내조도의 측정항목은 조도레벨이며, 조도 측정값으로 균제도를 구한다. 측정과 함께 조사해야 할 관련요인은 외부 요인, 건축적 요인, 설비 요인, 거주자 요인, 생활적 요인으로 구분하여 실내조도와 관련이 있는 요인은 빠짐 없이 조사하는 것이 중요하다.

Chapter 7

실내조도의 측정과 평가

1. 실내조도의 측정

1) 측정계획

〈표 7-1〉은 강의실과 비교대상 측정장소에서 조명조건별 조도를 측정하고 평가, 분석하기 위한 계획의 예이다. 수강생을 4조로 구성한다면, 1조는 강의실의 평상시 수업 중인 상태에 해당하는 병용조도를, 2조는 강의실의 야간 상태에서 인공조도를, 3조와 4조는 다른 공간에서 병용조도와 인공조도 상태의 조도를 각각 측정한다. 진행순서에 따라 측정한 후 조도 및 균제도를 평가하고 그 원인 분석에 대해 논의한다.

표 7-1 조도측정의 개요

측정 장소	담당조	측정 내용	결과 논의
강의실	1조	• 병용조도 : 조명을 켜고, 블라인드를 올린 상태의 조도(평상시 수업 중인 상태) (창측에서 조도계에 직사광선이 비칠 때에는 가리고 측정)	〈조도 및 균제도 평가〉 • 측정치 및 균제도와 평가기준과의 비교 • 측정치 및 균제도의 이론적 의미 (인체에 미치는 영향)
	2조	• 인공조도 : 야간에 조명을 점등한 상태 (주간의 수업 시에는 블라인드를 내려 주광을 차단하여 야간 상태를 만들고 측정 연습을 진행한다)	〈평균조도 및 균제도의 원인 분석〉 • 조도의 분포특성 및 원인 분석 • 조명조건별 및 장소 간의 비교 및 원인 분석
주거 환경 실험실	3조	• 병용조도 : 위와 같음	
	4조	• 인공조도 : 위와 같음	

2) 측정 진행순서

■ 측정계획, 측정기기의 사용방법, 측정방법(「학교보건법」에 따름 ; 10장 참조), 측정 보고서 작성방법 등을 숙지한다.

　＊측정기기의 예 : 디지털 조도계(DX-100, TM-201)

■ 각 조별로 측정장소에 조도측정점을 정한다. 예를 들어, 위 개요에서 강의실과 의 비교대상 측정장소를 강의실과 방위가 다른(중복도형태의 건물이라면 복도 맞은 편 공간) 공간으로 정하면 방위에 따른 주광조도를 비교할 수 있다. KS 조도기준은 인공조명기준으로서, 주광조도는 조도 자체가 아닌 주광률에 의해 평가하는 것이 원칙이나, 본 측정연습에서는 평상시 주간의 수업 중인 상태에 서는 주광조명과 인공조명의 병용 상태의 조도, 야간의 수업 중인 상태에서는 인공조명 상태의 조도가 KS 조도기준에 적합한지를 평가하고자 한다.

■ 측정조건에 따라 측정을 실시하면서, 〈표 7-2〉의 측정 보고서에 기록한다.

■ 조별로 측정결과를 종합하여 평균, 균제도 등을 구하고, 평면도에 조도분포를 표시한다.

■ 각 조의 대표는 측정결과를 칠판 등에 기록하여 조명조건별 및 장소 간의 비교 가 가능하도록 한다.

3) 측정 보고서

조도측정 보고서에는 측정장소와 공간의 용도 등의 측정개요, 외부환경, 측정공간의 건축적 요인, 주관적 반응 응답자의 인체측 요인, 측정기기의 기기명과 모델명 등을 기재한다. 「학교보건법」의 학교 교실의 책상면 조도기준은 300ℓx이나, 이는 최저수준이므로 KS 조도기준을 병행해서 평가해도 좋다. 균제도기준을 측정조건에 따라 정한다. 모든 측정위치에서의 측정값을 기록하고 측정이 끝나면 조도평균과 균제도를 구한다. 논의는 〈표 7-1〉에서와 같이 조도 및 균제도 평가 측면과 원인분석 측면에서 서술하고, 측정공간 조도 및 균제도의 문제점을 도출하고 개선안을 제안한다.

표 7-2 조도측정 보고서

		학과		학년	학번 :		성명 :	
측정개요	측정장소				조도분포 (측정점 표시, 조명기구 위치와 수, 창, 일조조절 상태, 조도측정값 표시)			
	공간의 용도							
	공간의 사용시간대							
	측정일시							
외부환경	날 씨							
	일조조건							
건축적 요 인	면 적							
	실내마감재							
	조명방식							
	조명기구의 종류·수							
	조명기구의 높이							
	조명기구의 점등 상태							
	조명기구의 관리 상태							
인체측 요 인	연 령							
	시 력							
측정· 조사도구	측정기기							
	주관적 평가척도 : 작업면 밝기감	-2 어둡다 -1 약간 어둡다 0 어느쪽도 아니다 +1 약간 밝다 +2 밝다						
측정조건								

조도분포
(측정점 표시, 조명기구 위치와 수, 창, 일조조절 상태,
조도측정값 표시)

```
+    +    +    +    +    +    +
90   120  124  145  133  134  120
+    +    +    +    +    +    +
140  202  188  214  189  220  180
+    +    +    +    +    +    +
168  222  210  214  212  233  212
+    +    +    +    +    +    +
166  210  186  220  207  224  202
+    +    +    +    +    +    +
136  206  160  203  164  200  140
+    +    +    +    +    +    +
86   123  120  125  122  112  96
+    +    +    +    +    +    +
108  143  143  147  140  169  106
+    +    +    +    +    +    +
150  214  210  220  186  225  172
+    +    +    +    +    +    +
178  260  238  262  238  261  226
+    +    +    +    +    +    +
178  245  226  249  210  242  185
+    +    +    +    +    +    +
107  208  158  213  190  219  150
+    +    +    +    +    +    +
74   96   90   100  90   78   70
```

(단위 : lx)

위치	조도(lx)	위치	조도(lx)	위치	조도(lx)	위치	조도(lx)
평균조도		균제도		작업면 밝기감			
조도기준		균제도기준					
논 의							

* 실제 활용 시 부록 이용

2. 실내조도의 평가방법

1) 조사항목

주택을 비롯한 건물의 실내조도 평가를 위한 측정 및 조사항목은 〈표 7-3〉, 주관적 반응을 조사하기 위한 평가척도는 〈표 7-4〉와 같다. 실내조도의 평가이므로 측정 항목은 조도레벨이며, 조도측정값으로 균제도를 구한다. 측정과 함께 조사해야 할 관련요인은 외부적 요인, 건축적 요인, 설비 요인, 거주자 요인, 생활적 요인으로 구분하여 실내조도와 관련이 있는 요인은 빠짐 없이 조사하는 것이 중요하다.

거주자의 주관적 반응으로 공간이나 작업면에 대한 밝기감은 '공간(작업면)의 밝기가 어떻게 느껴지십니까'로 질문하고 〈표 7-4〉와 같이 그 정도를 척도화하여 응답하게 할 수 있다. 밝기감은 거주자들이 적정 밝기기준에 대한 인식부족으로 조명환경의 질을 평가하는 데 있어서 변별력에 무리가 있으나, 현휘감(눈부심이 느껴지십니까)이나 작업면 그늘감(작업면에서 작업을 할 때 그늘이 생깁니까)에 대해서는 변별력 있게 응답하므로 조사의 의미가 있다.

표 7-3 실내조도 측정 및 조사항목

구분			항목
물리적 요소 측정항목	조도(전반조도/작업면조도), 균제도, 주광률 등		
관련요인 조사항목	외부 요인		지역구분, 건물과 측정공간의 주변 환경(일조조건 등), 날씨 등
	건축적 요인	건물특성	건축연도, 건물유형
		단위주거 및 측정공간특성	층수, 방위, 면적, 발코니 유무, 처마 등 일조조절 장치의 유형·크기, 창의 유형·크기, 공간구성, 가구배치, 실내마감재 등
	설비 요인		조명방식, 조명기구의 종류·위치·상태, 광원의 종류 및 크기 등
	거주자 요인		연령, 시력, 직업, 가족특성 등
	생활적 요인		일조조절방식, 조명기구의 사용방식·관리실태, 공간의 용도 등
주관적 반응 조사항목	밝기감(공간/작업면), 현휘감, 작업면 그늘감 등		
기타	평면도, 사진촬영 등		

표 7-4 실내빛환경에 대한 주관적 평가척도

구분	밝기감(공간/작업면)	현휘감	작업면 그늘감
	리커트 척도	중간값이 없는 5점 척도	
1	어둡다	많이 눈부시다	많이 생긴다
2	약간 어둡다	눈부시다	생긴다
3	어느쪽도 아니다	약간 눈부시다	약간 생긴다
4	약간 밝다	거의 눈부시지 않다	거의 생기지 않는다
5	밝다	눈부시지 않다	생기지 않는다

2) 측정방법

실내조도의 측정은 원칙적으로는 KS 조도측정방법을 따르며, 현장측정 기록표는 〈표 7-5〉와 같다.

Note 7-1

KS 조도측정방법

한국산업규격(KS)에서 규정하고 있는 조도측정방법을 요약하면 다음과 같다.

1. 측정 시 주의 사항

(1) 측정 개시 전, 원칙적으로 전구는 5분간, 방전등은 30분간 점등시켜 놓을 것

(2) 전원 전압을 측정할 경우에는, 가급적 조명기구에 가까운 위치에서 측정할 것

(3) 조도계 수광부의 측정기준면을 조도를 측정하려고 하는 면에 가급적 일치시키고, 또한 수광부의 수광면 중앙을 통과측정 기준면에 수직인 직선이 측정 기준면에 교차하는 점을 조도를 측정하려고 하는 점에 일치시킬 것

(4) 측정자의 그림자나 복장에 의한 반사가 측정에 영향을 주지 않도록 주의할 것

(5) 측정 범위 전환형인 지침형 조도계에서는 0~1/4 범위의 눈금 판독은 가급적 하지 않을 것

(6) 측정대상 이외의 외광 영향(주광 등)이 있을 경우에는 필요에 따라 그 영향을 제외할 것

(7) 많은 점의 조도측정을 할 경우, 특정의 측정점을 정하고, 일정한 측정시간 간격마다 특정한 측정점의 조도 측정을 하고, 조도측정 중의 광원 출력변동 등을 파악 할 것

계속

2. 전반조명인 경우의 조도측정

조도는 특히 예고가 없는 한, 수평면 조도를 측정한다.

2.1 조도측정점의 결정방법

조도측정점에서 조도측정면의 높이는, 특별히 지정이 없는 경우에는 마루 위 80cm±5cm, 거실의 경우에는 바닥 위 40cm±5cm, 복도, 옥외인 경우에는 마루면 또는 지면 위 15cm 이하로 한다.

　다만, 실내에 책상, 작업대 등의 작업 대상면이 있는 경우에는, 그 윗면 또는 뒷면에서 5cm 이내의 가상면으로 한다.

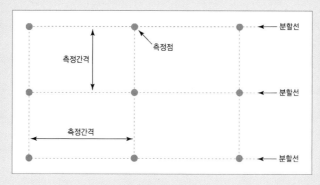

〈측정점의 결정방법〉

　측정점의 위치는 지정이 있을 경우에는 그것에 따른다. 지정이 없는 경우에는 조명시설의 사용 목적에 따라 당사자 간에서 측정영역을 정하고, 정한 영역에 구석 구석까지 측정점을 배치하도록 결정한다. 측정점의 배치는 원칙적으로 측정 영역을 동등한 크기의 면적으로 분할하여 분할선 교점에 1점씩 전체에서 10~50점이 되도록 결정한다.

　조도측정위치는, 조명기구의 배광과 부착높이를 고려하여 조도 변화가 큰 방향이나 장소는 조도측정 간격을 작게, 조도 변화가 작은 방향이나 장소에서는 조도측정의 간격을 크게 정한다.

* 비고 : 측정 영역이 같은 모양, 치수의 반복 또는 그 대칭형으로 조명 시설도 같은 경우에는, 그 하나에 대하여 측정을 하고, 그 외를 생략해도 좋다.

2.2 평균조도의 산출법

측정 범위의 평균조도는 단위 구역마다 평균조도를 구하고, 그 상가평균치를 전 측정 범위의 평균조도로 한다.

계속

단위 구역마다 평균조도 E는 원칙적으로 다음 그림에 나타낸 바와 같이 4점법에 따라 모퉁이 4점의 조도 E_i를 측정하여, $E=\frac{1}{4}(E_1+E_2+E_3+E_4)=\frac{1}{4}\sum E_i$로 구한다.

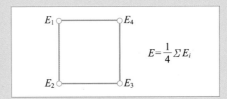

$$E=\frac{1}{4}\sum E_i$$

〈4점법에 따른 평균조도 산출법〉

단위 구역이 다수 연속하는 경우에는 다음 그림과 같이 평균조도 E를 산출한다.

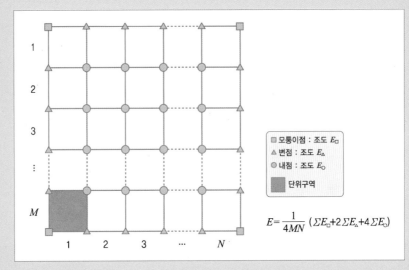

모퉁이점 : 조도 $E_\square$
변점 : 조도 $E_\triangle$
내점 : 조도 $E_\circ$
단위구역

$$E=\frac{1}{4MN}\left(\sum E_\square+2\sum E_\triangle+4\sum E_\circ\right)$$

〈다수의 단위 구역이 연속할 때 평균조도의 산출법〉

다만, 내점의 조도와 모퉁이점, 변점의 조도비가 4 이하로, 조도 분포가 거의 한결같은 경우 또는 조도측정점의 수가 100점을 초과하는 경우에는 전 측정점의 조도 단순 평균을 갖고 개수치로 하여도 좋다.

이때의 평균조도는, $E=\frac{1}{(M+1)(N+1)}\sum E_i$로서 구한다.

실 중앙에 조명기구가 1등 설비되어 있는 경우의 평균조도 E의 산출은, 그다음 그림과 같이 5점법을 사용한다.

계속

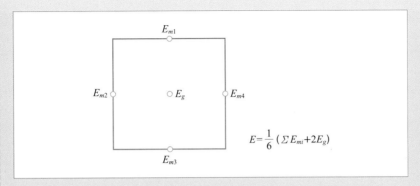

$$E = \frac{1}{6}\left(\Sigma E_{mi} + 2E_g\right)$$

〈5점법에 의한 평균조도의 산출법〉

2.3 그 밖의 조도측정방법

연직면 조도, 법선조도, 작업면의 조도 등을 구할 때는 조도계의 수광기를 지정 방향에 놓고, 목적에 따른 측정점에서 조도를 측정한다. 연직면 조도의 측정 높이는 특별히 지정이 없는 경우에는 마루면 또는 지면에서 120±3cm로 한다.

2.4 유지·관리를 목표로 하는 조도를 측정할 때

조도의 유지, 변화의 상태를 조사해서 보수·관리를 목표로 하는 경우의 조도측정은, 필요에 따라 대표적인 몇 점의 측정치로, 전반적인 조도를 추측하여도 좋다.

3. 국부조명의 조도 측정

이 경우 조도측정은 조도 분포가 특별히 문제로 되는 장소에서는 2.1의 방법에 따라 한다. 조명되는 장소가 좁은 경우에는 그 중의 적절한 1점 또는 몇 점을 측정해서 대표시켜도 좋다.

일반적으로는, 수평면 조도를 측정하지만, 작업의 성질에 따라, 연직면 또는 적당한 경사면의 조도를 측정한다. 국부조명은 전반조명과 병용시키는 일이 많으므로 그 측정에 있어서 전반조명을 점등한 대로 하든가 소등하는가는 실정에 따라 결정한다. 측정결과에는 그 내용을 명기한다.

또, 조도측정 시에 있어서 작업자의 유무, 그 위치, 자세 등에 대하여도 개요를 기록해 둔다.

자료 : http://www.standard.go.kr(국가표준인증 종합정보센터) KSC 7612 (1987, 2013. 9 확인) 조도측정방법. pp. 5-8.

표 7-5 주택의 조도측정 기록표

측정일자			외부 요인	지역구분		
측정장소				건물과 측정공간의 주변환경(일조조건 등)		
설비 요인	조명방식			날씨		
	조명기구의 종류		건축적 요인	건물 특성	건축연도	
	조명기구의 위치				건물유형	
	조명기구의 상태			단위 주거 및 측정 공간 특성	층수	
	광원의 종류				방위	
	광원의 크기				면적	
거주자 요인	연령				발코니 유무	
	시력				처마 등 일조조절 장치의 유형·크기	
	직업				창의 유형·크기	
	가족특성				공간구성	
생활적 요인 (평소)	일조조절방식				가구배치	
	조명기구의 사용방식				실내마감재	
	관리실태					
	공간의 용도					

측정점의 조도 및 조명기구의 위치 [공간명 :   ]
(측정점의 높이 : 바닥 위   cm)

측정점의 조도 및 조명기구의 위치 [공간명 :   ]
(측정점의 높이 : 바닥 위   cm)

조도 측정치 (3회 측정 후 평균치) 단위 : lx

공 간 명	측정점	①	②	③	④	균제도	관련요인
	전 반						
	작업면						
	전 반						
	작업면						

3) 분석방법

- 조사대상주택의 평면도에 〈그림 7-1〉과 같이 조도측정점과 조명기구의 위치, 가구의 위치를 표시한다.
- 〈표 7-6〉과 같이, 공간별로 조도측정치를 기록하고 균제도를 구한다.
- 조도측정치 및 균제도를 평가기준과 비교하고, 이론적 의미(인체에 미치는 영향)에 대해 해석한다.
- 조도분포도를 작성하고 분포특성 및 그 원인을 분석한다. 이때 작업면의 위치와 거주자의 생활 특성을 고려하여 조명기구의 위치 등이 적절한지 분석한다.
- 이상의 결과를 통해 조명환경의 문제점을 파악하고 개선안을 제안한다.

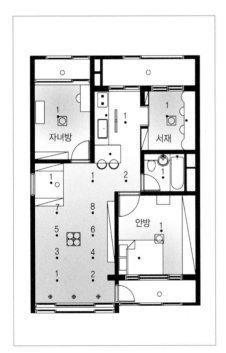

그림 7-1 조도측정점과 조명기구 위치 표시의 예
자료 : 최윤정(2007). p. 185.

표 7-6 조사결과표의 예

공 간	측정점		인공조도(*lx*)	
			사용조도	보유조도
거 실	전 반	1	45	102
		2	46	108
		3	117	154
		4	135	192
		5	200	235
		6	220	275
		7	160	215
		8	147	170
	평 균		133.8	181.4
	균제도		1/4.9	1/2.7
복 도	전 반	1	67	102
		2	30	42
	평균		48.5	72
	균제도		1/2.2	1/2.4
주 방	전 반	1	81	
	작업면	작업대	146	
		식 탁	62	
안 방	전 반	1	135	
	작업면	침 대	96	
자녀방	전 반	1	115	
서 재	전 반	1	65	
	작업면	책 상	36	
공용욕실	전 반	1	378	
현 관	전 반	1	45	

자료 : 최윤정(2007). p. 202.

Chapter 8

주생활과 소음

소음(noise)이라고 하면 원하지 않는 음을 말하며, 일반적으로 크기가 큰 음, 주파수가 높은 음일수록 소음이 될 가능성이 높다고 할 수 있다. 이러한 소음은 대기나 수질오염과 같이 인체 건강에 직접적인 영향을 주기보다는 감각적이고 정서적인 면에 해를 미친다고 생각해 왔으나, 최근에는 소음의 생리적인 영향에 관한 연구결과들이 발표되어, 소음의 직접적인 영향이 인정되고 있다.

주생활과 소음

1. 소음의 영향

1) 소음이 인체에 미치는 영향

소음(noise)이라고 하면 원하지 않는 음을 말하며, 일반적으로 크기가 큰 음, 주파수가 높은 음일수록 소음이 될 가능성이 높다고 할 수 있다. 이러한 소음은 대기나 수질오염과 같이 인체 건강에 직접적인 영향을 주기보다는 감각적이고 정서적인 면에 해를 미친다고 생각해왔으나, 최근에는 소음의 생리적인 영향에 관한 연구결과들이 발표되어 소음의 직접적인 영향이 인정되고 있다.

소음에 의한 장애를 양적으로 나타낼 수 있는 것은 큰 음에 장기간 방치된 경우에 일어나는 청력손실을 들 수 있다. 그 외에 일반 환경소음이 인체에 미치는 영향은 생리적 영향, 심리적 영향, 일상생활에 미치는 영향 등이며, 소음의 피해는 이 중 어느 한 가지에 영향을 미치기보다는 복합적으로 영향을 미친다고 할 수 있다.

📊 청력에 미치는 영향

소음이 심한 곳에 장기간 노출될 경우 일어나는 신체적 피해로는 청력상실에 의한 소음성 난청이 대표적인데, 처음에는 일시적으로 청신경이 저하되는 일시적 난청이 발생하나 이것이 계속 축적되면 결국 청신경이 비가역적으로 변상되거나 파괴되어 영구적 난청을 유발한다.

표 8-1 소음의 영향

소음레벨 (dB)	실례	청감의 정도	인간에 미치는 영향	가능한 작업
180	큰 로켓엔진(인접)	수용할 수 없음	신체기관의 마비 및 파손	
170				
160				
150	제트기 이륙(인접)			
140	제트기 운반로	고통의 시초	중추신경장애	
130	수압기(1m)			
120	제트기 이륙(60m) 자동차 경적(1m)	말로 할 수 있는 최대 한계		
110	건축소음(3m) 제트기 이륙(600m)			
100	소리침(15m) 지하철 또는 기차역	대단히 견디기 어려움	다년간 노출될 경우 영구성 난청의 원인 –청각장애	작업 중 자주 휴식을 요함
90	무거운 트럭(15m) 시내를 왕래하는 자동차 속	계속적인 노출은 청력에 위험 산업적 노출의 한계		
80	시끄러운 기계를 가진 사무실 화물열차(15m)	견디기 힘듦		
70	고속도로 교통량(15m) 대화(1m)	전화사용 곤란 방해됨	원하지 않는 음으로 지각되어 방해를 느낌. 신경질 반응	
60	회계사무실 가벼운 교통량(15m)			
50	개인사무실 거실	조용함	심리적 반응의 시작	
40	침실 도서관			정신적 집중작업
30	부드럽게 속삭임(5m)	대단히 조용함		쾌적한 수면
20	방송실			
10	미풍에 흔들리는 잎사귀	겨우 들림		
0		청력의 시초		

청각세포 말단부에는 압력변화에 민감한 작은 모상세포가 있고, 소리(음압)가 귀로 전달되면 이것이 청신경을 자극하여 뇌로 전달되는데, 노화로 인한 난청은 모상세포의 수명이 다해 빠져버리면서 발생한다. 그러나 노화가 진행되기 전에라도 모상세포가 소리의 압력에 의해 누웠다가 다시 복원되는 데 필요한 시간적 여유 없이 계속해서 자극을 받게 되면 복원되지 못하고 빠져버리는데, 이 모상세포는 재생되지 않기 때문에 소음성 난청이 발생하게 된다.

인간의 귀의 감도는 일정하지 않고, 그 전에 들었던 음에 의해 변화한다. 90~100dB의 음을 짧은 시간만 들어도 그 직후에는 일시적으로 청감이 떨어진다. 그러나 소음레벨이 85~95dB의 정상적인 소음을 8시간 들으면 100Hz 이상의 주파수에서 약 10dB의 청력손실이 있고, 계속적인 음의 경우에는 80~120dB 정도에서 같은 정도의 손실을 나타낸다.

90dB(A) 이상의 소음에 장기간 폭로되면 청각세포가 점차 파괴되어 소음성 난청이 발현될 가능성이 크다. 일반적으로 소음성 난청은 장기간에 걸친 소음폭로에 의한 것이기 때문에 나이가 들어감에 따라 나타나는 청력손실, 즉 노인성 난청도 가미된다.

또한 110dB(A) 이상의 큰 소음에 일시적으로 폭로되면 회복 가능한 일시성의 청력손실이 일어나는데, 이를 일시적 난청(TTS : Temporary Threshold Shift)이라 한다. 일시적 난청을 일으키는 소음에 상습적으로 장기간 폭로되면 회복불능 상태의 청력손실이 나타나는데, 이를 영구적 난청(PTS : Permanent Threshold Shift)이라 한다. 정상적으로 하루의 소음폭로에 의해 생기는 일시적 난청 상태가 취침 등의 휴식에 의해 회복되었다 하더라도 아주 적은 양의 청력손실이 잔존하기 때문에 이것이 축적되어 영구적 난청으로 진전된다.

생리적 영향

지나친 소음을 많이 듣거나 과도한 소음 속에서 생활하면 결과적으로 심장의 고동이 증가하고 안구의 동공이 확대되고 눈동자가 부어오르게 되며 동맥혈관이 수축된다는 임상적 증거들이 있다. 특히 자율신경계 중에서 교감신경을 자극하여 혈관수축 외에도 혈압상승, 심장 박동수의 증가, 혈당상승, 위장운동 억제, 타액과 위액 등의 분비 변동이나 혈구수효의 변화를 일으킨다. 또한 호르몬 분비 균형에 영향을 주며 이것이 반복되어 만성이 되면 고혈압, 임신 및 출산장애, 기형발생 등이 일어난다는 것이 동물실험에서 증명되고 있다. 그 밖에도 소음공해는 위궤양, 알레르기, 야뇨증, 천수막염, 혈관 내 과도한 콜레스테롤로 인한 동맥경화증, 소화불량, 균형상실, 시력상실 등을 유발할 수 있다.

소음이 생리 기능에 미치는 영향은 스트레스 반응과 비슷하고, 실제로 동물실험에서 소음에 의해 전형적인 경고 반응이 일어나는 것이 확인되었다. 따라서 소음이 생리 기능에 미치는 영향은 심리적 스트레스를 통한 간접적인 것으로 이해되고 있다. 스트레스가 장기간 지속된 경우에는 저항성이 생겨 적응된다고 하지만 장기간 폭로된 경우에 확실하게 적응되는, 혹은 영향이 있다고 한다면 어떠한 만성질환이 생기는지는 아직 명확하지 않다. 이러한 영향을 파악하기 위해서는 역학적 조사를 해야만 하고, 소음레벨이 높은 환경에서는 다른 스트레스 요인도 복합적으로 존재하므로 소음만의 영향을 분석하는 것이 곤란하기 때문이다.

심리적 영향

앞에서 설명한 소음의 생리적 영향이 신체적 기능장애와 연관되어 고려되는 것에 반하여 소음의 심리적 영향은 주로 회화장애와 수면장애 및 단순한 짜증과 불쾌감 등과 같이 정신적 측면에서 고려된다. 이로 인한 정서불안과 스트레스 증가 등은 궁극적으로 생리적 장애로 발전될 수 있기 때문에 소음의 심리적 영향은 생리적 영향과 밀접한 관계를 갖는 경우가 많다.

과도한 소음은 인간에게 신체적으로 뿐만 아니라 심리적으로도 매우 부정적인 영향을 미친다. 계속적 · 반복적인 소음에 대한 장기적 노출에서 비롯되는 피해는 긴장, 현기증, 환각증세, 과대망상증, 편집증 등으로 나타난다.

한 프랑스 학자가 연구한 결과에 의하면 파리 지역에서 발생하는 신경질환의 원인은 70%가 소음 때문이며, 미국에서의 심장질환이나 정신질환의 발생률이 높은 이유 중 하나도 소음공해 때문이라는 주장이 있다. 또한 과도한 소음은 극단적으로 자살이나 살인충동을 야기시킬 수도 있는데, 이를 증명하는 많은 실증적 예들, 즉 지극히 정상적인 정신 상태의 소유자가 단지 과도한 소음 때문에 우발적인 살인을 일으킨 많은 사건들이 보고된 바 있다.

소음 정도가 증가하면 사회적 행태에도 영향을 미친다. 80dB 정도의 소음하에서는 조용한 경우보다 매력도가 감소하여서 대인간의 거리를 멀리 유지함을 볼 수 있는데, 이는 소음으로 인하여 친근감의 정도가 떨어지기 때문으로 보인다.

소음이 있는 경우에는 없는 경우보다 공격성 행위가 증가한다. 또한 소음이 증가함에 따라 남을 도와주는 빈도가 줄어든다. 실험결과 48dB, 65dB, 85dB의 세 경우의 소음상황에서 많은 책을 들고 가는 사람이 책을 떨어뜨렸을 때, 주위사람이 책을 주워주는 빈도는 소음이 높은 경우에 적어지는 것으로 나타났다.

학습·작업능률에 미치는 영향

소음에 의한 놀람, 불쾌감, 초조감 등의 정서적 영향, 작업 및 공부 등의 정신적인 작업능률의 방해는 소음레벨이 높아지면 피해가 커지기는 하지만, 사람의 감수성, 작업의 종류, 정신의 집중도 등에 따라 다르기 때문에 소음의 물리량과 반응의 관계를 확실히 설정하기는 어렵다.

소음과 작업능률의 관계는 일에 대한 집중력의 관점에서 고찰될 수 있다. 비교적 낮은 소음환경에서 소음은 오히려 능률을 증가시킬 수 있는데, 그 이유는 많은 사람들이 적당한 소음 분위기에서는 가장 집중이 요구되는 사항에 대해서만 주의를 기울이려는 경향이 있기 때문이다.

어떤 소음이 작업능률에 미치는 영향은 일차적으로 그 소음이 작업자에게 익숙한가 하는 점이다. 일반적으로 예기치 않은 소음은 작업능률을 저하시킨다고 알려져 있다. 따라서 갑작스런 소음을 주었을 때 능률이 저하되는 것처럼, 소음을 갑자기 중단했을 때에도 능률이 저하된다.

미국 환경보호청은 여러 작업자에 대한 조사결과 90dB(A)을 넘는 연속적인 소음에서는 작업능률의 저하가 나타나고, 그 중에서도 특히 감시작업, 정보수집, 분석 등이 영향을 받기 쉽다고 보고한 바 있다. 그러나 이 이하의 레벨에서도 영향은 발생하기 때문에 정신작업의 능률저하를 방지하고, 학습에 미치는 영향을 줄이기 위해서는 50dB(A) 이하가 바람직하다.

어느 한 주파수만 강조되어 있는 소음이 스트레스를 유발하는 것과는 달리, 백색

소음은 주변의 소음과 섞이면 주변소음을 은폐시켜 인식하지 못하게 한다. 백색소음이란 모든 주파수 대역에서 동일한 에너지 분포를 갖는, 즉 모든 주파수의 빛을 혼합하면 백색광이 되는 것에 비유한 용어이다. 백색소음을 들었을 때의 뇌파검사 결과 알파파가 생성되는 것으로 나타나 집중력을 높인다고 볼 수 있다. 백색소음은 생활 속에 존재하는데 자궁 소리, 심장박동 소리, 저주파 자장가, 파도 소리, 비내리는 소리, 시냇물 소리 등이다.

대화 · 청취에 미치는 영향

소음은 대화의 방해, TV와 라디오의 청취 방해를 초래한다. 주위의 배경소음이 어느 한계를 초과하면 만족할 만한 대화를 할 수 없고, 그 의미를 명확히 이해할 수 없게 된다.

자고 있는 사람의 귓전에 소음을 확대시켜 들려주면 소음이 40dB(A)를 넘는 부근에서 갑자기 뇌파가 반응하기 시작하여 수면의 정도가 얕아진다고 하며, 학교의 교실에서도 외부에서 들려오는 소음이 50dB(A)를 초과하면 학생들이 교사의 말을 제대로 들을 수 있는 비율이 80% 이하가 된다. 소음이 60dB(A) 이상이 되면 보통의 소리로 대화가 힘들며, 70dB(A)를 초과하면 전화통화가 곤란하게 된다.

수면에 미치는 영향

소음에 의해 수면이 방해되는 것은 누구나 경험할 수 있다. 수면에 대한 소음의 영향은 깊은 수면을 방해할 뿐만 아니라 수면 심도를 얕게 하고, 수면 중의 혈액이나 소변의 성분을 변화시킨다.

소음레벨 35~40dB(A)에서 수면 방해가 현저하다는 연구결과가 있다. 따라서 각 국의 침실 내 기준치도 거의 이 값으로 되어 있다. 여기에서 유념해야 할 것은 대부분의 연구결과는 건강한 젊은 사람을 실험대상으로 하였다는 것이다. 일반적으로 환자나 노인은 소음에 의해서 수면 방해를 받기 쉽고, 여자는 남자보다 영향을 더 받기 쉽다고 한다(이동훈, 2006).

2) 소음이론

📊 음향시스템

음향시스템의 주요 구성인자는 음원(音源), 음의 매체(媒體), 수음기(受音器)로 구분된다.

공기 중의 음속(sound velocity)을 구하는 식은 다음과 같다.

식 8-1

$$c = 331.5 \sqrt{\frac{273+t}{273}} = 331.5 + 0.6t \ (m/s)$$

여기서, t는 기온으로서 1℃의 기온상승에 따라 음의 속도는 0.6m/s씩 증가한다. 보통 음의 속도는 기온 15℃를 기준으로 하여 공기 중에서 340m/s로 전파되며, 액체나 고체 속에서는 더욱 빠르다.

📊 음의 매체

소리(sound)는 고체와 공기라는 두 가지 전달경로를 통해 전달되는데, 건물에서 고체를 통해 소리가 전달되는 경로는 위층의 충격음이 구조체를 통해 아래층으로 전달되는 것과 급배수 소음 등이 배관을 타고 전달되는 것이다. 공기를 통해 전달되는 경로는 열려 있는 창호나 구조체 및 창호의 틈새를 통해서이다.

소리는 공기보다는 고체를 통해 더 빠르고 크게 전달된다. 예를 들어, 소리가 공기만의 경로로 전달된다면, 기밀한 구조체의 공동주택에서 모든 창문을 닫고 있을 때 위층에서 뛰는 소리가 아래층으로 들리지 않을 것이다. 그러나 위층에서 뛰는 소리는 고체를 통해 직접적으로 전달되기 때문에 아래층에서 매우 크게 들리게 되는 것이다. 이러한 층간 소음은 공동주택에 있어서 바로 위층에서 발생된 소음만이 아니라 몇 개 더 위층에서 발생된 소음까지도 아래층에 전달되기도 한다.

2. 물건을 떨어뜨릴 때 발생하는 충격음은 고체를 경로로 더 크고 빠르게 전달된다. 부드러운 바닥재는 충격을 흡수한다.

1. 교통소음, 공장이나 건설공사 소음, 음향기기 소음 등의 외부 소음이 공기를 통해 전달되는 경로는 열려 있는 창, 문, 구조체의 틈이다.

3. 급배수 소음, 승강기 소음 등의 충격음은 구조체를 통해 멀리 전달된다.

그림 8-1 소리의 전달경로

주파수

음이 1초간에 진동하는 횟수를 주파수(frequency)라 하며, 단위는 Hz(c/s)를 사용한다. 인간의 귀에 고주파수음은 높은 음으로, 저주파수음은 낮은 음으로 들린다. 인간의 감각으로는 음이 주파수의 배수에 따라 그 배수만큼 높게 들리는 것은 아니다.

정상적인 사람의 청각으로 감지할 수 있는 가청주파수 범위는 20~20,000Hz이며, 우리 귀의 감도는 3,500~4,000Hz의 음이 가장 좋다. 동물이나 곤충은 가청주파수의 범위가 인간과 매우 달라 지진파와 같이 인간이 감지하지 못하는 음을 감지할 수 있는 것으로 알려져 있다.

음색

음은 일반적으로 각종 주파수의 음이 혼합되어 있으며, 그 혼합 상황의 차이에 따라 다른 음색으로 느껴진다.

한 개의 주파수만을 가진 음, 즉 한 개의 사인파 곡선으로 표시될 수 있는 음을 순음(pure tone)이라고 한다. 그러나 대부분의 음은 여러 개의 폭넓은 주파수 성분을 가지고 있으며, 이를 복합음(complex tone) 또는 광대역음(broad-band sound)이라 부른다.

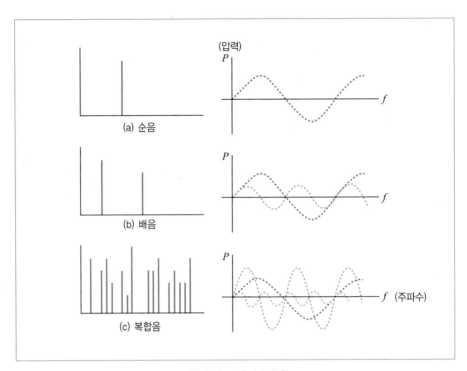

그림 8-2 순음과 복합음

음압과 음압레벨

음압(sound pressure)이란 음파에 의해 공기진동으로 생기는 대기 중의 변동, 단위 면적에 작용하는 힘이다.

음압레벨(SPL : Sound Pressure Level)은 어떤 음의 음압(P)이 기준음압의 몇 배 인가를 대수(對數)로서 나타낸 것이며 다음과 같이 표시한다.

식 8-2

$$SPL = 20 log \frac{P}{P_o} (dB)$$

여기서, P_o는 기준음압($2 \times 10^5 \text{N/m}^2$)으로, 1,000Hz에서의 최소 가청치이다.

표 8-2 데시벨(dB)의 구분

음의 세기 (W/㎡)	음압 (N/㎡)	음의 세기레벨 = 음압레벨(dB)	실례	음역 구분
10	200	130	제트엔진, 고통을 느낌	유해 음역
1	20	120	프로펠러, 비행기의 엔진소음, 제트기 이륙(60m), 괴로움을 느끼기 시작	
10^{-1}		110	자동차의 경적소음(전방1m), 건축소음(3m), 인간 음성의 최대한계	주의 음역
10^{-2}	2	100	금속가공, 고속특급열차 통과 시, 제트기 이륙(600m), 소리침(15m), 대단히 견디기 어려움	
10^{-3}		90	진공청소기, 소음이 심한 공장 안(예 : 방직공장), 지하철 또는 기차역, 무거운 트럭(15m), 큰소리의 독창, 계속적인 노출은 청력에 위험, 산업적 노출의 한계	
10^{-4}	2×10^{-1}	80	교통혼합지역, 지하철 차내 소음, 시끄러운 기계를 가진 사무실, 견디기 어려움	
10^{-5}		70	승용차, 전화벨(0.5m), 시끄러운 사무실, 거리, 화물열차 (15m), 고속도로 교통량(15m), 전화사용 곤란, 방해됨	
10^{-6}	2×10^{-2}	60	조용한 승용차, 보통대화, 명동 등 붐비는 거리에서의 소음, 회계사무실	안전 음역
10^{-7}		50	조용한 편의 사무실, 음식점에서의 소음, 가벼운 교통량(15m)	
10^{-8}	2×10^{-3}	40	도서관, 주간의 조용한 주택, 거실, 침실, 부드러운 라디오 음악, 조용함	
10^{-9}		30	조용한 주거지역, 속삭임, 심야의 교외, 대단히 조용함	
10^{-10}	2×10^{-4}	20	시계 초침, 방송실	
10^{-11}		10	살랑거리는 바람소리, 나뭇잎 움직임, 겨우 들림	
10^{-12}	2×10^{-5}	0	최소가청치, 청력의 시초	

자료 : 이경회(2003). p. 397.

음의 세기와 음의 세기레벨

음파의 방향에 직각되는 단위면적을 통하여 1초간에 전파되는 음 에너지량을 음의 세기라고 하며, 〈식 8-3〉과 같이 표시된다.

$$I = P^2/\rho C (W/m^2)$$

P : 음압(N/m²)
ρC : 공기의 고유음향저항 또는 임피던스(impedance) = 400(N · s/m³)
ρ : 공기밀도, 상온에서 보통 1.22kg/m³
C : 음속(m/s)

음의 세기에 대한 실효치를 $I(W/m^2)$, 그 기준치를 $I_0(W/m^2)$라고 할 때 음의 세기 레벨(IL : Intensity Level)은 다음과 같다.

$$IL = 10 log \frac{I}{I_o} (dB)$$

여기서, 기준음 세기 I_0는 $10^{-12} W/m^2$이다.

📊 음의 크기레벨

음의 크기레벨(loudness level of sound)은 인간의 청각에 의한 음의 크기를 나타내며, 단위는 폰(phon)을 사용한다. 〈그림 8-3〉에서 각 곡선상의 숫자를 음의 크기레벨이라고 한다. 데시벨(dB)은 물리적인 척도인데 비해 폰(phon) 척도는 귀의 감각적 특성을 고려한 인간 청감의 척도이다. 어떤 음의 크기레벨이란 인간이 그 소리의 크기를 1,000Hz 순음의 크기와 같다고 판단될 때 이 순음의 음압레벨을 dB로 표시한 것이다. 즉, 1,000Hz 순음의 음압레벨이 "A"dB인 음과 동일한 크기로 들리는 음을 "A"phon 음이라고 한다. 이와 같이 사람의 청각으로 지각되는 음의 크기는 주파수에 따라 차이가 있어 평탄하게 선형적으로 느껴지지 않는다.

📊 소음계와 청감보정특성

〈그림 8-3〉과 같이 인간 청각기관의 작용은 주파수에 따라 음이 일정한 크기로 들리지 않으므로 소음공해 등의 문제를 취급할 때는 인간의 청각기관과 흡사한 증폭

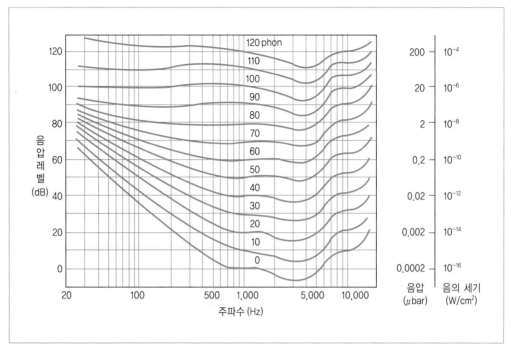

그림 8-3 등감음도곡선

자료 : 이경회(2003). p. 407.

기를 사용하여 음을 측정하게 된다. 음의 크기레벨은 직접 측정될 수는 없으나 가중치(상대음압레벨) 방법에 의해 음 크기의 등감음도곡선을 유사하게 그릴 수 있도록 전자회로를 구성할 수 있다. 이것을 "A" 특성이라고 하며, 청감보정회로 dB(A)라는 기호로 나타낸다. "A" 이외에 "B", "C" 등의 가중회로는 특수 목적에 사용되는데, "B" 특성은 중음역대의 신호보정용이나 거의 사용하지 않으며, "C" 특성은 고음역대 신호보정용으로 음향재생기계시스템에서 사용된다.

음의 반사

음파가 실내표면에 부딪치면, 입사된 음에너지의 일부는 흡수되고, 일부는 구조체를 통하여 투과되며, 그 나머지는 반사(reflection)하게 된다. 이때 입사된 음에너지가 반사, 흡수 및 투과되는 각각의 비율은 재료의 표면특성과 구조에 따라 차이가 생긴다.

음파의 반사현상은 빛의 법칙과 같이 입사음과 반사음은 동일평면상에 있고, 반사각과 입사각은 같다.

음의 확산

일정한 오목면과 볼록면을 가진 표면에 음파가 부딪치게 되면, 균일한 음분포를 가진 여러 개의 작고 약한 파형으로 나누어진다. 이러한 현상을 음의 확산(sound diffusion)이라 한다.

음의 효과적인 확산은 반향(echo)을 방지하고, 실내의 음압분포를 고르게 하며, 음악이나 음성에 적당한 여운을 주어 자연성을 증가시키므로 실내의 음향조건이 개선된다.

음의 회절

음파가 장애물에 부딪치면 음향적인 그림자(音影 ; acoustic shadow)가 생기게 되지만, 광선의 경우와 같이 명확히 가려져 보이지 않게 되는 것이 아니라, 소리가 들리기도 한다. 이는 음이 파동현상에 의하여 회절(diffraction)되기 때문이다. 빛에 있어 가시광선은 짧은 파장을 갖고 있으므로 회절현상이 거의 없으나 가청음은 이보

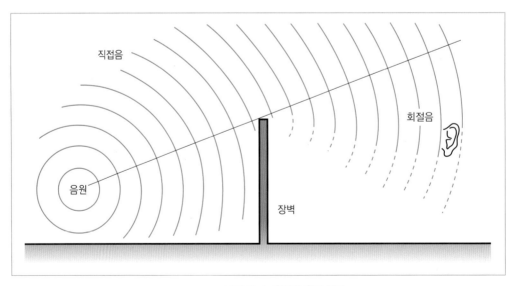

그림 8-4 음영과 음의 회절

다 긴 파장을 나타내고 있어 회절현상이 생긴다. 파장보다 작은 장애물은 음파가 감싸고 넘어가버려 음향적 그림자가 생기지 않는다.

명료도와 요해도

명료도(明瞭度 ; clarity ; percentage articulation)는 사람이 말을 할 때 어느 정도 정확하게 청취할 수 있는가를 백분율로 나타낸 것이다.

언어의 명료도에 의해서 말의 내용이 얼마나 이해되느냐 하는 정도를 백분율로 나타낸 것을 요해도(了解度 ; intelligibility)라고 한다. 각 음절의 전부를 확실하게 들을 수는 없어도 말의 내용이 이해되는 경우가 있으므로 요해도는 명료도보다 높은 값을 갖게 된다.

잔향

실내에서는 음을 갑자기 중지시켜도 소리는 그 순간에 없어지는 것이 아니라 점차로 감쇠되다 안 들리게 된다. 이와 같이 음 발생이 중지된 후에도 소리가 실내에 남는 현상을 잔향(reverberation)이라고 한다. 잔향을 양적으로 표시하기 위한 값으로 잔향시간(reverberation-time)을 사용한다. 이는 실내에 일정한 세기의 음을 제공하여 일정 상태가 되었을 때 음원으로부터 음의 발생을 중지한 후 실내의 에너지 밀도가 최초값보다 60dB 감쇠하는 데 요하는 시간을 말한다.

잔향시간이 너무 길면 대화음의 요해도가 저하되며 빠른 연주음일 경우 각 악기의 분리가 명확하지 못하게 되어 혼란스럽게 느껴지는 반면, 잔향시간이 지나치게 짧으면 음악의 풍부성이 없어지므로 실의 용도에 따라 알맞게 조절되어야 한다.

마스킹효과

마스킹효과(은폐효과 ; masking effect)는 크고 작은 두 소리를 동시에 들을 때 큰 소리만 듣고 작은 소리는 듣지 못하는 현상으로 음파의 간섭에 의해 일어난다. 저음이 고음을 잘 마스킹하며, 음의 주파수가 비슷할 때는 마스킹효과가 대단히 커진다. 마스킹의 적용 사례는 백화점, 레스토랑 등에서의 배경음악을 들 수 있다.

2. 주거환경의 소음조절

1) 소음 관련법규 및 기준

📊 소음 관련법규

현 법규에서 주거환경의 '소음' 관련조항은 〈표 8-3〉과 같다.

표 8-3 주거환경의 소음관련 현행 법규

조항	내용	근거
생활소음의 규제	주민의 정온한 생활환경을 유지하기 위하여 생활소음을 규제	• 「소음ㆍ진동관리법」(2013.8.13) • 「소음ㆍ진동관리법 시행령」 (2013.9.9) • 「소음ㆍ진동관리법 시행규칙」 (2013.3.23)
교통소음의 관리	교통기관에서 발생하는 소음의 관리기준을 정함	
소음환경기준	국민의 건강을 보호하고 쾌적한 환경을 조성하기 위하여 소음환경기준을 설정	• 「환경정책기본법」(2013.7.30) • 「환경정책기본법 시행령」 (2012.11.27)
소음방지대책의 수립/소음 등으로부터의 보호	공동주택을 건설하는 지점의 소음도(이하 '실외소음도')가 65데시벨 미만이 되도록 규정 다만, 특정지역의 경우 실내소음도 45데시벨 이하로 규정	• 「주택법」(2013.8.6) 제21조 • 「주택건설기준 등에 관한 규정」 (2013.6.17) 제9조, 제9조의2
공동주택의 층간소음방지	공동주택 각 세대간의 경계벽 및 공동주택과 주택외의 시설간의 경계벽, 공동주택 바닥의 소음도 및 재료 및 구조에 관한 기준 규정	• 「주택법」(2013.8.6) 제21조 • 「주택건설기준 등에 관한 규정」 (2013.6.17) 제14조
층간소음에 관한 공동주택 관리규약의 준칙	공동주택 관리규약의 준칙에 공동주택의 공동주택의 층간소음(아이들이 뛰는 소리, 문을 닫는 소리, 애완견이 짖는 소리, 늦은 시간이나 이른 시간에 세탁기ㆍ청소기ㆍ골프연습기ㆍ운동기구 등을 사용하는 소리, 화장실과 부엌에서 물을 내리는 소리 등을 말한다)에 관한 사항을 포함하도록 함.	• 「주택법 시행령」(2013.6.17) 제57조
소음유발 행위허가 신청	공동주택에서 허가신청 및 신고대상인 행위 중 입주자의 동의를 얻어야 하는 행위로서 소음을 유발하는 행위인 때는 공사기간ㆍ공사방법 등을 동의서에 기재하여야 함.	• 「주택법 시행규칙」(2010.7.6) 제20조

■ 생활소음의 규제

「소음 · 진동관리법」(2013.8.13), 「소음 · 진동관리법 시행규칙」(2013.3.23)에서 주거지역에 대한 생활소음의 규제 내용을 발췌하면 다음과 같다.

법 제21조(생활소음과 진동의 규제)

① 특별자치시장 · 특별자치도지사 또는 시상 · 군수 · 구청장은 주민의 정온한 생활환경을 유지하기 위하여 사업장 및 공사장 등에서 발생하는 소음 · 진동(산업단지나 그 밖에 환경부령으로 정하는 지역에서 발생하는 소음과 진동은 제외하며, 이하 "생활소음 · 진동" 이라 한다)을 규제하여야 한다.

② 제1항에 따른 생활소음 · 진동의 규제대상 및 규제기준은 환경부령으로 정한다.

시행규칙 제20조(생활소음 · 진동의 규제)

① 법 제21조제1항에서 "환경부령으로 정하는 지역"이란 다음 각 호의 지역을 말한다.

　　1. 「산업입지 및 개발에 관한 법률」 제2조제5호에 따른 산업단지. 다만, 산업단지 중 「국토의 계획 및 이용에 관한 법률」 제36조에 따른 주거지역과 상업지역은 제외한다.

　　2. 「국토의 계획 및 이용에 관한 법률 시행령」 제30조에 따른 전용공업지역

　　3. 「자유무역지역의 지정 및 운영에 관한 법률」 제4조에 따라 지정된 자유무역지역

　　4. 생활소음 · 진동이 발생하는 공장 · 사업장 또는 공사장의 부지 경계선으로부터 직선거리 300미터 이내에 주택(사람이 살지 아니하는 폐가는 제외한다), 운동 · 휴양시설 등이 없는 지역

② 법 제21조제2항에 따른 생활소음 · 진동의 규제 대상은 다음 각 호와 같다.

　　1. 확성기에 의한 소음(「집회 및 시위에 관한 법률」에 따른 소음과 국가비상훈련 및 공공기관의 대국민 홍보를 목적으로 하는 확성기 사용에 따른 소음의 경우는 제외한다)

　　2. 배출시설이 설치되지 아니한 공장에서 발생하는 소음 · 진동

　　3. 제1항 각 호의 지역 외의 공사장에서 발생하는 소음 · 진동

　　4. 공장 · 공사장을 제외한 사업장에서 발생하는 소음 · 진동

③ 법 제21조제2항에 따른 생활소음 · 진동의 규제기준은 별표 8과 같다.

표 8-4 생활소음의 규제기준(제20조제3항 관련) 일부발췌 　　　　　　　　　　[단위 : dB(A)]

대상 지역	시간대별 소음원		아침, 저녁 (05:00~07:00, 18:00~22:00)	주간(07:00~ 18:00)	야간(22:00~ 05:00)
가. 주거지역, 녹지지역, 관리지역 중 취락지구·주거개발진흥지구 및 관광·휴양개발진흥지구, 자연환경보전지역, 그 밖의 지역에 있는 학교·종합병원·공공도서관	확성기	옥외설치	60 이하	65 이하	60 이하
		옥내에서 옥외로 소음이 나오는 경우	50 이하	55 이하	45 이하
		공장	50 이하	55 이하	45 이하
	사업장	동일 건물	45 이하	50 이하	40 이하
		기타	50 이하	55 이하	45 이하
		공사장	60 이하	65 이하	50 이하
나. 그 밖의 지역	확성기	옥외설치	65 이하	70 이하	60 이하
		옥내에서 옥외로 소음이 나오는 경우	60 이하	65 이하	55 이하
		공장	60 이하	65 이하	55 이하
	사업장	동일 건물	50 이하	55 이하	45 이하
		기타	60 이하	65 이하	55 이하
		공사장	65 이하	70 이하	50 이하

〈비고〉

1. 소음의 측정 및 평가기준은 「환경분야 시험·검사 등에 관한 법률」 제6조제1항제2호에 해당하는 분야에 따른 환경오염공정시험기준에서 정하는 바에 따른다.

2. 대상 지역의 구분은 「국토의 계획 및 이용에 관한 법률」에 따른다.

3. 규제기준치는 생활소음의 영향이 미치는 대상 지역을 기준으로 하여 적용한다.

4. 공사장 소음규제기준은 주간의 경우 특정공사 사전신고 대상 기계·장비를 사용하는 작업시간이 1일 3시간 이하일 때는 +10dB을, 3시간 초과 6시간 이하일 때는 +5dB을 규제기준치에 보정한다.

5. 발파소음의 경우 주간에만 규제기준치(광산의 경우 사업장 규제기준)에 +10dB을 보정한다.

6. 2010년 12월 31일까지는 발파작업 및 브레이커·항타기·항발기·천공기·굴삭기(브레이커 작업에 한한다)를 사용하는 공사작업이 있는 공사장에 대하여는 주간에만 규제기준치(발파소음의 경우 비고 제6호에 따라 보정된 규제기준치)에 +3dB을 보정한다.

7. 공사장의 규제기준 중 다음 지역은 공휴일에만 -5dB을 규제기준치에 보정한다.

　　가. 주거지역

　　나. 「의료법」에 따른 종합병원, 「초·중등교육법」 및 「고등교육법」에 따른 학교, 「도서관법」에 따른 공공도서관의 부지 경계로부터 직선거리 50m 이내의 지역

8. "동일 건물" 이란 「건축법」 제2조에 따른 건축물로서 지붕과 기둥 또는 벽이 일체로 되어 있는 건물을 말하며, 동일 건물에 대한 생활소음 규제기준은 다음 각 목에 해당하는 영업을 행하는 사업장에만 적용한다.

　　가. 「체육시설의 설치·이용에 관한 법률」 제10조제1항제2호에 따른 체력단련장업, 체육도장업, 무도학원업 및 무도장업

　　나. 「학원의 설립·운영 및 과외교습에 관한 법률」 제2조에 따른 학원 및 교습소 중 음악교습을 위한 학원 및 교습소

　　다. 「식품위생법 시행령」 제21조제8호다목 및 라목에 따른 단란주점영업 및 유흥주점영업

　　라. 「음악산업진흥에 관한 법률」 제2조제13호에 따른 노래연습장업

　　마. 「다중이용업소 안전관리에 관한 특별법 시행규칙」 제2조제4호에 따른 콜라텍업

자료: 「소음·진동관리법 시행규칙」(2013. 3. 23) 별표 8.

■ 교통소음의 관리

「소음·진동관리법」(2013. 8. 13), 「소음·진동관리법 시행규칙」(2013. 3. 23)에서
주거지역에 대한 교통소음의 관리 내용을 발췌하면 다음과 같다.

법 제26조(교통소음·진동의 관리기준)

교통기관에서 발생하는 소음·진동의 관리기준(이하 "교통소음·진동 관리기준"이라 한다)
은 환경부령으로 정한다. 이 경우 환경부장관은 미리 관계 중앙 행정기관의 장과 교통소
음·진동 관리기준 및 시행시기 등 필요한 사항을 협의하여야 한다.

시행규칙 제25조(교통소음·진동의 관리기준)

법 제26조에 따른 교통소음·진동의 관리기준은 별표 12와 같다.

표 8-5 교통소음의 관리기준(제25조 관련) 일부발췌

[도로]

[단위 : Leq dB(A)]

대상지역	한도	
	주간 (06:00~ 22:00)	야간 (22:00~ 06:00)
주거지역, 녹지지역, 관리지역 중 취락지구 · 주거개발진흥지구 및 관광 · 휴양개발진흥지구, 자연환경보전지역, 학교 · 병원 · 공공도서관 및 입소규모 100명 이상의 노인의료복지시설 · 영유아보육시설의 부지 경계선으로부터 50미터 이내 지역	68	58
상업지역, 공업지역, 농림지역, 생산관리지역 및 관리지역 중 산업 · 유통개발진흥지구, 미고시지역	73	63

〈참고〉 1. 대상 지역의 구분은 「국토의 계획 및 이용에 관한 법률」에 따른다.
　　　　2. 대상 지역은 교통소음·진동의 영향을 받는 지역을 말한다.

[철도]

[단위 : Leq dB(A)]

대상지역	주간	야간
주거지역, 녹지지역, 관리지역 중 취락지구 · 주거개발진흥지구 및 관광 · 휴양개발진흥지구, 자연환경보전지역, 학교 · 병원 · 공공도서관 및 입소규모 100명 이상의 노인의료복지시설 · 영유아보육시설의 부지 경계선으로부터 50미터 이내 지역	70	60
상업지역, 공업지역, 농림지역, 생산관리지역 및 관리지역 중 산업 · 유통개발진흥지구, 미고시지역	75	65

〈참고〉 1. 대상 지역의 구분은 「국토의 계획 및 이용에 관한 법률」에 따른다.
　　　　2. 정거장은 적용하지 아니한다.
　　　　3. 대상 지역은 교통소음·진동의 영향을 받는 지역을 말한다.

자료 : 「소음·진동관리법 시행규칙」(2013. 3. 23) 별표 12.

■ 소음환경기준

「환경정책기본법」(2013. 7. 30), 「환경정책기본법 시행령」(2012. 11. 27) 규정에 의한 소음환경기준은 〈표 8-6〉과 같다.

표 8-6 환경기준(제2조 관련, 소음 발췌)

[단위 : Leq dB(A)]

지역구분	적용대상지역	기준	
		낮(06:00~22:00)	밤(22:00~06:00)
일반지역	"가"지역	50	40
	"나"지역	55	45
	"다"지역	65	55
	"라"지역	70	65
도로변지역	"가" 및 "나"지역	65	55
	"다"지역	70	60
	"라"지역	75	70

〈비고〉
1. 지역구분별 적용대상지역의 구분은 다음과 같다.
　가. "가"지역
　　(1) 「국토의 계획 및 이용에 관한 법률」 제36조제1항의 규정에 의한 관리지역 중 보전관리지역과 자연환경보전지역 및 농림지역
　　(2) 「국토의 계획 및 이용에 관한 법률」 제36조제1항의 규정에 의한 도시지역 중 녹지지역
　　(3) 「국토의 계획 및 이용에 관한 법률 시행령」 제30조의 규정에 의한 주거지역 중 전용주거지역
　　(4) 「의료법」 제3조의 규정에 의한 종합병원의 부지경계로부터 50미터 이내의 지역
　　(5) 「초·중등교육법」 제2조 및 「고등교육법」 제2조의 규정에 의한 학교의 부지경계로부터 50미터 이내의 지역
　　(6) 「도서관 및 독서진흥법」 제2조의 규정에 의한 공공도서관의 부지경계로부터 50미터 이내의 지역
　나. "나"지역
　　(1) 「국토의 계획 및 이용에 관한 법률」 제36조제1항의 규정에 의한 관리지역 중 생산관리지역
　　(2) 「국토의 계획 및 이용에 관한 법률 시행령」 제30조의 규정에 의한 주거지역 중 일반주거지역 및 준주거지역
　다. "다"지역
　　(1) 「국토의 계획 및 이용에 관한 법률」 제36조제1항의 규정에 의한 도시지역 중 상업지역과 동조동항의 규정에 의한 관리지역 중 계획관리지역
　　(2) 「국토의 계획 및 이용에 관한 법률 시행령」 제30조의 규정에 의한 공업지역 중 준공업지역
　라. "라"지역
　　「국토의 계획 및 이용에 관한 법률 시행령」 제30조의 규정에 의한 공업지역 중 일반공업지역 및 전용공업지역
2. 도로라 함은 1종렬의 자동차(2륜자동차를 제외한다)가 안전하고 원활하게 주행하기 위하여 필요한 일정폭의 차선을 가진 2차선 이상의 도로를 말한다.
3. 이 소음환경기준은 항공기소음·철도소음 및 건설작업 소음에는 적용하지 아니한다.
자료 : 「환경정책기본법 시행령」(2012. 11. 27) [별표1]

■ 공동주택의 소음도 규정

「주택건설기준 등에 관한 규정」(2013. 6. 17)에서 공동주택의 소음도 규정을 발췌하면 다음과 같다.

제9조 (소음방지대책의 수립)

① 사업주체는 공동주택을 건설하는 지점의 소음도(이하 "실외소음도"라 한다)가 65데시벨 미만이 되도록 하되, 65데시벨 이상인 경우에는 방음벽 · 수림대 등의 방음시설을 설치하여 해당 공동주택의 건설지점의 소음도가 65데시벨 미만이 되도록 법 제21조의5제1항에 따른 소음방지대책을 수립하여야 한다. 다만, 공동주택이 「국토의 계획 및 이용에 관한 법률」 제36조에 따른 도시지역(주택단지 면적이 30만제곱미터 미만인 경우로 한정한다) 또는 「소음 · 진동관리법」 제27조에 따라 지정된 지역에 건축되는 경우로서 다음 각 호의 기준을 모두 충족하는 경우에는 그 공동주택의 6층 이상인 부분에 대하여 본문을 적용하지 아니한다. 〈개정 2013.6.17〉

1. 세대 안에 설치된 모든 창호(窓戶)를 닫은 상태에서 거실에서 측정한 소음도(이하 "실내소음도"라 한다)가 45데시벨 이하일 것

2. 공동주택의 세대 안에 「건축법 시행령」 제87조제2항에 따라 정하는 기준에 적합한 환기설비를 갖출 것

② 제1항에 따른 실외소음도와 실내소음도의 소음측정기준은 국토교통부장관이 환경부장관과 협의하여 고시한다. 〈개정2013.3.23〉

③ 삭제 〈2013.6.17〉

④ 삭제 〈2013.6.17〉

⑤ 법 제21조의5제2항 전단에서 "대통령령으로 정하는 주택건설지역이 도로와 인접한 경우"란 다음 각 호의 어느 하나에 해당하는 경우를 말한다. 다만, 주택건설지역이 「환경영향평가법 시행령」 별표 3 제1호의 사업구역에 포함된 경우로서 환경영향평가를 통하여 소음저감대책을 수립한 후 해당 도로의 관리청과 협의를 완료하고 개발사업의 실시계획을 수립한 경우는 제외한다. 〈신설 2013.6.17〉

1. 「도로법」 제9조에 따른 고속국도로부터 300미터 이내에 주택건설지역이 있는 경우

2. 「도로법」 제10조에 따른 일반국도(자동차 전용도로 또는 왕복 6차로 이상인 도로만 해당한다)와 같은 법 제11조에 따른 특별시도 · 광역시도(자동차 전용도로만 해당한다)로부터 150미터 이내에 주택건설지역이 있는 경우

계속

⑥ 제5항 각 호의 거리를 계산할 때에는 도로의 경계선(보도가 설치된 경우에는 도로와 보도와의 경계선을 말한다)부터 가장 가까운 공동주택의 외벽면까지의 거리를 기준으로 한다. 〈신설 2013.6.17〉

[제목개정 2013.6.17]

제9조의2 (소음 등으로부터의 보호)

① 공동주택·어린이놀이터·의료시설(약국은 제외한다)·유치원·어린이집 및 경로당(이하 이 조에서 "공동주택등"이라 한다)은 다음 각 호의 시설로부터 수평거리 50미터 이상 떨어진 곳에 배치하여야 한다. 다만, 위험물 저장 및 처리 시설 중 주유소(석유판매취급소를 포함한다) 또는 시내버스 차고지에 설치된 자동차용 천연가스 충전소(가스저장 압력용기 내용적의 총합이 20세제곱미터 이하인 경우만 해당한다)의 경우에는 해당 주유소 또는 충전소로부터 수평거리 25미터 이상 떨어진 곳에 공동주택등(유치원 및 어린이집은 제외한다)을 배치할 수 있다.

1. 다음 각 목의 어느 하나에 해당하는 공장[「산업집적활성화 및 공장설립에 관한 법률」에 따라 이전이 확정되어 인근에 공동주택등을 건설하여도 지장이 없다고 사업계획승인권자가 인정하여 고시한 공장은 제외하며, 「국토의 계획 및 이용에 관한 법률」 제36조제1항제1호가목에 따른 주거지역 또는 같은 법 제51조제3항에 따른 지구단위계획구역(주거형만 해당한다) 안의 경우에는 사업계획승인권자가 주거환경에 위해하다고 인정하여 고시한 공장만 해당한다]

   가. 「대기환경보전법」 제2조제9호에 따른 특정대기유해물질을 배출하는 공장

   나. 「대기환경보전법」 제2조제11호에 따른 대기오염물질배출시설이 설치되어 있는 공장으로서 같은 법 시행령 별표 1에 따른 제1종사업장부터 제3종사업장까지의 규모에 해당하는 공장

   다. 「대기환경보전법 시행령」 별표 1에 따른 제4종사업장 및 제5종사업장 규모에 해당하는 공장으로서 국토교통부장관이 산업통상자원부장관 및 환경부장관과 협의하여 고시한 업종의 공장

   라. 「소음·진동관리법」 제2조제3호에 따른 소음배출시설이 설치되어 있는 공장. 다만, 공동주택등을 배치하려는 지점에서 소음·진동관리 법령으로 정하는 바에 따라 측정한 해당 공장의 소음도가 50데시벨 이하로서 공동주택등에 영향을 미치지 아니하거나 방음벽·수림대 등의 방음시설을 설치하여 50데시벨 이하가 될 수 있는 경우는 제외한다.

2. 「건축법 시행령」 별표 1에 따른 위험물 저장 및 처리 시설

계속

3. 그 밖에 사업계획승인권자가 주거환경에 특히 위해하다고 인정하는 시설(설치계획이 확정된 시설을 포함한다)

② 제1항에 따라 공동주택등을 배치하는 경우 공동주택등과 제1항 각 호의 시설 사이의 주택단지 부분에는 수림대를 설치하여야 한다. 다만, 다른 시설물이 있는 경우에는 그러하지 아니하다.

[본조신설 2013.6.17]

■ 공동주택의 층간소음 방지

「주택건설기준 등에 관한 규정」(2013. 6. 17)에서 공동주택의 층간소음 방지에 대한 규정을 발췌하면 다음과 같다.

제14조(세대간의 경계벽등)

① 공동주택 각 세대간의 경계벽 및 공동주택과 주택외의 시설간의 경계벽은 내화구조로서 다음 각호의 1에 해당하는 구조로 하여야 한다. 〈개정 2013.3.23〉

1. 철근콘크리트조 또는 철골ㆍ철근콘크리트조로서 그 두께(시멘트모르터ㆍ회반죽ㆍ석고프라스터 기타 이와 유사한 재료를 바른 후의 두께를 포함한다)가 15센티미터 이상인 것

2. 무근콘크리트조ㆍ콘크리트블록조ㆍ벽돌조 또는 석조로서 그 두께(시멘트모르터ㆍ회반죽ㆍ석고프라스터 기타 이와 유사한 재료를 바른 후의 두께를 포함한다)가 20센티미터 이상인 것

3. 조립식주택부재인 콘크리트판으로서 그 두께가 12센티미터 이상인 것

4. 제1호 내지 제3호의 것외에 국토교통부장관이 정하여 고시하는 기준에 따라 한국건설기술연구원장이 차음성능을 인정하여 지정하는 구조인 것

② 제1항의 규정에 의한 경계벽은 이를 지붕밑 또는 바로 윗층바닥판까지 닿게 하여야 하며, 소리를 차단하는데 장애가 되는 부분이 없도록 설치하여야 한다.

③ 삭제 〈2013.5.6〉

④ 삭제 〈2013.5.6〉

⑤ 공동주택의 3층 이상인 층의 발코니에 세대간 경계벽을 설치하는 경우에는 제1항 및 제2항의 규정에 불구하고 화재등의 경우에 피난용도로 사용할 수 있는 피난구를 경계벽에

계속

설치하거나 경계벽의 구조를 파괴하기 쉬운 경량구조등으로 할 수 있다. 다만, 경계벽에 창고 기타 이와 유사한 시설을 설치하는 경우에는 그러하지 아니하다. 〈신설 1992.7.25〉

[시행일 : 2014.5.7] 제14조

제14조의2(바닥구조) 공동주택의 세대 내의 층간바닥(화장실의 바닥은 제외한다)은 다음 각 호의 기준을 모두 충족하여야 한다.

1. 콘크리트 슬래브 두께는 210밀리미터[라멘구조(보와 기둥을 통해서 내력이 전달되는 구조를 말한다. 이하 이 조에서 같다)의 공동주택은 150밀리미터] 이상으로 할 것

2. 각 층간 바닥충격음이 경량충격음(비교적 가볍고 딱딱한 충격에 의한 바닥충격음을 말한다)은 58데시벨 이하, 중량충격음(무겁고 부드러운 충격에 의한 바닥충격음을 말한다)은 50데시벨 이하의 구조가 되도록 할 것. 다만, 라멘구조의 공동주택과 그 외의 공동주택 중 발코니, 현관 등 국토교통부령으로 정하는 부분의 바닥은 그러하지 아니하다.

[본조신설 2013.5.6.] [시행일 : 2014.5.7] 제14조의2

📊 실내소음기준

미국 공기조화냉동공학회의 실내소음권장치는 〈표 8-7〉과 같고, 일본의 실내소음의 허용치(설계목표치)는 〈표 8-8〉과 같다.

그러나 현재 우리나라의 실내소음기준은 제정된 것이 없고, 앞에서 살펴본 「주택건설기준 등에 관한 규정」에서 실외소음도 65dB 미만에 준하는 실내소음도를 45dB로 규정하는 것으로 판단된다.

표 8-7 ASHRAE 실내소음 권장치(일부발췌)

공간		dB(A) 근사값
개인 주택, 임대 · 분양아파트		33~43
호텔 또는 숙박시설	개인실, 회의실	33~43
	홀, 복도, 로비	43~53
사무실	임원실, 개인 사무실	33~43
	오픈 플랜 사무실	38~48
	이동지역(통과지역)	48~53
병원, 개인병원	개인실과 수술실	33~43
	병실, 복도, 대중시설	38~48
후드(hood)가 설치된 실험실	실험/연구(최소한의 대화 시)	53~58
	연구(대량의 전화이용 시)	48~58
	그룹수업	43~53
교회, 모스크(이슬람사원), 유대교회		33~38
도서관		38~48
법정	unamplified speech	33~43
	amplified speech	38~48
실내 경기장 및 체육관		48~58

자료 : ASHRAE(1995), p. 435.

표 8-8 공간별 소음기준

dB	20	25	30	35	40	45	50	55	60
NC~NR	10~15	15~20	20~25	25~30	30~35	35~40	40~45	45~50	55~60
시끄러움	무음감 ───── 매우 조용함 ── 특히 마음에 걸리지 않음 ── 소음을 느낌 ── 소음을 무시할 수 없음								
회화 전화에의 영향	5m 떨어진 곳에서 ───── 10m 떨어져 회의 가능 ── 보통회화(3m 이내) ── 큰 소리 회화(3m) 속삭임이 들림 ───── 전화는 지장 없음 ───── 전화는 가능 ── 전화 약간 곤란								
스튜디오 집회 · 홀 병원 호텔 · 주택 일반사무실 공공건물 학교 교회 상업건물	무향실	아나운서 스튜디오 음악실 청력시험실	텔레비전 스튜디오 극장(중) 특별 병실	라디오 스튜디오 무대극장 수술실·병실 서재 중역실 · 대회 대회의실 공회당 음악교실	주조정실 영화관 진찰실 침실 · 객실 응접실 미술관 · 박물관 강당 · 교회 음악다방 보석상점	일반 사무실 플라네타륨 검사실 연회장 소회의실 도서열람 연구실 · 보통 교실 서점 미술품점	홀 · 로비 대합실 로비 일반사무실 공회당 겸 체육관 일반 상점 은행 · 타이프	옥내 스포츠시설 복도	레스토랑 · 계산기실 식당

2) 외부소음의 조절

📊 외부소음의 종류

주거환경에 있어 외부소음의 유형은 다음과 같이 구분될 수 있다.

■ 교통 · 수송소음(자동차, 오토바이, 열차, 항운, 항공 등)
■ 산업 · 시설소음(공장, 작업장, 각종 시설 및 기계장치, 건설현장)
■ 인간이 발생하는 소음(스포츠, 옥외활동, 음향기기, 확성기, 인간활동 등)

주변소음과 생활소음을 포함한 건물 외부소음은 소음원의 레벨이 높은 것이 원인이 되며 창이나 개구부, 외벽 등의 차음성이 불량하기 때문에 실내로 전파된다. 따라서 이러한 측면에서 외부소음의 저감방안을 계획할 수 있다.

📊 외부소음의 저감방안

■ 외부소음의 경로차단

외부소음의 소음원에서 발생하는 음압레벨을 감소시키는 소음원 대책으로는 도시계획과 건물배치에 따라 소음레벨의 변화를 주는 방법과, 차량과 건물 사이에 방음벽이나 수림대를 설치하여 소리의 경로를 차단하는 방법이 있다. 또한 주택이나 대지를 선정할 경우에는 그 환경의 소음도를 사전에 파악하여 그에 대한 처치 및 대책을 생각할 필요가 있다.

• 도시계획 : 외부소음의 저감을 위해서는 도시계획 차원에서 미리 계획되어야 한다. 도시계획적 측면에서의 소음은 지역개발계획, 신도시계획, 그리고 도시 재개발 등에서 기획 시부터 고려되어야 한다. 기존도시 및 지방에서는 교통소음이 더이상 확산되지 않도록 하기 위해서, 그리고 신도시계획에서는 외부소음의 영향을 받는 주거지역 등은 처음부터 공항 및 간선도로 등의 주 소음원과 격리시키기위한 기본계획이 필요하다.

　도시계획적인 면에서 준수되어야 할 소음조절 원리는 다음과 같다.

　– 소음원과 수음점 간의 거리를 적절하게 확보할 것

　– 주거지역, 병원지대 등과 같이 특히 조용한 환경을 필요로 하는 지역은 주요 도

로, 철로, 운동장, 공업 및 상업지역, 공항 등과 격리할 것

- 자동차 전용도로 및 간선도로가 조용한 지역(주택·학교·병원·교회 등)을 통과하지 않도록 순환도로를 계획할 것
- 수림대는 매우 효과적인 방음시설이 될 수 있으므로 공장소음, 산업소음, 혼잡한 도로소음 등을 조절하기 위해 그린벨트 및 주변 지역의 조경계획을 최대로 이용할 것

- 건물배치 : 건물배치 계획에서 건물의 향은 매우 중요하고, 일반적으로는 일조권, 조망권 등을 고려하여 향을 결정한다. 그러나 건물배치 계획에 따라 외부소음이 저감될 수 있다. 〈그림 8-5〉는 소음조절을 고려한 아파트배치의 예이다. 그림 중에서 (a)는 중정형 배치 형태로서 평행된 건물외벽에 둘러싸여 있는 중정을 갖고 있다. 이러한 배치는 중정공간을 다양하게 이용할 수 있고, 단위세대에서 중정을 내다보며 놀이터의 자녀를 확인할 수 있는 등 생활상의 편리를 가져올 수 있다. 그러나 중정에서 발생되는 소음이 주위벽체의 반사로 인해 플러터 에코(flutter ccho)를 일으켜 소음을 증가시키는 원인이 되므로 소음저감 측면에서는

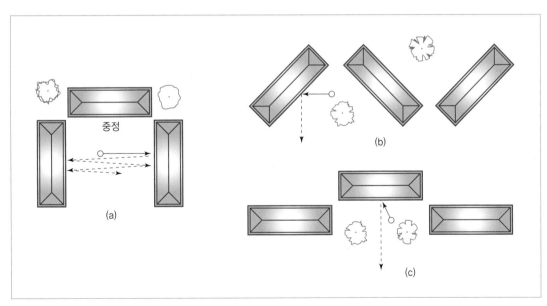

그림 8-5 건물배치 형태
자료 : 이경회(2003). p. 490.

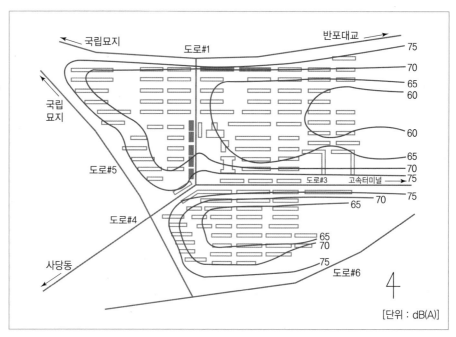

그림 8-6 도로변 단지의 환경소음(서울 B단지)

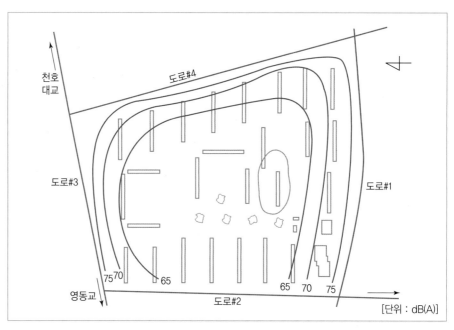

그림 8-7 도로변 단지의 환경소음(서울 G단지)

좋은 배치가 아니다. 따라서 건물 간에 각도를 주는 배치형태(b), 또는 서로 건물을 엇갈리게 처리한 배치형태(c)가 소음조절의 측면에서는 바람직하다.

외부소음이 주거단지 내부로 전달되는 것을 감소시키기 위해서는 주거동이 아닌 상가동이나 소음이 크게 문제가 되지 않는 단지 내 시설을 도로에 평행하게 배치하면 단지 내 음의 감소가 가능하다.

• 방음벽과 수림대 : 외부소음의 경로를 차단하는 방법으로 충분한 길이와 높이의 방음벽은 특히 저층부에 음의 그림자를 형성시키므로 소음을 감쇠하는 데 유용하게 사용된다. 방음벽은 차음성이 높은 밀도가 큰 재료 또는 중량구조로서 철, 콘크리트 등으로 설치된다. 방음벽은 음원 가까이 있을 때 가장 효과적이고, 그 다음은 수음점 근처에 두는 것이 유리하다.

그러나 이러한 방음벽에 의한 소음조절은 소리의 반사의 원리에 의한 것으로 도로측에서는 소음레벨의 감소효과를 기대할 수 없을 뿐 아니라, 열용량이 높은 재료의 방음벽은 도시의 열섬현상에 일조하므로, 최근에는 방음벽 녹화가 활발히 시행되고 있고, 플랜트박스 방음벽이 출시되어 있다.

이러한 측면에서 볼 때 수림대는 소음의 경로를 차단할 뿐 아니라 흡음과 같은 소리의 상쇄효과가 있고 다양한 친환경적 의미가 있다. 그러나 수림대에 의해 소

그림 8-8 식물벽

(중국 상해 외탄지구)

그림 8-9 플랜트박스 방음벽

(2007 경향하우징페어)

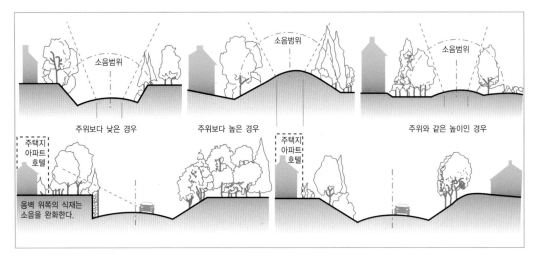

그림 8-10 수림대를 이용한 소음조절

소음범위

소음범위

소음범위

주위보다 낮은 경우

주위보다 높은 경우

주위와 같은 높이인 경우

주택지
아파트
호텔

옹벽 위쪽의 식재는
소음을 완화한다.

주택지
아파트
호텔

음을 저감하려면 활엽수와 같이 잎과 잎 사이에 틈이 많은 나무에 의한 수림대는 소음의 감소효과가 미약하고, 침엽수와 같이 잎이 빼곡한 수종으로 나무 간격도 밀집되게 식재해야 한다.

「도시공원 및 녹지 등에 관한 법률」(2013. 5. 22) 제35조에 의하면 대기오염·소음·진동·악취 그 밖에 이에 준하는 공해와 각종 사고나 자연재해 그 밖에 이에 준하는 재해 등의 방지를 위하여 설치하는 녹지를 완충녹지라고 하며 「도시공원 및 녹지 등에 관한 법률 시행규칙」(2013. 3. 23)에서 설치기준을 다음과 같이 정하고 있다.

또한 주거단지에서의 외부 소음은 거주자들의 생활소음인 경우가 많으므로 보행소음, 어린이 놀이소음 등의 저감을 위한 제품 등이 출시되어 있다(그림 8-11).

무진동 보도블록 체험장

그림 8-11 무진동 보도블록
(2007 경향하우징페어)

「도시공원 및 녹지 등에 관한 법률 시행규칙」 제18조(녹지의 설치기준)

① 법 제36조제2항에 따라 녹지는 법 제35조제1호부터 제3호까지의 규정에 따른 녹지의 기능 및 특성에 맞도록 다음 각 호의 기준에 따라 설치되어야 한다.

　1. 주로 공장·사업장 그 밖에 이와 유사한 시설 등에서 발생하는 매연·소음·진동·악취 등의 공해를 차단 또는 완화하고 재해 등의 발생시 피난지대로서 기능을 하는 완충녹지는 해당지역의 풍향과 지형·지물의 여건을 감안하여 다음 각 목이 정하는 바에 따라 설치하고 그 설치면적은 해당공해 등이 주변지역에 미치는 영향의 정도에 따라 녹지의 기능을 충분히 발휘할 수 있는 규모로 하여야 한다.

　　가. 전용주거지역이나 교육 및 연구시설 등 특히 조용한 환경이어야 하는 시설이 있는 지역에 인접하여 설치하는 녹지는 교목(나무가 다 자란 때의 나무높이가 4미터 이상이 되는 나무를 말한다)을 심는 등 해당녹지의 설치원인이 되는 시설(이하 "원인시설"이라 한다)을 은폐할 수 있는 형태로 설치하며, 그 녹화면적률(녹지면적에 대한 식물 등의 가지 및 잎의 수평투영면적의 비율을 말한다. 이하 같다)이 50퍼센트 이상이 되도록 할 것

　　나. 재해발생시의 피난 그 밖에 이와 유사한 경우를 위하여 설치하는 녹지에는 관목 또는 잔디 그 밖의 지피식물을 심으며, 그 녹화면적률이 70퍼센트 이상이 되도록 할 것

　　다. 원인시설에 대한 보안대책 또는 사람·말 등의 접근억제, 상충되는 토지이용의 조절 그 밖에 이와 유사한 경우를 위하여 설치하는 녹지에는 가목 및 나목의 규정에 의한 나무 또는 잔디 그 밖의 지피식물을 심으며, 그 녹화면적률이 80퍼센트 이상이 되도록 할 것

　　라. 완충녹지의 폭은 원인시설에 접한 부분부터 최소 10미터 이상이 되도록 할 것

　2. 주로 철도·고속도로 그 밖에 이와 유사한 교통시설 등에서 발생하는 매연·소음·진동 등의 공해를 차단 또는 완화하고 사고발생시의 피난지대로서 기능을 하는 완충녹지는 해당지역의 지형·지물의 여건을 감안하여 다음 각 목이 정하는 바에 따라 녹지의 기능을 충분히 발휘할 수 있는 규모로 하여야 한다.

　　가. 해당원인시설을 이용하는 교통기관의 안전하고 원활한 운행에 기여할 수 있도록 차광·명암순응·시선유도·지표제공 등을 감안하여 제1호의 규정에 의한 식물 등을 심으며, 그 녹화면적률이 80퍼센트 이상이 되도록 할 것

　　나. 원칙적으로 연속된 대상의 형태로 해당원인시설 등의 양측에 균등하게 설치할 것

　　다. 고속도로 및 도로에 관한 녹지의 규모에 대하여는 「도로법」 제49조에 따른 접도구역에 관한 사항을, 철도에 관한 녹지의 규모에 대하여는 「철도안전법」 제45조에 따른 철도보호지구의 지정에 관한 사항을 각각 참작할 것

　　라. 완충녹지의 폭은 원인시설에 접한 부분부터 최소 10미터 이상이 되도록 할 것

■ 자연음의 도입

소음이란 듣는 사람에게 좋지 않은 느낌을 주는 소리이므로, 외부소음의 레벨을 감소시키기 위해서 인간이 소음으로 느끼지 않는 '자연음(물소리, 새소리 등)'을 도입하여 은폐효과를 얻는 것도 한 방법이다. 즉, 주변에 생물 서식처를 조성하는 것은 외부소음레벨의 감소효과도

그림 8-12 자연음을 들을 수 있는 주거단지
(부천 써미트빌 단지)

있는 것이다. 古屋 浩・藤本一壽・春田千秋(1994)는 후쿠오카시의 환경소음 실태 및 환경음에 대한 주민의식을 조사하였다. 후쿠오카시 7개구 500지점을 측정한 결과는 환경소음기준을 벗어났고, 설문결과 자연음을 '환경을 양호하게 하는 음'으로 인식하는 것으로 나타났으므로, 자연음을 풍부하게 들을 수 있는 환경 창출이 중요하다고 하였다.

■ 건물의 차음계획

• 재료의 차음특성 이용 : 벽에 입사된 음파의 에너지(i)의 일부(r)는 반사되고, 일부(a)는 벽체 내부의 점성마찰에 의해 열에너지로 변화하고(흡수), 나머지(t)는 벽을 투과하는 경우,

반사율 r은 $\dfrac{r}{i}$, 흡수율 a는 $\dfrac{a}{i}$, 투과율은 τ는 $\dfrac{t}{i}$이다.

대기 중의 소리가 한 공간으로부터 다른 공간으로 전달되는 것을 방지하기 위해서는 공간의 분리벽으로 차음재를 사용한다. 차음재는 소리의 전달을 가급적 차단시키기 위해 사용되는 건축 재료이다.

재료의 특성에 의해 일반적으로 좋은 흡음재는 소리의 차단율이 좋지 않다. 이는 다공질 흡음재에서와 같이 입사된 소리에너지의 많은 양이 연속적인 작은 구멍들을 통해 다른 공간으로 전달되기 때문이다. 한편 견고하고 작은 구멍들이 없

는 재료인 경우에는 입사된 음파를 잘 반사시키기 때문에 차음률은 좋으나 흡음율은 좋지 않다. 대표적인 차음재로서는 철, 납, 합판, 석고, 유리, 콘크리트, 시멘트 벽돌 등이 있다.

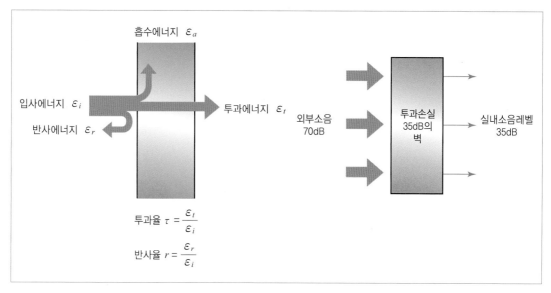

그림 8-13 벽체의 차음성능(투과손실)과 흡음성능(흡수율)의 개념

- 창의 차음성능 : 창은 환기, 일조, 조망 등의 역할을 하나, 건축물의 개구부로서 외부소음 전달의 주 요인이 되기도 한다. 창의 크기, 모양, 정밀성에 따라 차음성능에 차이가 있는데 창의 차음성능에 영향을 주는 요인은 유리 자체의 차음성능 이외에도 틈, 창문면적, 지지조건 등이 있다. 이중창과 같은 고성능 창호는 차음성과 단열성을 동시에 향상시킬 수 있다.

  틈은 차음성능에 영향을 주는 요인 중 가장 중요한 것으로, 틈 면적률이 최소가 되도록 기밀하게 하는 것이 차음에 유리하다.

  소리는 유연한 재질에 음파가 부딪히면 면의 작은 부분만이 자극을 받기 때문에 진동하는 부분이 적고 따라서 소리의 전달을 감소시키므로 유연한 재질의 자재가 유용한 부분이 있다. 그러나 무거운 재질은 가벼운 재질에 비해 진동이 덜하므로 방음효과에 있어서 더 우수하다.

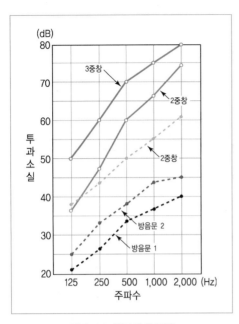

그림 8-14 창문의 차음성능

그림 8-15 삼중창의 예
(D사 건축환경연구센터)

- 발코니 계획 : 차음성능을 높이기 위한 또 하나의 방법은 발코니에 유리창을 설치하는 것이다.

최윤정(2003)은 대학주변 원룸형 다가구주택에서의 현장측정을 통해 생활소음을 포함한 소음수준을 평가한 결과, 외부소음레벨이 유사한 주택 간 실내소음수준의 차이는 각 주택의 건축적 특성과 생활적 요인,

그림 8-16 발코니를 확장한 거실
(청주시 용암동)

즉 방문자를 포함한 재실자 수와 창의 유형, 발코니 유무가 영향을 미치는 것으로 분석하였다. 또한 최윤정(2005)의 아파트 전면발코니의 실내환경 조절효과 연구에서 발코니를 확장한 거주자가 계절에 관계없이 건물 밖 소음에 대해 더 시끄럽게 느끼는 것으로 나타나, 유리창이 설치된 발코니는 소음차단효과가 있는 것으로 볼 수 있었다.

아파트 전면발코니를 거실로 통합 개조한 주택과 비개조 주택을 대상으로 설문조사 시 전면 발코니의 소음조절효과에 대해서는, 창문을 닫았을 때와 창문을 열었을 때 거실에서의 건물 밖 소음 정도에 대해 응답하도록 하였으며 그 결과, 창문을 개방하지 않는 계절에 비개조주택은 '조용하다'가 67.6%였으나, 개조주택은 '어느 쪽도 아니다'가 41.9%였으며, t-test결과 .05 수준에서 두 집단 간 유의차가 있는 것으로 나타났다. 창문을 개방하는 계절의 경우, 비개조주택은 '약간 시끄럽다' 33.3%, '약간 조용하다' 27.8% 순이었으나, 개주주택은 '약간 시끄럽다'에 과반수 이상(51.6%) 응답하였으며, '시끄럽다'에도 32.3% 응답하였다. t-test결과 .05 수준에서 두 집단 간에 유의적인 차이가 있었다.

〈건물 밖 소음감〉   ( ) : %

구분 소음감	겨울철(창문 닫는 계절)		여름철(창문 개방 계절)	
	비개조주택	개조주택	비개조주택	개조주택
시끄럽다	2(5.4)	1(3.2)	7(19.4)	10(32.3)
약간 시끄럽다	2(5.4)	1(3.2)	12(33.3)	16(51.6)
어느 쪽도 아니다	3(8.1)	13(41.9)	6(16.7)	1(3.2)
약간 조용하다	5(13.5)	7(22.6)	10(27.8)	3(9.7)
조용하다	25(67.6)	9(29.0)	1(2.8)	1(3.2)
계	37(100.0)	31(100.0)	36(100.0)	31(100.0)

주 : 무응답 제외
자료 : 최윤정(2005) 일부발췌.

3) 내부소음의 조절

📊 내부소음의 종류

생활소음을 포함한 건물 내부의 소음은 〈Note 8-2〉와 같이 단위주거 내 소음으로 급배수설비 소음, 생활기기 소음, 가족이 발생하는 소음, 환기설비 소음, 가사작업 소리 등과 건물 내 소음으로 계단 및 복도 소리, 이웃집 소리, 윗집 소리 등으로 구분된다.

Note 8-2

거주자의 생활을 포함한 소음레벨 및 소음종류, 거주자의 소음에 대한 주관적 반응을 조사하여 실태를 파악하는 것을 목적으로, 아파트 단위주거 20곳에서 현장조사를 하였으며, 소음의 종류는 아래 표와 같이 나타났다.

〈아파트 소음의 종류 조사결과〉

소음발생원		소음의 종류
단위주거 내 소음	급배수설비 소음	화장실 사용, 부엌물 사용, 변기 물내리는 소리
	생활기기 소음	TV 소리, 라디오 소리, 오디오 소리, 세탁기 소리, 드릴 소리, 전화벨 소리, 초인종 소리, 드라이기 소리, 컴퓨터 소리, 인터폰 소리, 관리사무소 안내방송, 청소기 소리, 측정기기 소리, 시계 소리, 가스렌지점화 소리
	가족이 발생하는 소음	아이들 떠드는 소리, 아이들 뛰어다니는 소리, 전화통화, 방문개폐 소리, 망치질 소리(못질 소리), 기침 소리, 집안정리 소리, 수업 소리, 물건 떨어뜨리는 소리, 테이프 뜯는 소리, 서랍장 개폐 소리, 물 끓는 소리, 샤워하는 소리, 종이접는 소리, 발자국 소리, 비닐봉지 소리(과자봉지 포함), 웃음 소리, 대화 소리, 음식조리 소리
	환기설비 소음	주방후드 소리
	가사작업 소리	그릇정리 소리, 설거지 소리
건물 내부 소음	계단·복도 소리	계단에서의 대화 소리, 층계 발자국 소리
	이웃집 소리	이웃집 공사 소리, 앞집 현관 닫히는 소리, 못질 소리
	윗집 소리	피아노 소리, 물건 떨어뜨리는 소리, 윗층 소리
건물 외부소음		외부 크레인 소리, 이삿짐 이동 소리

소음에 대한 주관적 반응에 대해 조사한 결과, 윗집과 이웃집 소리, 급배수설비 소음, 가족이 발생하는 소음에 대해 부정적으로 응답하였다. 연구의 조사시기와 같이 창문을 닫고 생활하는 계절에는 다음 표에서 보는 바와 같이 건물 밖 소음보다 건물 내 소음과 단위주거 내 소음이 더 영향을 미친다는 것을 알 수 있다.

〈소음종류별 소음이 신경 쓰이는 정도〉   ▬ : 최대빈도

신경 쓰이는 정도 / 소음종류		① 많이 신경 쓰임 명	%	② 신경 쓰임 명	%	③ 약간 신경 쓰임 명	%	④ 거의 신경 쓰이지 않음 명	%	⑤ 신경 쓰이지 않음 명	%	계 (명)	평균 구분	평균 전체
건물 밖 소음		2	10	3	15	3	15	7	35	5	25	20	3.5	3.5
건물 내 소음	계단, 복도에서의 소리	0	0	2	10	7	35	6	30	5	25	20	3.7	3.4
	이웃집 소리	2	10	3	15	7	35	4	20	4	20	20	3.3	
	윗집 소리	4	20	1	5	8	40	3	15	4	20	20	3.1	
단위 주거 내 소음	급배수설비 소음	2	10	4	20	5	25	5	25	4	20	20	3.3	3.6
	냉·난방설비 소음	1	5	2	10	4	20	6	30	7	35	20	3.8	
	기기 소음	0	0	0	0	6	30	7	35	7	35	20	4.1	
	가족이 발생하는 소음	1	5	3	15	8	40	3	15	5	25	20	3.4	
	환기설비 소음	1	5	2	10	8	40	4	20	5	25	20	3.5	
	가사작업 소리	0	0	4	20	2	10	7	35	7	35	20	3.9	

자료 : 최윤정(2009) 일부발췌.

📊 내부소음의 저감방안

내부소음에 대한 방지대책으로는 소음원의 음압레벨을 감소시키거나 기존건물에 대하여 소음에 취약한 부위를 개선하여 그 영향을 감소시키는 방법을 고려해야 한다.

■ 바닥충격음 대책

고체를 통한 소리의 전달을 막기 위해서는 윗층 바닥 구조체와 아래층 천장 구조체의 접촉을 가능한 줄이는 방법으로서 뜬바닥 구조를 채택하거나 충격을 완화하는 차음재를 설치하는 것이 바람직하다. 최근에는 층간소음 차단을 위한 다양한 구조 또는 재료가 개발되고 있다.

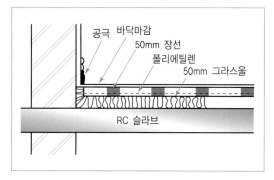

그림 8-17 뜬바닥 구조

그림 8-18 뜬바닥 구조
(2007 경향하우징페어)

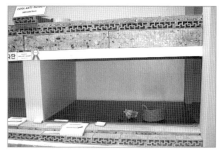

그림 8-19 층간소음 차단재
(2003 경향하우징페어)

■ 개폐음 대책

개구부 개폐음은 문과 문틈 사이의 틈새를 통해 전해지는 공기전달음과 바닥과 벽체와의 고체전달음을 말한다. 개폐음 대책으로는 개폐 시에 큰 충격이 발생하지 못하게 창호의 동작을 억제하는 방법으로 도어체크 등을 설치하거나 창호의 주변부에 완충재를 설치하여 충격력의 전달량을 감소시키는 방법으로 방진고무, 코르크, 펠트 등을 완충재로 이용하는 것이 좋다.

■ 설비음 대책

설비음 대책을 위해서는 설비상의 보완이 필요하다. 급배수설비의 소음 및 진동은 덕트와 배관 파이프를 따라 전파되므로 접속부에 고무 등 신축성 있는 재료를 사용하며, 바닥 관통 부분에는 완충재와 파이버 글라스 등을 사용해 방진구조로 하거나 최근 시판되는 소음저감 파이프 등을 선택하는 방법이 있다.

〈그림 8-20〉의 방음파이프는 PVC 파이프 표면을 고무와 같은 방진재료로 피복시킨 형태이며, 〈그림 8-21〉은 두 겹으로 만들어진 파이프이다.

그림 8-20 방음파이프
(2003 경향하우징페어)

그림 8-21 이중관
(2003 경향하우징페어)

■ 흡음 대책

내부소음 저감을 위해서는 흡음재료를 사용하는 방법이 있다. 차음성능 및 흡음성능이 좋은 복합구조를 채용하면 단열성능도 증대되고 차음성능도 좋으나, 비교적 경량구조로서 소음을 줄이기 위한 방안으로 이용되는 것이 흡음재이다.

흡음은 벽에 입사한 음파의 반사하는 비율을 가능한 한 낮게 하여 실내의 음파 에너지를 빨리 소멸시키는 작용이다. 따라서 흡음에 의해서 실내의 소음레벨을 저하시켜 소음의 영향을 작게 할 수 있다.

흡음은 음파의 에너지(진동의 에너지)를 열에너지로 바꾸는 현상이다. 따라서 흡음재료는 이 변환기구에 따라, 연속기포 다공질재료, 판상재료, 구멍 뚫린 판의 3종류로 대별된다.

연속기포 다공질재료로서는 유리면, 암면, 펠트, 연질섬유판, 목모시멘트판 등이 있으며, 판상재료에는 합판이나 석고보드, 경질 섬유판 등이 있고 구멍 뚫린 판은 이러한 판상재료나 금속판에 적당한 간격으로 관통 구멍을 낸 것이다.

주택 내부의 소음을 저감하기 위해 두껍고 흡수력이 강한 커튼을 설치하거나 러그, 카펫 등을 까는 것도 좋은 방법이다. 흡음의 효과는 직물에 따라 다양하지만 커튼의 면적이 넓을수록, 주름이 풍부할수록 흡음률이 높은 것으로 알려지고 있다. 그러나 이러한 패브릭 종류의 주생활재는 흡음효과는 있으나 최근 제기되고 있는 실내공기 오염물질인 집먼지진드기나 미세먼지 등의 농도를 증가시킬 수 있음을 유의해야 한다.

표 8-12 각종 재료의 흡음률

재료	125Hz	500Hz	2,000Hz
건축 재료			
경사지붕 속에 사용하는 널판	0.15	0.1	0.1
딱딱한 벽위 20mm 누름대 위 널판	0.3	0.1	0.1
벽돌면 마감 또는 페인트 칠	0.05	0.02	0.05
인조석	0.02	0.02	0.09
콘크리트, 석벽	0.02	0.02	0.05
바닥 : 코르크, 리놀륨, 비닐타일, 플라스틱타일	0.02	0.05	0.1
딱딱한 면 위 25mm 코르크타일	0.05	0.02	0.6
딱딱한 면 위 13mm 소프트 보드	0.05	0.15	0.3
위와 같으나 페인트 칠	0.05	0.1	0.1
딱딱한 벽 위 25mm, 누름대 위 13mm 소프트 보드	0.3	0.3	0.3
위와 같으나 페인트 칠	0.3	0.15	0.1
바닥 : 단단한 타일(예 : 자기타일)	0.03	0.03	0.05
창 유리 : 4mm	0.3	0.1	0.05
: 6mm	0.1	0.04	0.02
채색 또는 무광색 타일, 대리석	0.01	0.01	0.02
딱딱한 면 위 플라스터(석고 또는 석회)	0.03	0.02	0.04
딱딱한 면 위 공기층을 갖는 라스 플라스터	0.3	0.1	0.01
큰 공기층을 갖는 플라스터 또는 플라스터 보드 천장	0.2	0.1	0.04
합판 또는 하드보드, 고체바탕 위에 25mm 공기층	0.3	0.15	0.1
위와 같으나, 공기층에 다공성재	0.4	0.15	0.1
물(수영장 등)	0.01	0.01	0.02
장선 또는 누름대 위 목판	0.15	0.1	0.1
일반 흡음재			
딱딱한 면 위 25mm 석면 뿌림	0.15	0.5	0.7
카펫, Axminster, 얇은 파일(pile)	0.05	0.1	0.45
위와 같으나 중간 파일	0.05	0.15	0.45
카펫, 두꺼운 파일	0.1	0.25	0.65
두꺼운 깔개 위 무거운 카펫	0.1	0.65	0.65
딱딱한 벽 위 보통 커튼(직선형)	0.05	0.15	0.25
위와 같으나, 주름 접은 커튼	0.05	0.35	0.5
딱딱한 면 위 25mm 글라스 울, 망사덮개	0.15	0.7	0.9
딱딱한 면 위 50mm 글라스 울, 망사덮개	0.36	0.9	0.95
딱딱한 면 위 50mm 폴리우레탄 폼	0.25	0.85	0.9
딱딱한 면 위 25mm 목모판	0.1	0.4	0.6

Chapter 9

실내소음의 측정과 평가

실내소음의 평가를 위한 측정항목은 일반적으로 등가소음레벨(5분간)이며, 소음의 종류를 관찰 기록한다. 거주자의 주관적 반응으로 소음감, 소음이 신경 쓰이는 정도, 가장 많이 들리는 소음의 종류, 가장 신경 쓰이는 소음의 종류 등의 질문이 가능하다. 소음은 '듣기 싫은 소리'로서 음의 물리적인 크기도 중요하지만 주관적인 느낌이 크게 작용하는 개념이므로, 소음에 대한 주관적 반응은 실내공기질이나 빛환경에 대한 주관적 반응보다 변별력이 있고 조사의 의미가 있다.

Chapter 9

실내소음의 측정과 평가

1. 실내소음레벨의 측정

1) 측정계획

〈표 9-1〉은 강의실과 비교대상 측정장소에서 창문 개방 여부에 따른 소음레벨을 측정하고 소음의 종류를 관찰기록하여 평가, 분석하기 위한 계획의 예이다. 수강생을 4조로 구성한다면, 1조는 강의실의 창문을 개방한 상태, 2조는 창문을 닫은 상태, 3조와 4조는 다른 공간에서 창문개방 상태와 밀폐 상태의 소음레벨을 측정하고 소

표 9-1 소음레벨 측정의 개요

측정 장소	담당 조	측정 내용	결과 논의
강의실	1조	창문을 개방한 상태의 소음레벨 측정 및 소음의 종류 기록	〈소음수준 평가〉 • 측정치를 소음기준과 비교 • 측정치 및 소음 종류의 이론적 의미(인체에 미치는 영향)
	2조	창문을 닫은 상태의 소음레벨 측정 및 소음의 종류 기록	
주거환경 실험실	3조	창문을 개방한 상태의 소음레벨 측정 및 소음의 종류 기록	〈건물의 소음특성 및 원인 분석〉 • 소음레벨 및 소음 종류의 시간변동 특성 및 원인 분석 • 측정조건별 및 장소 간의 비교 및 원인 분석
	4조	창문을 닫은 상태의 소음레벨 측정 및 소음의 종류 기록	

음의 종류를 기록한다. 진행순서에 따라 측정·기록한 후 소음수준의 평가 측면과 건물의 소음특성 및 원인 분석에 대해 논의한다.

2) 측정 진행순서

■ 측정계획, 측정기기의 사용방법, 측정방법(「학교보건법」에 따름 ; 10장 참조), 측정 보고서 작성방법 등을 숙지하고, 측정시간 및 간격을 정한다.

　* 측정기기의 예 : 순간소음계(ONSOKU SM-7) 또는 적분형 소음계(Rion NL-01A)

■ 각 조별로 측정장소에서 측정조건에 따라 측정을 실시하면서 〈표 9-2〉의 측정 보고서에 기록한다. 예를 들어, 위 개요에서 강의실과의 비교대상 측정장소를 도로변 강의실로 정하면 외부소음의 차이에 따른 실내소음레벨을 비교할 수 있다. 또한, 측정조건도 창문개방 여부 외에 다양하게 정할 수 있다.

　단, 「학교보건법」에서 소음레벨은 학생이 없는 상태에서 측정하도록 되어 있으나, 측정연습 시에는 측정자만 강의실에 있을 수는 없으므로 재실자에 의한 소음을 발생시키지 않도록 주의하면서 측정한다.

■ 조별로 측정결과를 종합하여 평균을 구하고, 주된 소음의 종류를 요약한다.

■ 각 조의 대표는 측정결과를 칠판 등에 기록하여 측정조건별 및 장소 간의 비교가 가능하도록 한다.

3) 측정 보고서

소음레벨 측정 보고서에는 측정장소와 공간의 용도 등의 측정개요, 외부환경, 측정 공간의 건축적 요인, 주관적 반응 응답자의 인체측 요인, 측정기기의 기기명과 모델명 등을 기재한다. 「학교보건법」의 소음레벨기준은 $55dB(A)_{Leq5min}$이나, 이는 최저수준이므로 〈표 8-7〉, 〈표 8-8〉의 실내소음기준을 병행해서 평가해도 좋다. 그러나 이들 기준들은 재실자에 의한 소음을 포함하지 않은 건물성능을 의미하는 것이므로, 학생들이 재실한 상태와 직접비교는 무리가 있음을 유의해야 한다. 논의는 〈표 9-1〉에서와 같이 소음수준의 평가 측면과 원인 분석 측면에서 서술하고, 건물의 소음 측면에서의 문제점을 도출한 후 개선안을 제안한다.

표 9-2 소음레벨 측정 보고서

	학과		학년	학번 :		성명 :	
측정개요	측정장소			평면도			
	공간의 용도						
	측정일시						
외부환경	외부소음레벨						
	외부소음원						
건축적 요인	구 조						
	실내마감재						
	창의 종류						
인체측 요인	연 령						
	청 력						
측정 · 조사도구	측정기기						
	주관적 평가척도 : 소음이 신경 쓰이는 정도	1. 많이 신경 쓰임 2. 신경 쓰임 3. 약간 신경 쓰임 4. 거의 신경 쓰이지 않음 5. 신경 쓰이지 않음				* 측정점	

시간 \ 요소	적분형소음레벨 dB(A)Leq5min	순간소음레벨 [dB(A)]	소음의 종류	소음이 신경 쓰이는 정도
평 균				
평가기준				
논 의				

* 실제 활용 시 부록 이용

2. 실내소음의 평가방법

1) 조사항목

실내소음의 평가를 위한 측정 및 조사항목은 〈표 9-3〉, 주관적 반응 평가척도는 〈표 9-4〉와 같다. 실내소음의 평가이므로 측정항목은 일반적으로 등가소음레벨(5분 간)이며, 소음의 종류를 관찰 기록한다. 측정과 함께 조사해야 할 관련요인은 외부적 요인, 건축적 요인, 거주자 요인, 생활적 요인으로 구분하여 소음레벨과 관련이 있는 요인을 빠짐 없이 조사하는 것이 중요하다.

거주자의 주관적 반응으로 소음감은 '건물 밖의 소음이 어떻게 들리십니까' 로, 소음이 신경 쓰이는 정도는 '건물 밖의 소음이 얼마나 신경 쓰이십니까' 로 질문하고 〈표 9-4〉와 같이 그 정도를 척도화하여 응답하게 할 수 있다. 또는 가장 많이 들리는 소음의 종류, 가장 신경 쓰이는 소음의 종류도 질문 가능하다. 소음은 '듣기 싫은 소리' 로서 음의 물리적인 크기도 중요하지만 주관적인 느낌이 크게 작용하는 개념이므로, 소음에 대한 주관적 반응은 실내공기질이나 빛환경에 대한 주관적 반응보다 변별력이 있고 조사의 의미가 있다.

표 9-3 실내소음 측정 및 조사항목

구분		항목	
물리적 요소 측정항목	• 등가소음레벨, 소음의 종류 관찰 기록 등 • 배경항목 : 외부소음레벨		
관련요인 조사항목	외부 요인	지역구분, 주변환경, 외부소음원, 건물 외부의 차음시설 등	
	건축적 요인	건물특성	구조, 건축연도, 건물유형
		단위주거 및 측정공간의 특성	면적, 발코니 유무, 창과 유리의 종류, 건물 내 위치, 공간구성, 실내마감재 등
	거주자 요인	연령, 청력, 직업, 가족특성 등	
	생활적 요인	흡음재료(커튼 · 카펫)의 사용, 동작 습관(창호 개폐 · 발소리), 소음발생원 (급배수설비 · 가전기기 · 음향기기 등)의 사용 습관, 주된 생활행위 등	
주관적 반응 조사항목	소음종류별(건물 밖 소음, 층간소음, 주택 내 소음) 소음감, 소음이 신경 쓰이는 정도, 가장 신경 쓰이는 소음의 종류 등		
기타	평면도, 사진촬영 등		

표 9-4 소음에 대한 주관적 반응 평가척도

구분	소음감	소음이 신경 쓰이는 정도
	중간값이 없는 5점 척도	
1	많이 들린다	많이 신경 쓰임
2	들린다	신경 쓰임
3	약간 들린다	약간 신경 쓰임
4	거의 들리지 않는다	거의 신경 쓰이지 않음
5	들리지 않는다	신경 쓰이지 않음

2) 측정방법

실내소음의 일반적 측정위치 및 시간은 〈표 9-5〉와 같고, 측정조건 등은 「소음 · 진동 환경오염공정시험기준」을 따른다.

표 9-5 실내소음 측정위치 및 시간

구분	방법
측정위치	일반적인 실내소음수준을 평가하기 위해서는 실 중앙부에서 측정한다.
측정시간 및 간격	소음은 순간적으로 발생, 소멸하므로 연속측정이 이상적이나 여건에 따라 조정한다.

소음 · 진동 공정시험기준 (2010.10.7) 일부발췌

[환경기준 중 소음측정방법] (소음환경기준에 대한 소음도 평가)

- 목적 : 이 시험기준은 환경분야 시험검사 등에 관한 법률 제6조의 규정에 의거 소음을 측정함에 있어서 측정의 정확성 및 통일성을 유지하기 위하여 필요한 제반사항에 대하여 규정함을 목적으로 한다.
- 적용범위 : 이 시험기준은 환경정책기본법 제10조제2항에서 정하는 환경기준과 관련된 소음을 측정하기 위한 시험기준에 대하여 규정한다.

계속

- 사용 소음계 : KS C IEC61672-1에 정한 클래스 2의 소음계 또는 동등 이상의 성능을 가진 것이어야 한다.
- 소음계의 청감보정회로는 A특성에 고정하여 측정하여야 한다.
- 소음계의 동특성은 원칙적으로 빠름(fast)모드로 하여 측정하여야 한다.

〈시료채취 및 관리〉

1. 측정점

　1.1 옥외측정을 원칙으로 하며, "일반지역"은 당해지역의 소음을 대표할 수 있는 장소로 하고, "도로변지역(주1)"에서는 소음으로 인하여 문제를 일으킬 우려가 있는 장소를 택하여야 한다.

　측정점 선정시에는 당해지역 소음평가에 현저한 영향을 미칠 것으로 예상되는 공장 및 사업장, 건설사업장, 비행장, 철도 등의 부지 내는 피해야 한다.

　[주 1] 도로변지역의 범위는 도로단으로부터 차선수 × 10 m로 하고, 고속도로 또는 자동차 전용도로의 경우에는 도로단으로부터 150 m 이내의 지역을 말한다.

　1.2 일반지역의 경우에는 가능한 한 측정점 반경 3.5 m 이내에 장애물(담, 건물, 기타 반사성 구조물 등)이 없는 지점의 지면 위 1.2 ~ 1.5 m로 한다.

　1.3 도로변 지역의 경우 장애물이나 주거, 학교, 병원, 상업 등에 활용되는 건물이 있을 때에는 이들 건축물로부터 도로방향으로 1.0 m 떨어진 지점의 지면 위 1.2 ~ 1.5 m 위치로 하며, 건축물이 보도가 없는 도로에 접해 있는 경우에는 도로단에서 측정한다. 다만, 상시측정용의 경우의 측정높이는 주변환경, 통행, 촉수 등을 고려하여 지면위 1.2 ~ 5.0 m 높이로 할 수 있다.

2. 측정조건

　2.1 일반사항

　2.1.1 소음계의 마이크로폰은 측정위치에 받침장치(삼각대 등)를 설치하여 측정하는 것을 원칙으로 한다.

　2.1.2 손으로 소음계를 잡고 측정할 경우 소음계는 측정자의 몸으로부터 0.5 m 이상 떨어져야 한다.

　2.1.3 소음계의 마이크로폰은 주소음원 방향으로 향하도록 하여야 한다.

　2.1.4 풍속이 2 m/s 이상일 때에는 반드시 마이크로폰에 방풍망을 부착하여야 하며, 풍속이 5 m/s를 초과할 때에는 측정하여서는 안 된다.

　2.1.5 진동이 많은 장소 또는 전자장(대형 전기기계, 고압선 근처 등)의 영향을 받는 곳에서는 적절한 방지책(방진, 차폐 등)을 강구하여야 한다.

계속

2.2 측정사항

요일별로 소음변동이 적은 평일(월요일부터 금요일사이)에 당해지역의 환경소음을 측정하여야 한다.

3. 측정시간 및 측정지점수

3.1 낮 시간대(06:00 ~ 22:00)에는 당해지역 소음을 대표할 수 있도록 측정지점수를 충분히 결정하고, 각 측정지점에서 2시간 이상 간격으로 4회 이상 측정하여 산술평균한 값을 측정소음도로 한다.

3.2 밤 시간대(22:00 ~ 06:00)에는 낮 시간대에 측정한 측정지점에서 2시간 간격으로 2회 이상 측정하여 산술평균한 값을 측정소음도로 한다.

〈분석절차〉

1. 측정자료 분석

측정자료는 다음 경우에 따라 분석?정리하며, 소음도의 계산과정에서는 소숫점 첫째자리를 유효숫자로 하고, 측정소음도(최종값)는 소수점 첫째자리에서 반올림한다.

1.1 디지털 소음자동분석계를 사용할 경우

샘플주기를 1초 이내에서 결정하고 5분 이상 측정하여 자동 연산·기록한 등가소음도를 그 지점의 측정소음도로 한다.

[규제기준의 측정방법 – 생활소음] (생활소음규제기준에 대한 대상소음도 평가)

1. 측정점

① 측정점은 피해가 예상되는 자의 부지경계선 중 소음도가 높을 것으로 예상되는 지점의 지면 위 1.2~1.5m 높이로 한다.

② 측정점에 담, 건물 등 높이가 1.5m를 초과하는 장애물이 있는 경우에는 장애물로부터 소음원 방향으로 1~3.5m 떨어진 지점으로 한다. 다만, 그 장애물이 방음벽이거나 충분한 차음이 예상되는 경우에는 장애물 밖의 1~3.5m 떨어진 지점 중 암영대(暗影帶)의 영향이 적은 지점으로 한다.

③ 위 ① 및 ②의 규정에도 불구하고 피해가 우려되는 곳이 2층 이상의 건물인 경우 등으로서 피해가 우려되는 자의 부지경계선에 비하여 소음도가 더 큰 장소가 있는 경우에는 소음도가 높은 곳에서 소음원 방향으로 창문·출입문 또는 건물벽 밖의 0.5~1m 떨어진 지점으로 한다.

계속

2. 측정조건

　1) 일반사항

　　[환경기준 중 소음측정방법]에서와 동일

　2) 측정사항

　　① 측정소음도의 측정은 대상소음원을 정상적으로 가동시킨 상태에서 측정하여야 한다.

　　② 배경소음도는 대상소음원의 가동을 중지한 상태에서 측정하여야 한다.

3. 측정기기의 조작

　1) 사용 소음계

　　KSC-1502에 정한 보통소음계 또는 동등이상의 성능을 가진 것이어야 한다.

　2) 일반사항, 3) 청감보정회로 및 동특성

　　[환경기준의 측정방법]에서와 동일

4. 측정시각 및 측정지점수

　적절한 측정시각에 2지점 이상의 측정지점수를 선정·측정하여 그 중 가장 높은 소음도를 측정소음도로 한다.

5. 측정자료 분석 및 배경소음 보정

　1) 자료분석방법

　　측정자료는 다음 경우에 따라 분석·정리하며, 소수점 첫째자리에서 반올림한다. 다만, 측정소음도 측정 시 대상소음의 발생시간이 5분 이내인 경우에는 그 발생시간 동안 측정·기록한다.

　　(1) 디지털 소음자동분석계를 사용할 경우

　　　샘플주기를 1초 이내에서 결정하고 5분 이상 측정하여 자동 연산·기록한 등가소음도를 그 지점의 측정소음도 또는 배경소음도로 한다.

　　(2) 소음도 기록기를 사용하여 측정할 경우

　　　5분 이상 측정·기록하여 다음 방법으로 그 지점의 측정소음도 또는 배경소음도를 정한다.

　　　① 기록지상의 지시치의 변동폭이 5dB 이내일 때에는 변화폭의 중간소음도

　　　② 기록지상의 지시치가 불규칙하고 대폭적으로 변하는 경우에는 최대치부터 소음도의 크기 순으로 10개를 택하여 산술평균한 소음도

　　(3) 소음계만으로 측정할 경우

　　　계기조정을 위하여 먼저 선정된 측정위치에서 대략적인 소음의 변화양상을 파악한 후, 소음계 지시치의 변화를 목측으로 5초 간격 50회 판독·기록하여 다음의 방법

계속

으로 그 지점의 측정소음도 또는 배경소음도를 정한다.

① 소음계의 지시치의 변화폭이 5dB 이내일 때에는 변화폭의 중간소음도

② 소음계 지시치가 불규칙하고 대폭적으로 변하는 경우에는 최대치부터 소음도의 크기 순으로 10개를 택하여 산술평균한 소음도. 다만, 등가소음을 측정할 수 있는 소음계를 사용할 때에는 5분동안 측정하여 소음계에 나타난 등가소음도로 한다.

2) 배경소음 보정

측정소음도에 다음과 같이 배경소음을 보정하여 대상소음도로 한다.

① 측정소음도가 배경소음보다 10dB 이상 크면 배경소음의 영향이 극히 작기 때문에 배경소음의 보정 없이 측정소음도를 대상소음도로 한다.

② 측정소음도가 배경소음보다 3~9dB 차이로 크면 배경소음의 영향이 있기 때문에 측정소음도에 [표 1]**의 보정표에 의한 보정치를 보정한 후 대상소음도를 구한다.

③ 측정소음도가 배경소음도보다 2dB 이하로 크면 배경소음이 대상소음보다 크므로 ① 또는 ②항이 만족되는 조건에서 재측정하여 대상소음도를 구하여야 한다.

6. 평가 및 측정자료 기록

위의 항으로부터 구한 대상소음도를 생활소음 규제기준과 비교하여 판정한다.

* 소음·진동 환경오염공정시험기준(일부개정 2008. 1. 30)의 부록 참조
** [표 1] 배경소음의 영향에 대한 보정표

[단위 : dB(A)]

측정소음도와 배경소음도의 차	3	4	5	6	7	8	9
보정치	-3	-2		-1			

표 9-6 주택의 실내소음측정 기록표

				외부 요인	지역구분	
	측정일자				지역구분	
	측정장소				주변환경	
건축적 요인	건물특성	구조		외부 요인	외부소음원	
		건축연도			건물외부의 차음시설	
		건물유형			외부소음레벨	
	단위주거 및 측정공 간특성	면적		거주자 요인	연령	
		발코니 유무			청력	
		창의 종류			직업	
		유리의 종류			가족특성	
		건물 내 위치		생활적 요인 (평소)	흡음재료 (커튼, 카펫 등)의 사용	
		공간구성			동작 습관	
		실내 마감재	천장		소음발생원(급배수설비, 가전 기기, 음향기기)의 사용 습관	
			벽			
			바닥		주된 생활행위	

평면도(측정점 표시) / 사진 촬영

시간	소음레벨[dB(A)Leq5min]	소음의 종류(발생원인)	관련요인

3) 분석방법

- 측정치와 소음기준과 비교를 통해 소음레벨을 평가한다.
- 측정치 및 소음 종류의 이론적 의미(인체에 미치는 영향)에 대해 해석한다.
- 소음레벨 측정치와 소음의 종류 관찰자료를 〈그림 9–1〉과 같이 x축을 시간변동, y축을 소음레벨로 하고 측정시간별 소음의 종류를 표시한 그래프로 작성하여, 변동특성과 소음의 종류를 분석한다.
- 측정한 모든 주택의 측정치 및 관련요인 조사결과는 〈표 9–7〉과 같이 정리할 수 있다.
- 측정조건별 및 장소 간의 비교를 통하여 원인을 분석한다.
- 이상의 결과를 통해 소음 측면의 문제점을 파악하고 소음 감소를 위한 개선안을 제안한다.

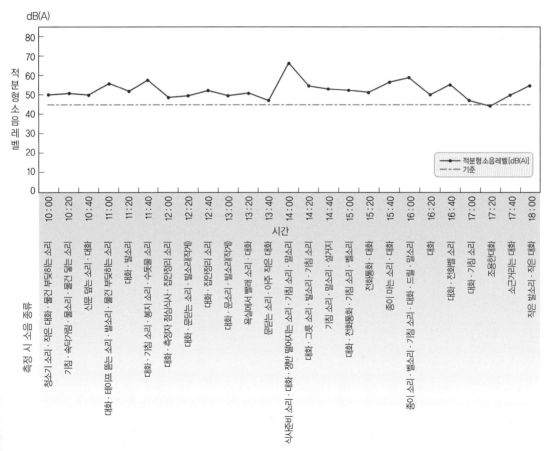

그림 9–1 주택 거실의 소음레벨 및 소음종류 그래프의 예

자료 : 최윤정(2009). p. 87.

표 9-7 주택별 거실에서의 생활소음 측정결과 요약의 예

[dB(A)] / 등가소음레벨 / ▩ : 기준 부적합 / ── 기준

주 택		1	2	3	4	5	6	7	8	9	10	11	12	13	14	15	16	17	18	19	20
등가소음레벨 [dB(A)]	평 균	49.2	52.4	61.0	59.8	54.0	59.9	52.1	51.7	46.6	48.4	48.6	51.3	59.9	51.7	48.1	62.2	43.9	52.8	56.0	57.9
	최 소	37.1	39.9	55.1	47.3	39.2	50.0	44.1	42.3	37.1	40.1	43.1	39.9	53.8	40.7	37.1	50.6	37.4	43.2	41.1	49.2
	최 대	54.3	63.5	67.3	76.6	73.2	79.9	66.0	60.7	56.8	59.0	56.5	60.7	65.9	63.2	56.2	56.2	52.7	64.8	80.7	66.5
단지성격		대규모				소규모		대규모													주택가
외부소음 요인													큰도로				초·중학교				
층 수		5/15	12/12	12/15	13/15	6/14	3/15	5/14	4/14	7/10	2/15	11/15	8/15	1/14	6/15	15/15	13/15	3/12	11/12	9/15	1/5
발코니						無	無			無						無	無		無	無	
재실자 수		2~3	2~3	6~8	4~6	1~8	3~5	3~8	2~6	2~6	2~6	3~5	5~6	1~4	2~5	3~4	3~5	1~2	3~7	2~5	3~6
주된 소음 종류	45 dB(A) 초과	대화·라디오(낮은 음악 소리)	대화·TV 소리·전화통화	대화·TV 소리·아이들 떠드는 소리	대화·TV 소리·아이들 떠드는 소리	대화·아이들 뛰어다님·방문닫히는 소리	대화·라디오·망치질·드릴·전화통화·전화벨소리	대화·기침 소리·초인종 소리·전화통화·수돗물 소리·집안정리 소리	대화·TV 소리·그릇 소리	대화·전화벨소리·초인종 소리·드릴 소리·테이프 뜯는 소리·서랍장개폐·세탁기	대화·물건 떨어뜨리는 소리·전화통화·전화통화·방3에서 수업	전화벨 소리·전화통화 소리·부엌물 사용·화장실 사용·드라이기 사용	대화·전화통화 소리·전화통화·초인종 소리	대화·TV 소리·전화통화	대화·전화통화·아이들 떠드는 소리·컴퓨터 스피커·음악 감상	대화·TV 소리·화장실 물내림·현관문 개폐·설거지·냉장고	대화·라디오 소리·아이 부엌정리	대화·물끓는 소리	대화·아이떠들·TV 소리·드릴 소리·아이웃음 소리	대화·라디오·아이들 떠드는 소리·피아노 소리	대화·TV 소리·부엌가사작업 소리·물 소리·문개폐 소리
		이웃집 공사 소리				윗집 피아노 소리·외부 소음				외부 크레인 소리		외부 소음(이삿짐)			앞집 현관 문닫히는 소리				윗층 소리·계단에서 소음		
	45 dB(A) 이하	낮은 음악 소리·대화	TV 소리·전화통화	–	–	대화	–	조용한 대화	대화	컴퓨터 자판 소리·측정기기 소리	작은 대화·샤워 소리·외부에서 차경적 소리	조용한 대화	대화	–	위층 피아노 소리	TV·핸드폰 진동	–	대화	–	대화·라디오	–

자료 : 최윤정(2009). p. 88.

Chapter 10

주택의 실내환경평가

실내환경은 도면상에 표현되는 것이 아니고 시공 후에도 눈으로 보이는 것이 아니므로, 거주자가 생활하면서 문제를 발견하는 경우가 많다. 따라서 실제주택에서의 실내환경의 평가는 실내환경의 실태를 확인하고 문제점과 원인을 파악하여 이를 개선하기 위해 필요하다. 또한 이러한 평가자료들은 축적되어 주거환경의 계획이나 관리, 정책 등의 자료로 제공될 수 있다.

주택의 실내환경평가

1. 주택의 실내환경 평가방법

1) 평가방법

📊 주택 실내환경평가의 목적

실내환경은 도면상에 표현되는 것이 아니고 시공 후에도 눈으로 보이는 것이 아니므로, 거주자가 생활하면서 문제를 발견하는 경우가 많다. 따라서 실제주택에서의 실내환경의 평가는 실내환경의 실태를 확인하고 문제점과 원인을 파악하여 이를 개선하기 위해 필요하다. 또한 이러한 평가 자료들은 축적되어 주거환경 계획이나 관리, 정책의 자료로 제공될 수 있다.

주택의 실내환경평가를 위한 개념적 모델(그림 10-1)을 보면, 실내환경의 평가방법은 크게 물리적 요소의 측정과 거주자의 주관적 반응 조사로 구분된다. 실내환경의 쾌적성은 외부적 요인, 건축적 요인, 생활적 요인, 인체측 요인에 의해 영향을 받으므로 평가 진행 후 실내환경의 문제점에 대한 원인을 이들 요인에서 찾을 수 있다. 이들 요인 중 생활적 요인, 인체측 요인에 의한 문제가 있을 경우에는 거주자를 대상으로 한 교육이나 홍보 등이 필요하다고 할 수 있다. 그러나 실내환경을 평가한 후 건축적 요인에 의한 문제가 발견되었을 경우 간단히 개선할 수 있는 요인에서부터 리모델링이 필요한 문제, 신축에서만 가능한 문제 등 그 범위가 다양할 수 있다.

이러한 건축적 요인의 문제들은 공급자 측면에서 또는 제도적 측면에서 고려할 점
이 된다.

예를 들어, 주택의 리모델링 후 같은 공간에 대해 거주자가 전보다 훨씬 덥다고
할 때가 있다. 그 원인을 파악하고 해결안을 찾기 위해 실내온열환경을 평가하려면,
실내온열환경의 물리적 요소인 실내온도, 상대습도, 흑구온도, 기류속도를 측정하
고, 이에 영향을 미치는 요인들, 즉 외부환경, 건축적 특성, 설비특성, 생활특성
(냉ㆍ난방 가동 상태, 창호 개폐 상태 등)을 조사하며, 인간의 주관적 반응으로 거주
자를 대상으로 온열감, 습도감, 복사감, 기류감 등을 조사한다. 측정한 데이터를 실
내온열환경 설계기준에 적합한지 평가하고 관련요인을 분석하여 문제가 발견될 경

그림 10-1 주택 실내환경평가의 기본 모델

우, 개선할 수 있는 방법을 도출한다. 만약 분석결과, 기온에 비해 복사열이 높은 것이 문제로 발견될 경우, 복사열을 차단하는 것이 개선점이 된다. 간단한 방법으로는 창으로 들어오는 복사열을 차단하기 위해 차양이나 블라인드 등을 설치하는 것이며, 외부환경으로는 창 밖에 나무를 심는 방법을 생각해 볼 수 있다.

주택의 조도 평가방법으로는 조도계를 이용하여 조도를 측정하여, 조도기준과 균제도에 적합한지 평가하여, 조도기준에 부적합한 경우 광원을 변경하거나 조명기구의 수를 늘리고, 창측의 조도가 높아 균제도가 나쁠 경우 창측에는 블라인드를 설치하고 최저조도가 나타나는 지점에 국부조명을 설치하여 문제를 해결할 수 있다.

특히, 실내공기의 질과 소음에 대해서는 법적 규제가 마련된 만큼(5장, 8장, 10장 참조), 시공 후 실내공기 오염물질의 농도와 소음레벨을 측정하여 기준에 적합한지 평가하고 보완하는 것이 매우 필요한 상황이다.

주택의 실내환경 평가의 목적은 다음과 같이 요약될 수 있다.

- 주택의 환경성능을 확인하고 문제점을 발견하여 이를 개선할 수 있다.
- 이러한 평가 자료는 축적되어 주택계획 및 설계, 실내환경디자인 및 설비계획 주거환경 관련정책 등에 기초자료로 제공될 수 있다.
- 인간에게 쾌적한 실내환경의 범위를 파악하여 설계기준을 설정하는 등 인간과 실내환경에 관한 이론 확립의 목적이 있다.

주택 실내환경평가의 접근방법

주택의 실내환경평가의 접근방법은 목적에 따라, 조사방법에 따라 다음과 같이 구분될 수 있다.

- 실내환경평가의 목적에 따라 실제 주택에서의 현장조사와 실내환경을 통제할 수 있는 실험실(실험주택)에서의 실험으로 구분된다.
- 실내환경의 평가방법은 측정·조사의 내용에 따라 실내환경을 조성하는 물리적 요인에 대한 측정실험과 실내환경에 대한 인간의 주관적 반응조사로 구분된다.

📊 주택 실내환경평가의 계획

주택의 실내환경을 평가하기 위해서는 다음과 같이 계획서를 작성하면, 현장조사 전 스터디를 충분히 하고 측정기기를 점검하는 등 준비에 만전을 기한다.

■ 계획서 작성

주택의 실내환경평가에 대한 주제를 정하면 〈Note 10-1〉과 같이 측정평가의 목적을 명확히 하고 관련문헌을 참고로 연구방법을 계획한다. 측정평가에 의해 어떤 결과가 도출될 것인지 예측하고, 이에 필요한 조사표를 작성한다.

Note 10-1

[주제(제목) : 실내환경(온열, 공기, 조도, 소음레벨) 측정 · 평가]

1. 연구의 배경 및 목적
2. 문헌고찰
   1) 선행연구
   2) 관련이론
   3) 관련법규 및 평가기준
3. 연구방법의 개요
   1) 조사대상 : 건물, 공간
   2) 측정일시 : 조사대상의 섭외를 전제로 한다.
   3) 측정내용 및 방법 : 측정요소, 측정기기, 측정시간 및 간격, 측정위치
4. 기대되는 결과
   1) 쾌적성 평가 : 측정치를 평가기준과 비교
      이론상 측정치가 인체에 미치는 영향의 수준 평가
   2) 특성분석 : 시간변동 특성/비교대상별 특성 등
   3) 원인 및 문제점 분석 : 1), 2)에 의해 원인과 문제점 도출
5. 조사표
   1) 현장조사표 : 측정기록표, 관련요인 조사표
   2) 설문지

■ 준비사항

- 현장조사 시에는 예상치 못한 상황이 발생할 수 있으므로, 사전방문 확인 후 본조사를 하는 것이 바람직하다. 그러나 경우에 따라서는 사전방문이 불가능한 경우도 있으므로, 예상치 못한 상황에서 측정내용과 방법 등, 조사방법을 결정할 수 있도록 관련이론과 법규, 평가방법 등을 숙지하는 것이 필요하다.
- 일반적으로 측정일 최소 2주 전에는 측정기기를 점검하고 보정을 의뢰한다.
- 측정일의 준비물로는 측정기기(배터리 충전), 기기부속품(기기고정대 · 배터리 등), 조사표, 조사기구(줄자 · 카메라 등)이 있으며, 사전에 준비한다.
- 조사진행과정의 모든 사항은 연구노트에 자세히 기록해 둔다.

📊 주택 실내환경평가의 보고

주택의 실내환경평가를 위해 조사한 내용을 분석하고 보고하는 데에는 〈Note 10-2〉와 같은 내용을 포함한다.

2) 평가연습

주택의 실내환경을 평가하기 이전에, 학교에서의 연습과정으로 3장, 5장, 7장, 9장에서 학교교실의 실내환경 측정방법에 대해 설명하였다. 학교교실의 실내환경 측정평가는 학교교실의 실내환경 관리를 규정하고 있는 「학교보건법」에 따르는 것이 원칙이므로, 여기 발췌하여 소개한다.

📊 학교교실의 실내환경 유지 · 관리기준

「학교보건법 시행규칙」에서 학교교사의 환경위생 및 식품위생에 대해 규정하고 있는 항목들 중 각 실내환경요소의 유지 · 관리기준은 〈표 10-1〉과 같다.

📊 학교교실의 실내환경 측정방법

학교교실의 실내환경에 대한 점검 및 측정방법은 「학교보건법 시행규칙」 제3조제3항과 「학교 환경위생 및 식품위생 점검기준」에서 명시하고 있다. 점검방법 및 기준을 요약하면 〈표 10-2〉와 같다.

[제목 : 실내환경(온열, 공기, 조도, 소음레벨) 측정 · 평가]

1. 연구의 배경 및 목적

2. 문헌고찰

    1) 선행연구

    2) 관련이론

    3) 관련법규 및 평가기준

3. 연구방법

    ※ 현장측정과 설문조사를 병행하는 경우는 다음과 같이 구성한다.

    1) 연구방법의 개요

    2) 현장측정 (1) 조사대상 (2) 측정내용 및 방법 (3) 분석방법

    3) 설문조사 (1) 조사대상 (2) 조사내용 및 방법 (3) 분석방법

4. 결과 및 해석

    ※ 현장측정과 설문조사를 병행하는 경우는 다음과 같이 구성한다.

    1) 현장측정결과

      (1) 조사대상의 특성

       외부요인, 건축적 요인, 생활적 요인, 인체측 요인 등

      (2) 측정요소별 구성 / 측정주택별 구성 등 연구내용에 따라 구성하며, 그 세부내용으로는

        • 쾌적성 평가 : 측정치를 평가기준과 비교

                이론상 측정치가 인체에 미치는 영향의 수준 평가

        • 특성분석 : 시간변동 특성/비교대상별 특성 등

        • 원인 및 문제점 분석

    2) 설문조사결과

      (1) 응답자의 특성

       거주주택의 특성, 생활 특성, 기초항목(인체측 요인) 등

      (2) 실내환경 조절특성

      (3) 주관적 반응

      (4) 그 외 조사내용

5. 결론

    결과 요약 및 결과로부터 도출되는 연구자 의견, 개선안 등

6. 부록

    1) 조사도구 : 현장조사표, 설문지

    2) 조사데이터 등

표 10-1 학교교실의 환경위생 주요 유지·관리기준(실내환경 부분발췌)

항목		주요 유지·관리기준	출처
환기		• 1인당 환기량 : 시간당 21.6㎥ 이상	「학교보건법 시행규칙」 (2013. 3. 23) 별표 2
채광 및 조명	자연조명	• 주광율 평균 5% 이상, 최소 2% 이상 • 최대조도와 최소조도의 비가 10:1 이하 • 교실 바깥의 반사물로부터 눈부심이 발생되지 않도록 함	
	인공조명	• 300룩스 이상(책상면) • 최대조도와 최소조도의 비가 3:1 이하 • 인공조명에 의한 눈부심이 발생되지 않도록 함	
온·습도	실내온도	• 18~28℃ (난방 : 18~20℃, 냉방 : 26~28℃)	
	비교습도	• 30~80%	
교사 안 에서의 공기질	미세먼지	• 100㎍/㎥ 이하	「학교보건법 시행규칙」 별표 4의2
	이산화탄소	• 1,000ppm 이하 단, 기계식 환기시설은 1,500ppm 이하	
	포름알데히드	• 100㎍/㎥ 이하	
	총부유세균	• 800CFU/㎥ 이하	
	낙하세균	• 10CFU/실당 이하	
	일산화탄소	• 10ppm 이하	
	이산화질소	• 0.05ppm 이하	
	라돈	• 4.0pCi/L 이하	
	총휘발성 유기화합물	• 400㎍/㎥ 이하	
	석면	• 0.01개/cc 이하	
	오존	• 0.06ppm 이하	
	진드기	• 100마리/㎡ 이하 • 진드기 알레르겐 10㎍/㎡ 이하	
소음		• 교사내의 소음 55dB(A) 이하	「학교보건법 시행규칙」 별표 4

표 10-2 학교 환경위생 정기점검의 측정방법(실내환경 부분발췌)

항목		연간검사 횟수 (중점점 검시기)	적용 공간	검사방법	측정절차
환기		연 1회 이 상 (동절기)	명시 되어 있지 않음	• 간접측정법 • 직접측정법	1) 간접측정법은 내쉬는 숨(호기) 축적에 의한 방법으로 이산화탄소 측정기기(직독식)로 수업시간 1시간에 약 15분 간격으로 CO_2의 축적을 측정 2) 직접측정법은 풍속계로 기계환기 방식에 의한 공기의 배출구(흡입구)에서 직집 풍속을 측정하고 배출구(흡입구) 면적을 이용해서 풍량을 산출
채광 (자연조명) 및 조도 (인공조명)		연 1회 이 상 (동절기)	명시 되어 있지 않음	• 조도(인공조명) : 칠판 및 교실의 조도를 각각 9곳 이상을 측정	1) 주간(날씨가 흐린 날 우선적으로 측정)에 오전 10시에서 오후 2시 사이에 조명기구를 켜고 검사, 야간 검사는 일몰 후 조명기구를 켜서 행함 2) 교실 중 대표할 수 있는 3개 교실(일반교실, 특별실 등)을 선정 3) 광전지 조도계를 사용(디지털조도계를 사용해도 무방) 4) 창측에서 조도계에 직사광선이 비칠 때에는 커튼 또는 브라인드 등으로 가리고 측정 5) 측정위치는 바닥 위 75cm를 원칙으로 함 6) 칠판면은 좌우 양끝으로부터 각각 30cm 거리의 수직선 및 중앙 수직선과 상하 양끝으로부터 10cm의 수평선 중앙선이 교차되는 9개 지점에서 칠판면의 수직조도를 측정 7) 전후좌우 벽으로부터 1m 거리의 선과 전후좌우 중앙선이 교차되는 9개 지점에서 책상면 위의 수평면 조도를 측정
				• 눈부심 : 보는 것을 방해하는 광원, 광택의 유무를 조사	학생위치에서 보는 것을 방해하는 광원, 광택의 유무를 조사
실내온도 · 습도		연 4회 이 상 (계절별)	명시 되어 있지 않음	아스만통풍온·습도계(표준 측정법), 디지털 온·습도계 등으로 측정	1) 맨 위 및 맨 아래층 교실중 각 1개소, 특별실 1개소를 선택하고, 특별한 경우 외에는 수업중인 교실의 적당한 지점 1곳 이상에서 측정 2) 실내온도는 바닥으로부터 75~150cm의 범위 내에서 측정
교사 안에서의 공기질 등	미세 먼지	연 1회 이 상 (동절기)	모든 교실	광산란법 또는 광투과법 등 현장측정이 가능한 측정기기 또는 저용량 공기포집법, 베타선법, 광투과법으로 측정. 기준치를 초과하거나 정확한 측정값이 필요한 경우는 소용량 공기포집법으로 재측정	1) 수업 중(오전 9시~오후 5시)에 포집 2) 측정지점은 주변시설 등에 의한 영향과 부착물 등으로 인한 측정 장애가 없고, 교사 내에서 오염도를 대표할 수 있다고 판단되는 3개소(일반교실, 특별실 등) 선정 3) 내벽 및 천장으로부터 1m 이상 떨어진 곳을 선정하여 바닥면으로부터 1.2~1.5m 범위 내에서 수행

계속

항목		연간검사 횟수 (중점점 검사기)	적용 공간	검사방법	측정절차
교사 안에서의 공기질 등	이산화탄소	연 1회 이 상 (동절기)	모든 교실	공기 중에 존재하는 이산화탄소의 비분산적외선 분석법이 적용된 현장직독식 측정기로 측정	1) 수업시간대(오전 9시~오후 5시)에 측정 2) 교사 내에서 오염도를 대표할 수 있다고 판단되는 3개소(일반교실, 특별실 등)를 선정 3) 습도가 높은 장소, 배기시설, 환기시설의 주위에서의 측정은 피함 4) 측정위치는 이산화탄소의 직접적인 발생원이 없고 내벽 및 천장으로부터 1m 이상 떨어진 곳을 선정 5) 바닥면으로부터 1.2~1.5m 범위 내에서 수행 6) 측정시간이 1시간 미만일 경우 일정주기별 측정치를 평균값으로 산출
	포름알데히드	연 1회 이 상 (하절기)	모든 교실	실내공기 중에 포름알데히드 농도는 현장측정이 가능한 측정기기로 측정하며, 측정결과가 기준치를 초과하거나 정확한 측정값이 필요한 경우 주시험방법인 2,4-DNPH 유도체화 HPLC 분석법으로 재측정	1) 측정지점은 주변시설 등에 의한 영향과 부착물 등으로 인한 측정 장애가 없고, 교사내에서 오염도를 대표할 수 있다고 판단되는 3개소(일반교실, 특별실 등) 선정 「환경분야 시험·검사 등에 관한 법률」의 원칙을 따름 2) 30분간 환기, 5시간 이상 밀폐(실내온도 20℃ 이상을 유지한 후 학생이 없는 상태에서 측정) 3) 내벽 및 천장으로부터 1m 이상 떨어진 곳을 선정 4) 자연 환기구나 기계환기 시스템이 설치되어 있을 경우 배기시설로부터 최소 1m 이상 떨어져서 측정 5) 바닥면으로부터 1.2~1.5m 범위 내에서 수행
	총부유세균	연 1회 이 상 (하절기)	모든 교실	충돌법, 세정법, 여과법 등이 있으며, 주 시험방법은 충돌법으로 함	1) 교사 내에서 오염도를 대표할 수 있다고 판단되는 일반 교실(2실)을 선정, 특별교실은 보건실과 식당(있는 경우에 한한다)을 포함 2) 시료는 1개 이상 채취할 수 있고 시료수가 여러 개일 경우 모두 다른 지점에서 채취되어야 하며 실내공간의 규모에 따라 2개 이상의 지점에서 실내공기를 포집. 바닥으로부터 1.2~1.5m 높이에서 시료를 채취
	낙하세균	연 1회 이 상 (하절기)	보건실·식당	보건실과 식당 각 3곳 이상에 대하여 표준한천배지를 이용해 5분간 노출한 후, 30~35℃에서 48시간 배양하여 콜로니 수를 측정	1) 세균이 발생·번식할 우려가 높은 보건실과 식당의 적정장소를 선정 2) 측정장소는 실내 3곳 이상에 표준 한천배지를 5분간 노출시킨 후 30~35℃에서 48시간 배양하여 콜로니수를 측정

계속

항목		연간검사 횟수 (중점점 검시기)	적용 공간	검사방법	측정절차
교사 안에서의 공기질 등	일산화탄소	연 1회 이 상 (동절기)	난방 교실 (직접 연소), 도로변 교실	현장측정이 가능한 측정기기로 실내공기 중 일산화탄소의 농도를 측정하며, 기준치를 초과하거나 정확한 측정값이 필요한 경우 주시험방법인 비분산적외선 분석법으로 재측정	1) 개방형 난로(직접연소에 의한 방식) 등이 있는 교실 및 자동차의 통행으로 배기가스의 유입이 있는 도로변 교실을 파악 2) 주변시설 등에 의한 영향과 부착물 등으로 인한 측정장애가 없고, 교사 내에서 오염도를 대표할 수 있다고 판단되는 3개소(일반교실, 특별실 등)를 선정 3) 측정장소는 진동이 없고, 고농도의 부식가스, 분진 및 높은 습도를 함유한 바람이 직접 들어오지 않도록 함 4) 시료채취 위치는 직접적인 발생원이 없고 대상 시설의 내벽 및 천장으로부터 1m 이상 떨어진 곳을 선정, 바닥면으로부터 1.2~1.5m 범위 내에서 수행 5) 측정시간이 1시간 미만일 경우 일정 주기별 측정치를 평균값으로 산출
	이산화질소	연 1회 이 상 (동절기)	난방 교실 (직접 연소), 도로변 교실	실내공기 중에 포함되어 있는 질소산화물을 현장측정이 가능한 측정기기로 측정하며 기준치를 초과하거나 정확한 측정값을 필요로 하는 경우 주시험방법인 화학발광법으로 재측정	1) 실내와 실외의 이산화질소 농도차를 산출하여 오염원의 위치를 파악 2) 측정지점은 주변시설 등에 의한 영향과 부착물 등으로 인한 측정장애가 없고, 교사 내에서 오염도를 대표할 수 있다고 판단되는 3개소(일반교실, 특별실 등)를 선정 3) 측정장소는 진동이 없고, 고농도의 부식가스, 분진 및 높은 습도를 함유한 바람이 직접 들어오지 않도록 함 4) 내벽 및 천장으로부터 1m 이상 떨어진 곳을 선정 5) 바닥면으로부터 1.2~1.5m 범위 내에서 수행
	라돈	연 1회 이 상	지하 교실	단기측정방법인 연속모니터링법으로 1차 측정하고, 1차 측정결과가 4.0 pCi/L 이상이면 장기측정법에 의한 2차 검사를 실시	1) 지하실에 위치하거나 암반에 건축한 교실을 파악한 후, 오염도를 대표할 수 있는 교실을 선정 2) 측정시작 2시간 전부터 측정이 종료될 때까지 밀폐된 조건하에 이루어져야 하고 최소 측정시작 전에 4일 이상 측정조건이 유지되어야 함 3) 라돈의 농도를 대표하는 지점에 장치를 설치, 수업시간대(오전 9시~오후 5시)에 연속적으로 8시간 동안 측정
	총휘발성유기화합물	연 1회 이 상 (하절기)	신설 신축 (증·개축) 후 3년 이내 교실	실내공기중의 TVOC 농도는 고체 흡착열 탈착법을 이용한 GC/MS 분석방법으로 측정	포름알데히드 측정절차와 동일함

계속

항목		연간검사 횟수 (중점점 검시기)	적용 공간	검사방법	측정절차
교사 안에서의 공기질 등	석면	연 1회 이 상	석면 사용 학교	교실 건축 시 보온, 단열재 등으로 석면을 사용한 학교의 경우 부유하는 미세먼지 중에 석면 섬유를 멤브레인 필터로 포집하여 위상차 현미경으로 측정하고 기준치 초과시 전자현미경으로 재측정	1) 석면의 오염가능성이 있는 교실 등을 선정 2) 지상 1.5m 정도 위치로 하고 멤브레인 휠터를 장착한 후 작동을 시작 3) 10L/min 정도의 흡입유량으로 1시간 채취
	오존	연 1회 이 상 (동절기)	교무실 및 행정실	현장측정이 가능한 측정기기로 측정하며, 기준치를 초과하거나 정확한 측정값이 필요한 경우 주시험방법인 자외선 광도법(자동연속)으로 재측정	1) 오존은 외기에서 발생하여 실내로 유입될 수 있기 때문에 외부와 내부를 동시에 측정하여 실내와 실외의 농도비를 구하여 발생원을 파악 2) 복사기, 레이저 프린터 등에서 발생하므로 오존 발생원이 있는 곳에서 농도 측정(컴퓨터실, 실습실, 교무실, 행정실 등) 3) 내벽, 천장, 바닥표면으로부터 1m 이상 떨어진 곳에서 시료 채취 4) 자연환기구나 기계환기시스템이 설치되어 있을 경우 각각의 급배기 시설로부터 1m 이상 떨어진 곳에서 측정
	진드기	연 1회 이 상 (하절기)	보건실	• 현미경계수법 • 효소면역측정법 (ELISA법) • 간이측정법	1) 진드기의 발생이 용이한 장소를 선정 2) 진공청소기로 1×1㎡ 크기에서 1분 동안 먼지를 채집
소음		연 1회 이 상 (하절기)	소음 환경 조사에 의거 소음의 영향이 큰교실	소음환경	교통, 항공 등 외부소음의 영향 및 일반교실, 공작실, 음악실, 복도, 급식시설 및 운동장 등에서 발생하는 교내소음의 영향이 있는지를 조사
				소음수준 : 학생 등이 없는 상태에서 책상면 높이에서 5분간 측정하여 등가소음레벨 LeqdB(A)을 산출	1) 소음계는 KSC IEC 61672-1에서 규정하는 클래스2의 소음계 또는 동등이상의 성능을 가진 것을 사용 2) 소음환경조사에 의거 외부소음의 영향이 큰 교실을 선택 3) 바닥에서 1.2~1.5m 높이에 받침장치(삼각대 등)를 설치하여 측정하는 것을 원칙으로 손으로 소음계를 잡고 측정할 경우 소음계는 측정자의 몸으로부터 0.5m 이상 떨어져야 함 4) 소음계의 마이크로폰은 주 소음원 방향으로 향하도록 하고, 풍속이 2m/s 이상일 때에는 반드시 마이크로폰에 방풍망을 부착하여야 하며, 풍속이 5m/s를 초과할 때에는 측정하여서는 안 됨 5) 요일별로 소음변동이 적은 평일에 학생 등이 없는 교실 안에서 교실 창으로부터 1m, 복도로부터 1m 떨어진 지점 2곳을 측정하여 평균값을 구함

자료 : 「학교 환경위생 및 식품위생 점검기준에 관한 규정」(일부개정 2009. 9. 23) ; 학교 교사(校舍)내 환경위생 및 식품위생 관리 매뉴얼 (2006). pp. 10-56.

2. 주거환경 관련제도

앞의 2장, 4장, 6장, 8장에서 각 세부실내환경에 관련된 제도 및 법규를 소개하였다. 여기서는 주거환경 전반에 대해 규정하고 있는 제도를 요약 설명한다. 기존의 주거환경 관련제도로는 주택성능등급 표시제도, 친환경건축물 인증제도, 건물에너지 효율등급 인증제도, 에너지 절약형 친환경주택 등을 들 수 있는데, 2013년 「녹색건축물 조성 지원법」이 시행되면서 이러한 제도들이 통폐합되고 이에 따라 인증규칙이나 기준 등이 개정되었다. 한편, 건축자재와 관련된 기존의 인증제도는 자재 자체의 오염물질 방출정도를 인증하는 제도가 시행되었는데, 제품을 생산하는 과정에서 배출한 탄소와 오염물질 정도를 인증하는, 넓게는 산업체 자체가 적용대상이 되기도 하는 등, 그 범위와 수가 매우 다양해졌다.

📊 주거환경 관련제도 개정과정

‘친환경건축물 인증제도’는 이전의 유사인증제를 통합하여 공동주택을 대상으로 2002년부터 시행되었다. 친환경건축물 인증의 실시근거를 법률에 명시하기 위하여 2005년 「건축법」 제58조가 신설되었으며, 이에 근거하여 2008년 「친환경건축물의 인증에 관한 규칙」과 친환경건축물 인증기준이 마련되었다. 이후, 주요 공공건축물(주요관공서, 우정사업국, 학교건물 등)은 친환경건축물 인증을 의무화 하였으며, 각 지자체에서도 친환경건축물 인증을 의무화를 추진하였다.

이와 유관한 제도로 주택성능등급 표시제도가 2009년에 의무인증제로 시행이 되었고, 건물에너지 효율등급 인증제도가 2009년에 자발적 인증제도로 시행, 에너지 절약형 친환경주택이 2010년부터 의무기준으로 시행이 되었다.

2013년 3월 23일, 이러한 인증제도들을 통폐합하면서 에너지 이용 효율 및 신재생에너지의 사용비율을 높여 온실가스 배출을 최소화하는 건축물을 조성하기 위하여, 「녹색건축물 조성 지원법」이 시행되었고, 「녹색건축 인증에 관한 규칙」과 「녹색건축 인증기준」이 2013년 6월 28일 시행되었다.

국토교통부에서는 이외에도 2013년도에 업무시설, 판매시설, 숙박시설, 학교, 공동 및 단독주택, 주거복합건물 등의 건축물 용도별 그린 리모델링 가이드라인 및 매뉴

얼 개발 보급을 추진 중에 있다. 또한 공동주택 개보수시 필요한 에너지성능기준을
제시하고 고효율 에너지기자재(보일러, LED 등) 사용을 유도하고, 공공건축물 그린
리모델링 시범사업을 통해 요소기술 적용을 검증하여 그린 리모델링 가이드라인을
마련을 진행 중에 있다.

표 10-3 주거환경 관련제도 개정과정

시기	개정내용	비고
2002.01	• 친환경건축물 유사 인증제도를 통합하여 '친환경건축물 인증제도'를 공동주택부터 시행 • 친환경건축물인증제도 세부시행지침 발표 • 공식인증기관 선정	
2003.01	• 주거복합 건축물에 대한 친환경건축물 인증제도 시행	
2005.03	• 「주택공급에 관한 규칙」제13조3 신설	예비인증을 받은 분양가상한제 적용주택의 경우 인센티브제도 적용 (2007.8.24 폐지)
2005.11	• 「건축법」제58조 신설	• 인증제도의 법적근거 마련 • 2008년 3월 제65조로 변경
2006.03	• 2005년 10월 개정된 '친환경건축물 인증제도 세부시행지침' 시행	공동주택 인증심사기준을 종전 4개 부문에서 9개 세부부문으로 분류
2007.08	• '주택품질향상에 따른 가산비용 기준' 제8조 신설	예비인증을 받을 경우 기본형건축비의 가산비용 적용 (2009년 6월 30일 삭제)
2008.05	• 「친환경건축물의 인증에 관한 규칙」 및 '친환경건축물 인증기준' 공포	
2009.05	• 「지방세법」 제286조 4항 신설	인증을 받을 경우 취득세와 등록세의 일정비율 경감 (2012년 12월 31일까지)
2010.05	• 「친환경건축물의 인증에 관한 규칙」개정 (2010.7.1. 시행)	친환경인증대상 확대 (6개용도→모든용도의 신축건축물), 인증시기 및 절차개선, 인증등급 세분화 등
2013.03	2013.03.23. 녹색건축물 조성 지원법 시행	주택성능등급 표시제도, 친환경건축물 인증제도, 건물에너지효율등급인증규정 등이 녹색건축물 조성 지원법에 흡수됨
	2013.5.20. 건축물 에너지효율등급 인증에 관한 규칙 시행 2013.6.28. 녹색건축 인증에 관한 규칙, 녹색건축 인증기준 시행	

녹색건축물 조성 지원법

「녹색건축물 조성 지원법」은 「저탄소 녹색성장 기본법」에 따른 녹색건축물의 조성에 필요한 사항을 정하고, 건축물 온실가스 배출량 감축과 녹색건축물의 확대를 통하여 저탄소 녹색성장 실현 및 국민의 복리 향상에 기여함을 목적으로, 「녹색건축물 조성 지원법 시행령」과 같은 시기에 시행되었고, 이후 2013년 6월 28일에 「녹색건축 인증에 관한 규칙」, 「녹색건축 인증기준」이 시행되었다.

표 10-4 「녹색건축물 조성 지원법」(2013.3.23.) 주요 조항 및 항목 발췌

구분	내용
총칙	"녹색건축물"이란 「저탄소 녹색성장 기본법」 제54조에 따른 건축물을 말하며, 이는 정부는 에너지이용 효율 및 신·재생에너지의 사용비율이 높고 온실가스 배출을 최소화하는 건축물(이하 "녹색건축물"이라 한다)을 말한다.
건축물 에너지 및 온실가스 관리 대책	**제12조(개별 건축물의 에너지 소비 총량 제한)** ① 국토교통부장관은 「저탄소 녹색성장 기본법」 제42조에 따른 건축물 부문의 중장기 및 단계별 온실가스 감축 목표의 달성을 위하여 신축 건축물 및 기존 건축물의 에너지 소비 총량을 제한할 수 있다. ③ 건축물을 건축하려고 하는 건축주는 해당 건축물의 에너지 소비 총량이 제2항에 따른 허용기준의 이하가 되도록 설계하여야 하며, 건축 허가를 신청할 때에 관련 근거자료를 제출하여야 한다. ④ 기존 건축물의 에너지 소비 총량 관리는 「저탄소 녹색성장 기본법」 제42조에 따른 온실가스·에너지목표관리에 따른다. **제13조(기존 건축물의 에너지성능 개선기준)** ① 건축물의 에너지효율을 높이기 위하여 기존 건축물을 녹색건축물로 전환하는 경우에는 국토교통부장관이 고시하는 기준에 적합하여야 한다. ② 제1항에 따른 기존 건축물의 종류 및 공사의 범위는 국토교통부령으로 정한다. 녹색건축물 조성 지원법 시행규칙[시행 2014.1.1.] 제6조(기존 건축물의 종류 및 공사의 범위) ① 법 제13조제2항에 따른 기존 건축물은 다음 각 호의 어느 하나에 해당하는 자가 관리하고 있는 건축물 중 사용승인을 받은 후 15년 이상이 되고, 국토교통부장관이 실시하는 에너지 성능 진단 결과 법 제13조제1항에 따라 국토교통부장관이 고시하는 기준에 따른 에너지 성능 및 효율 개선이 필요한 건축물로 한다. 1. 중앙행정기관의 장 2. 지방자치단체의 장 3. 「저탄소 녹색성장 기본법 시행령」 제43조제1항에 따른 공공기관 및 교육기관(「초·중등교육법」 제3조에 따른 국립학교 및 공립학교를 포함한다)의 장

(계속)

구분	내용
건축물 에너지 및 온실가스 관리 대책	**제14조(에너지 절약계획서 제출)** ① 대통령령으로 정하는 건축물을 건축하고자 하는 건축주는 「건축법」 제11조에 따라 건축허가를 신청하거나 같은 법 제19조제2항에 따라 용도변경의 허가 신청 또는 신고를 하거나 같은 법 제19조제3항에 따라 건축물대장 기재내용의 변경을 신청하는 경우에는 대통령령으로 정하는 바에 따라 에너지 절약계획서를 제출하여야 한다. 녹색건축물 조성 지원법 시행령[시행 2013.3.23.] 제10조(에너지 절약계획서 제출 대상 등) ① 법 제14조제1항에서 "대통령령으로 정하는 건축물"이란 연면적의 합계가 500제곱미터 이상인 건축물을 말한다. 다만, 다음 각 호의 어느 하나에 해당하는 건축물을 건축하려는 건축주는 에너지 절약계획서를 제출하지 아니한다. 1. 「건축법 시행령」 별표 1 제1호에 따른 단독주택 2. 「건축법 시행령」 별표 1 제5호에 따른 문화 및 집회시설 중 동·식물원 3. 「건축법 시행령」 별표 1 제17호부터 제26호까지의 건축물 중 냉방 또는 난방 설비를 설치하지 아니하는 건축물 4. 그 밖에 국토교통부장관이 에너지 절약계획서를 첨부할 필요가 없다고 정하여 고시하는 건축물 **제15조(건축물에 대한 효율적인 에너지 관리와 녹색건축물 건축의 활성화)** ① 국토교통부장관은 건축물에 대한 효율적인 에너지 관리와 녹색건축물 건축의 활성화를 위하여 필요한 설계·시공·감리 및 유지·관리에 관한 기준을 정하여 고시할 수 있다. ② 「건축법」 제5조제1항에 따른 허가권자는 녹색건축물의 건축을 활성화하기 위하여 대통령령으로 정하는 기준에 적합한 건축물에 대하여 같은 법 제42조에 따른 조경설치면적을 100분의 85까지 완화하여 적용할 수 있으며, 같은 법 제56조 및 제60조에 따른 건축물의 용적률 및 높이를 100분의 115의 범위에서 완화하여 적용할 수 있다. ③ 지방자치단체는 제1항에 따른 고시의 범위에서 건축기준 완화 기준 및 재정지원에 관한 사항을 조례로 정할 수 있다.
녹색건축물 등급제, 에너지효율등급인증 시행	**제16조(녹색건축의 인증)** ① 국토교통부장관은 지속가능한 개발의 실현과 자원절약형이고 자연친화적인 건축물의 건축을 유도하기 위하여 녹색건축 인증제를 시행한다. **제17조(건축물의 에너지효율등급 인증)** ① 국토교통부장관은 에너지성능이 높은 건축물을 확대하고, 건축물의 효과적인 에너지관리를 위하여 건축물 에너지효율등급 인증제를 시행한다. 〈개정 2013.3.23〉 ② 국토교통부장관은 제1항에 따른 건축물의 에너지효율등급 인증제를 시행하기 위하여 운영기관 및 인증기관을 지정하고, 건축물 에너지효율등급 인증업무를 위임할 수 있다. 〈개정 2013.3.23〉

(계속)

구분	내용
녹색건축물 등급제, 에너지효율등급인증 시행	③ 건축물 에너지효율등급 인증을 받으려는 자는 대통령령으로 정하는 건축물의 용도 및 규모에 따라 제2항에 따른 인증기관 또는 대통령령으로 정하는 건축물 에너지 평가 관련 전문가에게 신청하여야 한다. ④ 제1항에 따른 건축물 에너지효율등급 인증제의 운영과 관련하여 다음 각 호의 사항에 대하여는 국토교통부와 산업통상자원부의 공동부령으로 정한다.
녹색건축물 조성의 실현 및 지원	제25조(녹색건축물 조성사업에 대한 지원 · 특례 등) ① 국가 및 지방자치단체는 녹색건축물 조성을 위한 사업 등에 대하여 보조금의 지급 등 필요한 지원을 할 수 있다. ② 「신용보증기금법」에 따라 설립된 신용보증기금 및 「기술신용보증기금법」에 따라 설립된 기술신용보증기금은 녹색건축물 조성사업에 우선적으로 신용보증을 하거나 보증조건 등을 우대할 수 있다. ③ 국가 및 지방자치단체는 녹색건축물 조성사업과 관련된 기업을 지원하기 위하여 「조세특례제한법」과 「지방세법」에서 정하는 바에 따라 소득세 · 법인세 · 취득세 · 재산세 · 등록세 등을 감면할 수 있다. 제26조(금융의 지원 및 활성화) 정부는 녹색건축물 조성을 촉진하기 위하여 다음 각 호의 사항을 포함하는 금융 시책을 수립 · 시행하여야 한다. 1. 녹색건축물 조성의 지원 등을 위한 재원의 조성 및 자금 지원 2. 녹색건축물 조성을 지원하는 새로운 금융상품의 개발 3. 녹색건축물 조성을 위한 기반시설 구축사업에 대한 민간투자 활성화

건축물의 에너지절약 설계기준

「건축물의 에너지절약 설계기준」은 「녹색건축물 조성 지원법」제14조, 제15조, 같은 법 시행령 제10조, 제11조 및 같은 법 시행규칙 제7조의 규정에 의한 건축물의 효율적인 에너지 관리를 위하여 열손실 방지 등 에너지절약 설계에 관한 기준, 에너지절약계획서 및 설계 검토서 작성기준, 녹색건축물의 건축을 활성화하기 위한 건축기준 완화에 관한 사항 등을 정함을 목적으로 2013년 9월 1일 시행 후 일부개정되어 2013년 10월 1일 시행되었다.

표 10-5 「건축물의 에너지절약 설계기준」(2013. 10. 1) 주요조항 및 항목 발췌

구분	내용
건축물의 열손실방지	제2조(건축물의 열손실방지 등) 건축물을 건축하거나 용도변경, 대수선하는 경우 기준에 의한 열손실방지 등의 에너지이용합리화를 위한 조치 의무. (본 책 Chapter 2. 단열설계기준 참조)
에너지절약 설계에 관한 기준	제2장 에너지절약 설계에 관한 기준 제1절 건축부문 설계기준 제6조(건축부문의 의무사항) 건축물을 건축하는 건축주와 설계자 등은 다음 각 호에서 정하는 건축부문의 설계기준을 따라야 한다. 1. 단열조치 일반사항 2. 에너지절약계획서 및 설계 검토서 제출대상 건축물은 별지 제1호 서식의 에너지 성능지표의 건축부문 1번 항목 배점을 0.6점 이상 획득하여야 한다. 3. 바닥난방에서 단열재의 설치 4. 기밀 및 결로방지 등을 위한 조치 제2절 기계설비부문 설계기준 제8조(기계부문의 의무사항) 건축물을 건축하는 건축주와 설계자 등은 다음 각 호에서 정하는 기계부문의 설계기준을 따라야 한다. 1. 설계용 외기조건 2. 열원 및 반송설비 3. 공공기관에서 연면적 3,000 제곱미터 이상의 건물을 신축 또는 증축하는 경우에는 별지 제1호 서식 에너지성능지표의 기계부문 11번 항목 배점을 0.6점 이상 획득하여야 한다. 제3절 전기설비부문 설계기준 제10조(전기부문의 의무사항) 건축물을 건축하는 건축주와 설계자 등은 다음 각 호에서 정하는 전기부문의 설계기준을 따라야 한다. 1. 수변전설비 2. 간선 및 동력설비 3. 조명설비 4. 대기전력자동차단장치 제4절 신·재생에너지설비부문 설계기준 제12조(신·재생에너지 설비부문의 의무사항) 건축물을 건축하는 건축주와 설계자 등은 건축물에 신·재생에너지설비를 설치하는 경우 「신에너지 및 재생에너지 개발·이용·보급 촉진법」에 따른 산업통상자원부 고시 「신·재생에너지 설비의 지원 등에 관한 기준」을 따라야 한다.

(계속)

구분	내용
에너지절약계획서 및 설계 검토서 작성기준	제3장 에너지절약계획서 및 설계 검토서 작성기준 제13조(에너지절약계획서 및 설계 검토서 작성) 에너지절약 설계 검토서는 별지 제1호 서식에 따라 에너지절약설계기준 의무사항 및 에너지성능지표, 에너지소요량 평가서로 구분된다. 에너지절약계획서를 제출하는 자는 에너지절약계획서 및 설계 검토서(에너지절약설계기준 의무사항 및 에너지성능지표, 에너지소요량 평가서)의 판정자료를 제시(전자문서로 제출하는 경우를 포함한다)하여야 한다. 다만, 자료를 제시할 수 없는 경우에는 부득이 당해 건축사 및 실계에 협력하는 해당분야 기술사(기계 및 전기)가 서명·날인한 설치예정확인서로 대체할 수 있다.
녹색건축물의 건축 활성화를 위한 건축기준 완화	제4장 건축기준의 완화 적용 제16조(완화기준) 영 제11조에 따라 건축물에 적용할 수 있는 완화기준은 별표9에 따르며, 건축주가 건축기준의 완화적용을 신청하는 경우에 한해서 적용한다. [별표9] 완화기준 1) 건축물에너지 효율인증 등급 및 녹색 건축 인증등급에 따른 건축기준 완화비율 　－ 건축주 또는 사업주체가 녹색 건축 인증에 관한 규칙에 따른 녹색 건축 인증과 「건축물에너지효율등급 인증에 관한 규칙」에 따른 에너지효율인증등급을 별도로 획득한 경우 다음의 기준에 따라 건축기준 완화를 신청할 수 있다.

구분	에너지 효율인증 1등급	에너지 효율인증 2등급
녹색건축 인증 최우수 등급	12% 이하	8% 이하
녹색건축 인증 우수 등급	8% 이하	4% 이하

2) 신·재생에너지 이용 건축물 인증 등급에 따른 건축기준 완화비율
　－ 건축주 또는 사업주체가 신?재생에너지 이용 건축물 인증을 별도로 획득한 경우 다음의 기준에 따라 건축기준 완화를 신청할 수 있다.

신·재생에너지 이용 건축물 인증등급	1등급	2등급	3등급
건축기준 완화비율	3% 이하	2% 이하	1% 이하

3) 건축주 또는 사업주체가 1)항과 2)항을 동시에 충족하는 건축물을 설계할 경우에는 각각의 건축기준 완화비율을 합하여 건축기준의 완화신청을 할 수 있다.

녹색건축 인증기준 (2013.6.28.시행)

▷ 관련법규 : 「녹색건축 인증에 관한 규칙」(2013.6.28.)

▷ 인증심사기준 : (인증기준 제3조) 신축건축물로서 공동주택, 복합건축물(주거), 업무용 건축물, 학교시설, 판매시설, 숙박시설, 소형주택, 기존 건축물로서 기존 공동주택, 기존 업무용 건축물, 그 밖의 용도의 건축물로 구분됨. 그중 공동주택의 인증심사기준을 〈표 10-6〉에 소개한다.

▷ 인증 등급 : (규칙 제8조) 최우수(그린1등급), 우수(그린2등급), 우량(그린3등급) 또는 일반(그린4등급)

▷ 인증 유효기간 : (규칙 제9조) 녹색건축 인증의 유효기간은 인증서를 발급한 날부터 5년으로 한다.

▷ 인증을 받은 건축물의 사후관리 : (인증기준 제6조) 인증기관의 장이 녹색건축 등급 인증을 받은 건축물의 정상 가동 여부 등을 확인할 경우에는 국토교통부장관과 환경부장관의 승인을 받아야 한다.

  사후관리의 범위는 1. 유지관리 및 생태환경 현황 등의 조사

   2. 에너지사용량 및 물사용량 등의 조사

   3. 국토교통부장관 또는 환경부장관이 요청하는 사항

▷ 녹색건축 인증의 취득 의무 : (규칙 제13조) 다음 각 호의 어느 하나에 해당하는 기관에서 연면적의 합이 3,000제곱미터 이상의 건축물(국토교통부장관과 환경부장관이 정하여 공동으로 고시하는 용도로 한정한다. 이하 이 조에서 같다)을 신축하거나 별도의 건축물을 증축하는 경우에는 국토교통부장관과 환경부장관이 정하여 공동으로 고시하는 등급 이상의 녹색건축 예비인증 및 본인증을 취득하여야 한다.

  1. 중앙행정기관

  2. 지방자치단체

  3. 「공공기관의 운영에 관한 법률」에 따른 공공기관

  4. 「지방공기업법」에 따른 지방공사 또는 지방공단

  5. 「초·중등교육법」 제2조 또는 「고등교육법」 제2조에 따른 학교 중 국립·공립 학교

표 10-6 공동주택 인증심사기준 (녹색건축 인증기준 제4조 관련 별표 1)

구분	범주	평가 항목	세부평가기준	구분	배점
1. 토지 이용 및 교통	1.1 생태적가치	1.1.1 기존대지의 생태학적 가치	기존 대지의 생태학적 가치, 토지이용 현황, 용도지역 등을 근거로 점수 부여	평가 항목	2
	1.2 인접대지 영향	1.2.1 일조권 간섭방지 대책의 타당성	인접대지 경계선으로부터 대상 건축물 정북방향의 각 부분의 높이를 잰 최대 앙각	평가 항목	2
	1.3 거주환경의 조성	1.3.1 커뮤니티 센터 및 시설 공간의 조성수준	단지 내 일정수준 이상의 커뮤니티 센터나 커뮤니티 공간의 조성 여부	평가 항목	3
		1.3.2 단지 내 보행자 전용도로 조성여부	보행자 전용도로 조성 상태 및 단지내시설과의 연계성 평가	평가 항목	3
		1.3.3 외부보행자 전용도로 네트워크 연계여부	외부 보행자 전용도로 네트워크와의 연계여부 측정	평가 항목	2
	1.4 교통부하 저감	1.4.1 대중교통의 근접성	대중교통시설(철도역, 지하철역, 버스터미널, 버스정류소)과의 도보거리	평가 항목	2
		1.4.2 자전거 보관소 및 자전거도로 설치여부	자전거 보관소의 설치 및 자전거 도로의 적합성	평가 항목	2
		1.4.3 도시중심 및 지역중심과 단지중심간의 거리	도시중심 및 지역중심과 단지중심간의 직선거리 측정	평가 항목	2
2. 에너지 및 환경 오염	2.1 에너지절약	2.1.1 에너지 성능	건축물의 에너지절약 설계기준(국토교통부 고시)의 에너지성능지표 검토서에서 취득한 점수 또는 건축물 에너지효율 인증등급을 근거로 평가	필수 항목	12
	2.2 지속가능한 에너지원 사용	2.2.1 신·재생에너지 이용	신·재생에너지 시설의 설치 비율에 따라 점수를 부여	평가 항목	3
	2.3 지구온난화방지	2.3.1 이산화탄소 배출 저감	이산화탄소 배출을 저감시킬 수 있는 시스템의 적용여부 평가	평가 항목	3
		2.3.2 오존층 보호를 위하여 특정물질의 사용 금지	지구 온난화 방지를 위한 오존층 파괴물질 기준에 따라 평가	평가 항목	3
3. 재료 및 자원	3.1 자원 절약	3.1.1 가변성	단위세대내의 내력벽 및 기둥의 길이 비율 평가	평가 항목	3
	3.2 폐기물 최소화	3.2.1 생활용 가구재 사용억제 대책의 타당성	방면적 대비 수납공간 비율	평가 항목	3
	3.3 생활 폐기물 분리수거	3.3.1 재활용 가능자원의 분리수거	재활용 생활폐기물 보관시설 설치 및 분리품목 종류에 의해 평가	필수 항목	2
		3.3.2 음식물 쓰레기 저감	음식물 쓰레기 분리수거를 위한 시설 및 재활용 계획 수립 여부 평가	평가 항목	2
	3.4 지속가능한 자원 활용	3.4.1 유효자원 재활용을 위한 친환경인증제품 사용여부	환경표지인증제품 또는 GR마크 인증제품의 사용 여부를 평가	필수 항목	3
		3.4.2 재료의 탄소배출량 정보표시	사용된 재료 및 자재의 탄소성적표시 인증 여부를 평가	평가 항목	2

(계속)

구분	범주	평가 항목	세부평가기준	구분	배점
리모델링시에만 평가		3.4.3 기존 건축물의 주요구조부 재사용으로 재료 및 자원의 절약	전면 리모델링 건축물에 대하여 주요구조부의 재사용률에 따라 평가	가산 항목	7
		3.4.4 기존 건축물의 비내력벽 재사용으로 재료 및 자원의 절약	전면 리모델링 건축물에 대하여 비내력벽의 재사용률에 따라 평가	가산 항목	2
4. 물순환 관리	4.1 수순환체계 구축	4.1.1 우수부하 절감대책의 타당성	우수유출 저감시설로의 연계면적의 비율로 평가	평가 항목	4
	4.2 수자원 절약	4.2.1 생활용 상수 절감 대책의 타당성	환경표지인증을 받은 제품의 적용 여부에 따라 평가	필수 항목	4
		4.2.2 우수 이용	우수를 빗물이용시설의 시설기준 및 중수도 수질기준에 의한 살수용수, 조경용수 등으로 이용하는 시설의 설치여부에 따라 평가	평가 항목	4
		4.2.3 중수도 설치	사용한 수돗물을 처리하는 중수도 시설로 생산한 중수의 살수용수, 조경용수 등으로의 사용률을 평가	평가 항목	3
5. 유지 관리	5.1 체계적인 현장 관리	5.1.1 환경을 고려한 현장관리계획의 합리성	시공회사의 ISO14001 획득여부와 현장운영지침에서의 환경우선정책 채택 정도	평가 항목	1
	5.2 효율적인 건물 관리	5.2.1 운영/유지관리 문서 및 지침 제공의 타당성	건축물 관리자를 위해 관련 장비/설비의 효과적인 운영/유지관리를 위한 매뉴얼 및 지침이 제공되는지의 여부를 평가	필수 항목	2
	5.3 효율적인 세대 관리	5.3.1 사용자 매뉴얼 제공	입주자들에게 사용자 유지관리 매뉴얼(문서 또는 전자문서)을 제공하는지에 따라 평가	평가 항목	1
	5.4 수리용이성	5.4.1 전용부분	전용부분의 내부구성재의 점검, 수선, 교환의 용이성 평가	평가 항목	2
		5.4.2 공용부분	공용부분의 배관·배선의 내구성, 유지보수 및 갱신성이 우수한 설비 계획 평가	평가 항목	2
6. 생태 환경	6.1 대지 내 녹지 공간 조성	6.1.1 연계된 녹지축 조성	대지내 조성된 녹지축의 길이와 대지의 외곽길이의 합과의 비율에 대한 가중치를 산정하여 평가된 점수 및 조성된 대지 내 녹지축이 대지 외부의 녹지와 연계되어 생태축으로서의 기능성 유무를 평가한 점수를 합산하여 평가	평가 항목	2
		6.1.2 자연지반녹지율	전체 대지 내에 분포하는 자연지반녹지(인공지반 및 건축물 상부의 녹지 제외)의 비율로 평가	평가 항목	2
	6.2 외부공간 및 건물외피의 생태적 기능확보	6.2.1 생태면적률	생태적 가치를 달리하는 공간유형을 구분하고, 각 공간유형에 해당하는 가중치를 곱하여 구한 환산면적의 합과 전체 대지 면적의 비율로 평가	필수 항목	10
	6.3 생물서식 공간 조성	6.3.1 비오톱 조성	비오톱 조성을 위해 채용된 기법을 대상으로 정성적, 정량적으로 평가	평가 항목	4

(계속)

구분	범주	평가 항목	세부평가기준	구분	배점
7. 실내 환경	7.1 공기환경	7.1.1 실내공기오염물질 저방출 제품의 적용	유해화학물질 저방출제품의 적용정도에 대해 평가	필수 항목	6
		7.1.2 자연 통풍 확보 여부	거주자가 직접 외기를 도입할 수 있도록 자연 통풍이 가능한 환기창의 설치 여부를 평가	평가 항목	3
		7.1.3 단위세대의 환기성능 확보여부	실내공기환경을 건강하고 안전하게 유지하기 위하여 요구되는 최소환기량 및 일정수준 이상의 환기성능 확보에 필요한 적정 환기설비의 설치여부를 확인	평가 항목	3
	7.2 온열환경	7.2.1 각 실별 자동 온도 조절 장치 채택 여부	각 실별 또는 난방존별로 시간제어운전기능이 있거나 홈오토메이션시스템 등과 연동이 가능한 자동 온도조절장치 적용 비율	평가 항목	2
	7.3 음환경	7.3.1 경량 충격음 차단성능	「공동주택 바닥충격음 차단구조인정 및 관리기준」(국토교통부 고시)에 따라 취득한 인정서, 감리보고서 등으로 평가	평가 항목	2
		7.3.2 중량 충격음 차단성능	「공동주택 바닥충격음 차단구조인정 및 관리기준」(국토교통부 고시)에 따라 취득한 인정서, 감리보고서 등으로 평가	평가 항목	2
		7.3.3 세대간 경계벽의 차음 성능	세대간 경계벽이 콘크리트로 구성된 경우에는 벽체의 두께로 평가하며, 건식벽체인 경우에는 「벽체의 차음구조 인정 및 관리기준」(국토교통부 고시)에 따른 차음구조 인정서로 평가	평가 항목	2
		7.3.4 교통소음(도로, 철도)에 대한 실내·외 소음도	「공동주택의 소음측정기준」(국토교통부 고시)에서 정하고 있는 방법에 따라 평가	평가 항목	2
		7.3.5 화장실 급배수 소음	채택한 급·배수소음 저감공법별 배점을 합산하여 평가	평가 항목	2
	7.4 빛환경	7.4.1 세대 내 일조 확보율	채광창 면적 비율 및 인동간격에 따른 방위별 가중치를 계산하여 최종 등급 산출	평가 항목	4
8. 주택 성능 분야	8.1 수명관리	8.1.1 내구성	일상의 유지관리 조건하에 건물의 수명기간년수를 평가	–	–
	8.2 사회적 약자의 배려	8.2.1 전용부분	전용부분 설계도면 분석을 통한 사회적 약자를 위한 디자인 설계방법의 적정성 및 적용 여부 평가	–	–
		8.2.2 공용부분	공용부분 설계도면 분석을 통한 사회적 약자를 위한 디자인 설계방법의 적정성 및 적용 여부 평가	–	–
	8.3 홈네트워크	8.3.1 홈네트워크 종합시스템	단지 및 세대의 효율적인 유지관리와 미래주거 변화의 대응성을 평가	–	–
	8.4 방범안전	8.4.1 방범안전 콘텐츠	매뉴얼, 인력배치계획서, 방범안전관리센터 등을 통해 단지의 방범콘텐츠를 평가	–	–

(계속)

구분	범주	평가 항목	세부평가기준	구분	배점
8. 주택 성능 분야	8.5 화재소방	8.5.1 감지 및 경보설비	화재소방과 관련된 건축, 설비 등을 평가	–	–
		8.5.2 제연설비	화재소방과 관련된 건축, 설비 등을 평가	–	–
		8.5.3 내화성능	화재소방과 관련된 건축, 설비 등을 평가	–	–
	8.6 피난안전	8.6.1 수평피난거리	피난안전과 관련된 건축, 설비 등을 평가	–	–
		8.6.2 복도 및 계단 유효폭	피난안전과 관련된 건축, 설비 등을 평가	–	–
		8.6.3 피난설비	피난안전과 관련된 건축, 설비 등을 평가	–	–

〈비고 1〉 공동주택은 건축법 제22조에 따른 사용승인 또는 주택법 제29조에 따른 사용검사를 받은 후 3년이 경과되지 아니한 것을 말하며 20호 미만의 다세대주택은 제외한다.

〈비고 2〉 '8. 주택성능분야(11개 항목)'은 녹색건축 인증 평가시 [별지 제1호서식] 공동주택 항목별 성능등급서에만 표시하고 인증평가를 위한 배점은 부여하지 않는다.

📊 건축물 에너지효율등급 인증에 관한 규칙

「건축물의 에너지효율등급 인증에 관한 규칙」은 「「녹색건축물 조성 지원법」 제17조제4항 및 같은 법 시행령 제12조제1항에서 위임된 건축물 에너지효율등급 인증 대상 건축물의 종류, 인증기준 및 인증절차, 인증유효기간, 수수료, 인증기관 및 운영기관의 지정 기준, 지정 절차 및 업무범위 등에 관한 사항과 그 시행에 필요한 사항을 규정함을 목적으로 2013년 5월 20일 시행되었다.

표 10-7 「건축물 에너지효율등급 인증에 관한 규칙」(2013. 5. 20) 주요조항 및 항목 발췌

구분	내용
적용대상	제2조(적용대상) 「녹색건축물 조성 지원법」(이하 "법"이라 한다) 제17조제4항 및 「녹색건축물 조성 지원법 시행령」(이하 "영"이라 한다) 제12조제1항에 따른 건축물 에너지효율등급 인증은 다음 각 호의 건축물을 대상으로 한다. 1. 「건축법 시행령」 별표 1 제1호에 따른 단독주택(이하 "단독주택"이라 한다) 2. 「건축법 시행령」 별표 1 제2호가목부터 다목까지의 공동주택(이하 "공동주택"이라 한다) 및 같은 호 라목에 따른 기숙사 3. 「건축법 시행령」 별표 1 제3호부터 제13호까지의 건축물로 냉방 또는 난방 면적이 500제곱미터 이상인 건축물 4. 「건축법 시행령」 별표 1 제14호에 따른 업무시설(이하 "업무시설"이라 한다) 5. 「건축법 시행령」 별표 1 제15호부터 제28호까지의 건축물로 냉방 또는 난방 면적이 500제곱미터 이상인 건축물

(계속)

구분	내용
인증신청	제6조(인증 신청 등) ① 다음 각 호의 어느 하나에 해당하는 자는 법 제17조제3항에 따라 「건축법」 제22조에 따른 사용승인(이하 이 조에서 "사용승인"이라 한다) 또는 「주택법」 제29조에 따른 사용검사(이하 이 조에서 "사용검사"라 한다)를 받은 후에 건축물 에너지효율등급 인증을 신청할 수 있다. 다만, 개별 법령(조례를 포함한다)에 따라 제도적·재정적 지원을 받거나 의무적으로 건축물 에너지효율등급 인증을 받아야 하는 경우에는 사용승인 또는 사용검사를 받기 전에 건축물 에너지효율등급 인증을 신청할 수 있다. 1. 건축주 2. 건축물 소유자 3. 사업주체 또는 시공자(건축주나 건축물 소유자가 인증 신청에 동의하는 경우에만 해당한다) ② 제1항 각 호의 어느 하나에 해당하는 자(이하 "건축주등"이라 한다)가 건축물 에너지효율등급 인증을 받으려면 제3조제3항제2호에 따른 인증관리시스템(이하 "인증관리시스템"이라 한다)을 통하여 별지 제3호서식의 건축물 에너지효율등급 인증 신청서를 제출하고, 다음 각 호의 원본 서류 및 이를 저장한 전자적 기록매체를 인증기관의 장에게 제출하여야 한다. 1. 최종 설계도면 2. 건축물 부위별 성능내역서 3. 건물 전개도 4. 장비용량 계산서 5. 조명밀도 계산서 6. 설계변경 확인서 및 설명서 7. 예비인증서 사본(해당 인증기관 및 다른 인증기관에서 예비인증을 받은 경우만 해당한다) 8. 제1호부터 제7호까지에서 규정한 서류 외에 건축물 에너지효율등급 평가를 위하여 국토교통부장관과 산업통상자원부장관이 필요하다고 인정하여 공동으로 고시하는 서류
인증기준	제8조(인증 기준 등) ① 건축물 에너지효율등급 인증은 냉방, 난방, 급탕(給湯), 조명 및 환기 등에 대한 1차 에너지 소요량을 기준으로 평가하여야 한다. ② 건축물 에너지효율 인증 등급은 1+++등급부터 7등급까지의 10개 등급으로 한다. ③ 제1항과 제2항에 따른 인증 기준 및 인증 등급의 세부 기준은 국토교통부장관과 산업통상자원부장관이 정하여 공동으로 고시한다.
인증의 유효기간	제9조(인증서 발급 및 인증의 유효기간 등) ② 건축물 에너지효율등급 인증의 유효기간은 제1항에 따라 건축물 에너지효율등급 인증서를 발급한 날부터 10년으로 한다.
사후관리	제12조(인증을 받은 건축물의 사후관리) ① 건축물 에너지효율등급 인증을 받은 건축물의 소유자 또는 관리자는 그 건축물을 인증받은 기준에 맞도록 유지·관리하여야 한다. ② 인증기관의 장은 필요한 경우에는 건축물 에너지효율등급 인증을 받은 건축물의 정상 가동 여부 등을 확인할 수 있다. ③ 건축물 에너지효율등급 인증을 받은 건축물의 사후관리 범위 등 세부 사항은 국토교통부장관과 산업통상자원부장관이 정하여 공동으로 고시한다.

📊 건축관련 자재 및 제품 인증제도

건축물에 사용되는 자재나 제품과 관련된 현행 인증제도는 〈표 10-8〉과 같이, 크게 두가지 개념으로 구분되거나 또는 하나의 인증제도에 두가지 개념을 포함하고 있다. 한가지 개념은 제품의 오염물질 방출정도를 인증하는 것. 즉, 제품 사용시의 실내공기질 영향정도와 관련이 있는 제도이고, 또 하나의 개념은 제품을 생산하는 과정에서 배출한 탄소와 오염물질 정도를 인증하는 제도 즉, 지구환경의 영향정도와 관련이 있는 제도이다.

제품의 오염물질 방출정도를 인증하는 제도에는 한국공기청정협회에서 운영하는 친환경건축자재 단체품질인증제도(HB)와 산업통상자원부가 운영하는 KS표시인증제도 중 합판, 파티클 보드 등의 포름알데히드 방산량에 따라 인증하는 SE0~E1 형이 있다. HB마크는 민간인증이지만 건축자재에 대해 TVOC와 HCHO 방출량에 대해 인증하는 제도로서 최근 생산되는 마감재에 많이 적용되어 있는 것을 볼 수 있다. 가구, 주방가구 등에는 SE0형, E0형의 인증표시가 되어 유통되고 있다. 그러나 이들 인증제도는 의무 법령이 아니므로, 현재 우리나라에 유통되는 건축자재나 가구 등이 모두 이러한 인증을 받고 있는 것이 아니고, 아직까지는 인증을 받은 제품이 상대적으로 적은 실정이다.

두가지 개념을 모두 포함하고 있는 인증제도로는 환경부의 「환경기술 및 환경산업 지원법」을 근거로 한국환경산업기술원에서 운영하는 환경표지제도와 환경성적표지제도, 산업통상자원부 기술표준원에서 운영하는 GR인증제도, 「저탄소 녹색성장기본법」에 의해 여러 관계부처의 11개 평가기관에서 운영하고 있는 녹색인증제도, 한국표준협회에서 운영하고 있는 로하스인증 등이 있다.

제품을 생산하는 과정에서 배출한 탄소와 오염물질 정도를 인증하는 제도에는 탄소성적표지제도가 있다.

표 10-8 건축관련 자재 및 제품 인증제도

개요	HB마크 인증제도	KS표시인증제도 중 SE₅~E₁ 형	환경표지제도	GR인증제도	환경성적표지제도	녹색인증제도	로하스인증	탄소성적표지제도 생산과정 인증
	제품의 오염물질 방출정도를 인증하는 제도	특정성품이나 가공기술 또는 서비스가 한국산업표준 수준에 해당함을 인정하는 제품인증제도	동일 용도의 제품 중 생산 및 소비과정에서 오염을 상대적으로 적게 일으키거나 자원을 절약할 수 있는 제품에 환경표지를 인증	우수 재활용 제품(Good Recycled product)는 국내에서 개발 생산된 재활용제품을 실험, 분석, 평가한 후 우수제품에 대하여 인증	제품의 오염물질 방출정도 및 생산과정 인증 재료 및 제품의 생산, 유통, 소비 및 폐기단계 등의 전과정에 대한 환경성 정보를 계량적으로 표시하는 제도	유망 녹색기술 및 사업을 명확화 하기 위함	LOHAS 정의에 따라 노력하고 성과를 보인 기업 및 단체의 제품, 서비스, 공간에 대하여 인증	제품의 생산, 수송, 사용, 폐기 등의 모든 과정에서 발생되는 온실가스 발생량을 CO₂ 배출량으로 환산하여, 라벨 형태로 제품에 부착
법적 근거		「산업표준화법」	「환경기술 및 환경산업 지원법」(2013.03.23) 제17조	「산업기술혁신 촉진법」제15조 및「자원의 절약과 재활용촉진에 관한 법률」제33조	「환경기술 및 환경산업 지원법 시행규칙」(2013.3.28)	「저탄소 녹색성장 기본법」제 32조 녹색기술·녹색산업의 표준화 및 인증 등		「탄소성적표지 인증 업무 등에 관한 규정」(환경부고시 제2012~210호)
운영 기관	한국공기청정협회	산업통상자원부 기술표준원	환경부, 한국환경산업기술원	산업통상자원부 기술표준원, 자원순환 산업진흥협회	환경부, 한국환경산업기술원	한국산업기술진흥원, 11개 평가기관	한국표준협회	환경부, 한국환경산업기술원
실시 시기	2004년 2월		1992년 4월	1997년	2001년 2월	2010년 4월		2009년 2월

	HB마크 인증제도	KS표시인증제도 종 SE₀~E₁ 형	환경표지제도	GR인증제도	환경성적표지제도	녹색인증제도	문화산인증	탄소성적표지제도
인증 대상 및 평가 내용	• 건축물의 내장재로 사용되는 일반자재 (합판, 바닥재, 벽지, 목재, 판넬 등), 페인트, 접착제 등 • 건축자재에서 방출되는 TVOC, HCHO, 5VOC, CH₃CHO(아세트알데히드) 시험. 그 결과에 따라 등급(3단계) 결정. • 중금속 기준: 신청 제품에 함유된 납, 카드뮴, 수은 및 6가크롬의 함은 질량분율로 0.1퍼센트 이하일것	가구 – KSG2010 학생용 책상 및 의자, 개정 2011.03.02 – KSG2020 수납가구, 개정 2012.12.28 – KSG4203 사무용 책상 및 테이블, 개정 2008.06.30 – KSG4215 사무용 의자, 제정 2009.11.05 – KSG4300 가정용 일반 침대, 개정 2011.03.02 재료 / 포름알데히드 방산량(mg/L) 함판, 특수가공 치장 함판, 섬유판, 파티클보드 : 평균 0.5 이하, 최대 0.7 이하, 0.1이하일것 재료 – KSF3101 보통함판 (개정 2011.05.02) – KSF3104 파티클 보드 (개정 2011.05.02) – KSF3306 특수 기공 치장 함판 (개정 2011.05.02.) – KSF3200 섬유판 (개정 2011.05.02.) 종류 SE₀형(SE₀): 평균값 0.3mg/L 이하 / 최대값 0.4mg/L 이하 E₀형(E₀): 0.5mg/L 이하 / 0.7mg/L 이하 E₁형(E₁): 1.5mg/L 이하 / 2.1mg/L 이하	• 사무용기기·가구 및 사무용품/ 주택·건설용 자재·재료 및 설비/개인용품 및 가정용품/ 가정용 기기·가구/교통/여가, 문화/ 관련 제품/신업용 제품, 정비/복합 용도 및 기타/서비스 8개 분야 중 150개 품목	• 폐요업/폐유리/폐플라스틱/폐식용유/폐지/폐산·폐알칼리/폐유기용제/폐수처리오니/폐유/폐기물/유기성폐기물/수산물폐기물/건재물/폐전지/폐섬유/폐금속/폐지 진재료 및 공정심 및 제품별 품질표준 및 기준	• 제안자가 환경성적 표지대상제품을 지안, 대상제품으로 선정되면, 작성지침 고시에 따라 제품 전과정에 대한 환경성 평가 도구인 전과정평가를 수행하여, 환경성 정보가 제공된 보고서를 제출한 후 인증 • 환경성 정보에는 제품 제조단계/사용단계/폐기단계에서의 자원소모, 지구온난화, 오존층영향, 산성화, 부영양화, 광화학적 산화물 생성 등의 환경성적이 포함됨	1) 녹색기술인증: 신재생에너지, 첨단그린주택도시 등 10개 분야 2) 녹색기술제품 확인: 녹색기술을 적용한 제품으로 판매를 목적으로 상용화한 제품을 확인 3) 녹색사업인증: 신재생에너지 보급·확산사업, 첨단그린주택·도시, 기반시설 사업 등 9개 대분류 4) 녹색전문기업 확인: 창업후 1년이 경과된 기업으로서 인증받은 녹색기술에 의한 직전년도 총매출액 비중이 총매출액의 30% 이상인 기업 ※(대분류) "첨단그린주택도시" 하위 중분류 중에 "저에너지친환경주택"이 있고, 여기에는 고효율 외피 시스템, 저탄소 친환경 건축자재, 고효율 설비 시스템, 농촌 환경녹가 주택의 소분류가 있음	• 기업 전반에 대한 평가 (기업) • 신청 상품에 대한 평가 • 공공단체 전반에 대한 평가 (공공단체) • 신청 서비스에 대한 평가	• 1차 농수축산물 및 임산물, 의약품 및 의료기를 제외한 모든 제품이 해당 [탄소배출량 인증 / 저탄소 인증제품]

인증마크	HB마크 인증제도	KS표시인증제도 중 SE_0~E_1 형	환경표지제도	GR인증제도	환경성적표지제도	녹색인증제도	로하스인증	탄소성적표지제도
			도안 상단에 "친환 경ㅇㅇㅇㅇ"의 형태 로 친환경 제품임을 표시					

자료 : 한국공기청정협회(http://www.kaca.or.kr)
　　　산업통상자원부 기술표준원 (http://www.kats.go.kr)
　　　국가표준인증종합정보센터 (http://www.standard.go.kr)
　　　한국환경산업기술원(http://el.keiti.re.kr)
　　　환경표지 홈페이지(http://el.keiti.re.kr/service/index.do)
　　　자원순환산업제품 인증제도 홈페이지 (http://www.kats.go.kr/gr)
　　　환경,탄소성적표지 홈페이지(http://www.edp.or.kr)
　　　대한민국 로하스인증 홈페이지 (http://www.korealohas.or.kr)
　　　녹색인증 홈페이지(http://www.greencertif.or.kr)

부록

실내온열요소 측정 보고서

	학과		학년	학번 :		성명 :

측정개요	측 정 장 소		평면도
	공간의 용도		
	측 정 일 시		
외부기후	날　씨		
	기　온(℃)		
	습　도(%)		
건 축 적 요인	구　조		
	창 의 유 형		
	방　위		
	난 방 설 비		
인 체 측 요인	착 의 량		
	연　령		
	성　별		
	체　격		
	건 강 상 태		
측정 · 조사도구	측정기기	실내온도	
		상대습도	
		흑구온도	
		기류속도	
	주관적 평가척도 : 온열감	-3 춥다 -2 서늘하다 -1 약간 서늘하다 0 어느 쪽도 아니다 +1 약간 따뜻하다 +2 따뜻하다 +3 덥다	* 측정점

시간　　요소	실내온도(℃)	상대습도(%)	흑구온도(℃)	기류속도(m/s)	온열감	관련요인
:						
:						
:						
:						
:						
:						
:						
:						
:						
:						
:						
:						
평　균						
평가기준						
논　의						

온열감각실험 보고서

학과		학년	학번 :	성명 :	일시 :
피험자의 인체측 요인	성별	남　　　여			
	연령	만　　　세			
	건강상태	① 좋다　　② 보통　　③ 나쁘다			
	착의량	＿＿＿＿＿ clo 착의내용 :			
실험실 처치	바닥난방 가동 정도			(　　　조)	

개인적인 주관적 반응	온열감 반응	전신온열감	족부온열감
		-3 춥다 -2 서늘하다 -1 약간 서늘하다 0 어느 쪽도 아니다 +1 약간 따뜻하다 +2 따뜻하다 +3 덥다	-3 춥다 -2 서늘하다 -1 약간 서늘하다 0 어느 쪽도 아니다 +1 약간 따뜻하다 +2 따뜻하다 +3 덥다

실험결과 (종합, 평균)	환경조건	본인이 포함된 조(　조)		전체 (평균)	
		실내온도　　　　℃ 상대습도　　　　% 흑구온도　　　　℃ 기류속도　　　　m/s 바닥온도　　　　℃		실내온도　　　　℃ 상대습도　　　　% 흑구온도　　　　℃ 기류속도　　　　m/s 바닥온도　　　　℃	
	착의량	clo　　　　명 clo　　　　명 clo　　　　명		clo　　　　명 clo　　　　명 clo　　　　명	
		평균 :　　　clo		평균 :　　　clo	
	전신온열감 반응	-3 춥다　　　　　　　명 -2 서늘하다　　　　　명 -1 약간 서늘하다　　　명 0 어느 쪽도 아니다　　명 +1 약간 따뜻하다　　　명 +2 따뜻하다　　　　　명 +3 덥다　　　　　　　명		-3 춥다　　　　　　　명 -2 서늘하다　　　　　명 -1 약간 서늘하다　　　명 0 어느 쪽도 아니다　　명 +1 약간 따뜻하다　　　명 +2 따뜻하다　　　　　명 +3 덥다　　　　　　　명	
		평균 :		평균 :	
	족부온열감 반응	-3 춥다　　　　　　　명 -2 서늘하다　　　　　명 -1 약간 서늘하다　　　명 0 어느 쪽도 아니다　　명 +1 약간 따뜻하다　　　명 +2 따뜻하다　　　　　명 +3 덥다　　　　　　　명		-3 춥다　　　　　　　명 -2 서늘하다　　　　　명 -1 약간 서늘하다　　　명 0 어느 쪽도 아니다　　명 +1 약간 따뜻하다　　　명 +2 따뜻하다　　　　　명 +3 덥다　　　　　　　명	
		평균 :		평균 :	

논　　의	

실내공기요소 측정 보고서

	학과		학년	학번 :			성명 :	
측정 개요	측정장소			외부환경	CO₂ 외기농도			
	측정일시			인체측 요인	연 령			
건축적 요인	구 조				성 별			
	실내마감재				건강상태			
	환기설비				흡연정도			

측정·조사 도구	측정 기기	미세먼지		평면도
		CO₂		
		CO		
		NO₂		
		HCHO		
		라돈		
		TVOC		
		오존		
		산소		
	주관적 평가척도 : 공기오염감 (공기가 오염되었다고 느끼는가)	1 매우 그렇다 2 그렇다 3 약간 그렇다 4 거의 그렇지 않다 5 그렇지 않다		

요소 시간	미세먼지 (㎍/㎥)	CO₂ (ppm)	CO (ppm)	NO₂ (ppm)	HCHO (ppm)	라돈 (pCi/ℓ)	TVOC (ppm)	오존 (ppm)	산소 (%)	실내온도 (℃)	상대습도 (%)	공기 오염감	관련 요인
평 균													
평가기준													

논 의	

		학과		학년	학번 :		성명 :	

측정개요	측정장소		조도분포 (측정점 표시, 조명기구 위치와 수, 창, 일조조절 상태, 조도측정값 표시)
	공간의 용도		
	공간의 사용시간대		
	측정일시		
외부환경	날 씨		
	일조조건		
건축적 요 인	면 적		
	실내마감재		
	조명방식		
	조명기구의 종류·수		
	조명기구의 높이		
	조명기구의 점등 상태		
	조명기구의 관리 상태		
인체측 요 인	연 령		
	시 력		
측정· 조사도구	측정기기		
	주관적 평가척도 : 작업면 밝기감	-2 어둡다 -1 약간 어둡다 0 어느쪽도 아니다 +1 약간 밝다 +2 밝다	
측정조건			

위치	조도(lx)	위치	조도(lx)	위치	조도(lx)	위치	조도(lx)

평균조도		균제도		작업별 밝기감	
조도기준		균제도기준			

논 의	

소음레벨 측정 보고서

	학과		학년	학번 :	성명 :
측정개요	측정장소		평면도		
	공간의 용도				
	측정일시				
외부환경	외부소음레벨				
	외부소음원				
건 축 적 요 인	구 조				
	실내마감재				
	창의 종류				
인 체 측 요 인	연 령				
	청 력				
측정 · 조사도구	측정기기				
	주관적 평가척도 : 소음이 신경 쓰이는 정도	1. 많이 신경 쓰임 2. 신경 쓰임 3. 약간 신경 쓰임 4. 거의 신경 쓰이지 않음 5. 신경 쓰이지 않음			* 측정점

시간 \ 요소	적분형소음레벨 dB(A)Leq5min	순간소음레벨 [dB(A)]	소음의 종류	소음이 신경 쓰이는 정도
평 균				
평가기준				
논 의				

| 국내문헌 |

건설교통부(현 국토해양부)(2007). **새집증후군 예방매뉴얼.**

공성훈 · 손장열 · 이옥경(1988). 공동주택의 온열환경 요소 분포와 인체의 자세별 온열쾌적조건에 관한
    연구. **대한건축학회논문집,** 4(3) : 185-192.

교육인적자원부(현 교육과학기술부)(2006). **학교 교사(校舍)내 환경위생 및 식품위생 관리 매뉴얼.**

권원태 외 17인(2004). **한국의 기후.** 기상청 기상연구소.

김광우 · 최동희(2007). 환기의 원리와 방법. **建築.** 0710.

김무식 외 8인(2001). **환경위생학.** 동화기술.

김재수(2004). **건축환경공학.** 도서출판 서우.

노시청(2004). **감성조명이야기.** (주)필룩스.

대기환경연구회(2000). **대기환경개론.** 동화기술.

대한건축학회 편(1995). **건축환경계획.** 기문당.

마사오 이노우에 저. 김현중 역(2004). **새집증후군 실체와 대응전략.** 한국목재신문사.

문봉섭(2013). **녹색건축물 & 그린 리모델링 육성정책 및 지원방안.** 리모델링, 2013. 봄. pp.25-34.

박봉규 외 4인(1989). **인간과 환경.** 동성사.

박은선(1996). 공동주택의 겨울철 실내공기환경 평가. **연세대학교 대학원 박사학위논문.**

박헌렬(2003). **지구온난화, 그 영향과 예방.** 우용출판사.

서울특별시 학교보건진흥원(2007). **유치원 환경위생관리 매뉴얼.**

손기철(2004). **식물이 사람을 살린다.** 중앙생활사.

손장열 · 윤동원(1995). 실내공기환경에서 휘발성유기화학물질(VOCs)의 특성과 제어방법. **공기조화냉동
    공학.** 24(1) : 44-45.

손장열 외 3인(1991). 종합적 환경평가지표에 의한 온열중성점 온도 도출방법에 관한 연구. **대한건축학회
    논문집,** 7(3) : 253-260.

송현진 · 김득현(2005). **새집증후군을 아십니까?.** 법률출판사.

심현숙 · 최윤정(2008). 리모델링후 거주중인 아파트 단위주거의 실내공기질 평가. **대한건축학회논문집,**
    24(12) : 303-312.

안젤라 홉스 저. 안희영 · 류혜지 역(2004). **살리는 집 죽이는 집.** 열림원.

연제진 역(1989). **건축설계자료집성-1. 환경.** 태림문화사.

우자와 히로후미 저. 김준호 역(1997). **지구온난화를 생각한다.** 소화.

유영식(2004). **화학물질과민증 새집증후군 알레르기.** 도서출판 대학서림.

윤동원(2004). 건축자재에서 발생하는 오염물질과 특성. **한국설비기술협회지,** 21(1) : 68-81.

윤정숙 · 민경애 · 최윤정(1994). 온돌난방공간에 있어서 온수공급조건에 따른 거주자의 주관적 반응과 온열쾌적범위. **대한건축학회논문집, 10**(10) : 167-173.

윤정숙 · 최윤정(1992). 겨울철 실내온열환경의 쾌적범위설정에 관한 실험연구. **대한가정학회지, 30**(2) : 81-86.

윤정숙 · 최윤정 · 박은선(2000). **농촌주택의 단열성능 향상을 위한 외벽구조 연구(총괄과제명 : 환경친화적인 농가주거환경 개선 및 공간이용에 관한 연구).** 농촌진흥청 연구보고서.

윤정숙 · 최윤정 · 이성하(1992). 여름철 실내온열환경의 중성온도 설정에 관한 실험연구. **대한건축학회논문집, 8**(4) : 73-80.

이경회(1993). 한국 전통주택의 자연환경 조절방법과 그 원리의 현대화. **건축.** 9309.

이경회(2003). **건축환경계획.** 문운당.

이경회 · 임수영(2003). **친환경건축개론.** 기문당.

이동훈(2006). **공학도를 위한 소음공학(이론과 실무).** 도서출판 아진.

이상도(2002). 냉방병. **대한의사협회지,** 45(7) : 911-912.

이상우 외 9인(2000). **건축환경계획론.** 태림문화사.

이정범(2005). **웰빙건강법.** 무한.

이춘식 외 4인(1993). 실내환경 쾌적성 평가방법에 관한 연구(Ⅰ)-온열 및 공기질에 대해서-, 한국과학기술연구원.

일본건축학회 편저. 윤혜림 역(2005). **빛과 색의 환경디자인.** 성안당.

임만택(2002). **건축환경계획.** 보문당.

전정윤 · 김효진 · 배누리(2005). 공동주택 거실 온열 환경의 측정 및 거주자의 온도조절행위에 관한 연구. **대한건축학회논문집 계획계,** 21(8) : 209-216.

정경연(2006). **샐러리맨 구출하기.** 고려원북스.

정문식 외 5인(2002). **최신 환경위생학.** 신광출판사.

정연홍 · 최윤정(2008). 리모델링한 아파트 단위주거의 빛환경 요소 실태와 조도평가. **대한건축학회논문집 계획계,** 24(8) : 241-250.

주남철(1987). **한국현대건축.** 일지사.

지철근 외 6인(2008). **최신 조명환경원론.** 문운당.

차동원(2007). **건축환경 실내공기오염.** 기문당.

최병오 외 8인(2007). Interior Products1. 인테르니&데코.

최윤정(1996). 고령자 주택의 겨울철 실내온열환경 조절행위와 쾌적범위에 관한 연구. **연세대학교 대학원 박사학위논문.**

최윤정(2001). **한국 전통주거의 기류특성 분석을 통한 주거건축의 자연통풍 설계 연구**. 한국학술진흥재단 연구보고서.

최윤정(2003). 대학주변 원룸형 다가구주택의 소음측정평가. **한국주거학회학술대회자료집** : 95-100.

최윤정(2005). 아파트 전면발코니의 실내환경 조절효과 비교연구. **대한건축학회논문집 계획계**, 21(10) : 265-274.

최윤정(2007). **아파트 리모델링의 실내환경 계획지침 개발**. 한국학술진흥재단 연구보고서.

최윤정(2009). 아파트의 단위주거 내부생활소음의 특성과 실태. **한국주거학회논문집**, 20(1) : 83-90.

최윤정 외 3인(2006). 신축 아파트의 TVOC 농도 및 거주자의 새집증후군 반응. **한국실내디자인학회논문집**, 15(4) : 129-137.

최윤정 외 4인(2007). 학교교실의 냉방시 실내열·공기환경 실태. **한국주거학회논문집**, 18(4) : 49-58.

최정윤 외 4인(2002). 침구류에서의 집먼지진드기 농도 측정. **소아알러지 및 호흡기**, 12(3) : 185-186.

최윤정·김정민(2005). 아파트 실내정원의 겨울철 실내환경 조절효과. **대한건축학회논문집 계획계**, 21(12) : 313-320.

최윤정·김운학(2010). 대학생 거주 원룸형 다가구주택의 겨울철 실내열공기환경 실태. **한국생활과학회지**, 19(4) : 745-760.

최윤정·김윤희·김란희(2010). 농촌지역 독거노인주택의 겨울철 실내환경 실태. **한국주거학회논문집**, 21(3) : 1-9.

최윤정·심현숙·정연홍(2007). 바닥난방 복사열에 의한 온열감 차이에 대한 실험연구. **한국생태환경건축학회논문집**, 7(5) : 65-71.

최윤정·정연홍(2008). 아파트의 겨울철 실내온열환경 실태와 생활요인 분석. **한국주거학회논문집**, 19(4) : 97-105.

최현석(2003). **내 몸의 생사병로 내가 먼저 챙겨보기**. 에디터.

태드 고디쉬 저. 한화진 외 3인 역(2005). **대기환경론**. 그루.

한국환경정책·평가연구원(2001). **실내공기오염에 대한 국민 의식 조사와 정책 방안 연구**. 연구보고서.

한윤호·이중우(1988). 저온바닥면복사난방의 열환경지표에 관한 연구. **대한건축학회 논문집**, 4(3) : 203-209.

환경부(1999). **실내공기질 관리방안에 관한 연구**. 연구보고서.

환경부(2007). **환경백서**.

환경부(2008). **공동주택 실내공기질관리**.

환경부(2008). **보육시설의 실내공기질 설계 및 유지관리 지침서**.

Gernot Minke(1995). 지역적이고 재사용할 수 있는 건축재료의 신기술. **건축**, 39(10) : 60.

Grazyna Pilatowicz 저. 양세화 · 오찬옥 역(2002). **에코인테리어**. 울산대학교출판부.

S. V. Szokolay 저. 이경회 · 손장열 역(1984). **건축환경과학**. 기문당.

| 국외문헌 |

ASHRAE(1995). *Applications Handbook(Atlanta)*.

ASHRAE(2005). *Handbook-Fundamentals*.

ASHRAE(1992). Thermal Environmental Conditions for Human Occupancy. ANSI/ASHRAE Standard 55.

David Pearson(1992). *The Natural House Book*. Angus & Roberson, Australia.

IEA(2005). *CO_2 Emissions from fuel combustion*.

IEA(2008). *Energy Technology Perspectives*.

ISO(1994). Moderate Thermal Environments-Determination of the PMV and PPD Indicies and Specification of the Conditions for Thermal Comfort-. ISO Standard 7730.

P.O.Fanger(1970). *Thermal Comfort-Analysis and Applications in Environmental Engineering-*. Danish Technical Press. Copenhagen.

R.M.Aynsley, W.Melbourne, B.J.Vickery(1977). *Architectural Aerodynamics*. Applied Science Publishers, Ltd., Lodon.

Thomas Schmitz-Günther(1999). *Living Spaces-Ecologocal Bulding and Design-*. English Edition. Könemann.

古屋 浩 · 藤本一壽 · 春田千秋(1994), 都市環境騒音に關する調査研究(1)～(2), **日本建築學會大會學術講演梗概集 D環境工學** : 1613-1616.

日 地球環境住居研究會(1994). **環境共生住宅 - 計劃 · 建築編 -**.

川島美勝 編著(1994). **高齢者の住宅熱環境**. 理工學社. 東京.

| 법령 |

「건축물 에너지효율등급 인증에 관한 규칙」(2013. 5. 20)

「건축물의 설비기준 등에 관한 규칙」(2013. 9. 2)

「건축물의 에너지절약 설계기준」(2013. 10. 1)

「건축물의 피난 · 방화구조 등의 기준에 관한 규칙」(2013. 3. 23)

「건축법」(2013. 5. 31)

「건축법 시행령」(2013. 5. 31)

「건축법 시행규칙」(2013. 3. 23)

「공중위생관리법」(2013. 3. 23)

「공중위생관리법 시행규칙」(2014. 1. 1)

「국민건강증진법」(2013. 7. 30)

「녹색건축물 조성 지원법」(2013. 3. 23)

「녹색건축 인증기준」(2013. 6. 28)

「녹색건축 인증에 관한 규칙」(2013. 6. 28)

「다중이용시설 등의 실내공기질관리법」(2013. 6. 12)

「다중이용시설 등의 실내공기질관리법 시행규칙」(2012. 7. 4)

「도시공원 및 녹지 등에 관한 법률 시행규칙」(2013. 3. 23)

「사무실 공기관리지침」(2012. 9. 20)

「산업안전보건법」(2013. 6. 12)

「산업안전보건법 시행령」(2014. 1. 1)

「석면안전관리법」(2013. 3. 23)

「소음·진동관리법」(2013. 8. 13)

「소음·진동관리법 시행령」(2013. 9. 9)

「소음·진동관리법 시행규칙」(2013. 3. 23)

「소음·진동 공정시험기준」(2010. 10. 7)

「실내공기질공정시험기준」(2010. 3. 5, 환경부고시 제2010-24호)

「에너지이용합리화법」(2013. 7. 30)

「인공조명에 의한 빛공해방지법」(2012. 2. 1)

「인공조명에 의한 빛공해방지법 시행규칙」(2013. 1. 31)

「주차장법」(2013. 3. 23)

「주택건설기준 등에 관한 규정」(2013. 6. 17)

「주택법」(2013. 8. 6)

「주택법 시행령」(2013. 6. 17)

「주택법 시행규칙」(2014. 2. 7)

「학교보건법」(2013. 12. 30)

「학교보건법 시행규칙」(2013. 3. 23)

「학교 환경위생 및 식품위생 점검기준에 관한 규정」(2009. 9. 23)

「환경분야 시험·검사 등에 관한 법률」(2013. 7. 16)

「환경정책기본법」(2013. 7. 30)

「환경정책기본법 시행령」(2012. 11. 27)

| 기타 |

경향신문 웹기사(2008. 09. 19) "유치원 · 초중고 88% 석면 위험에 노출"

국토해양부 보도자료(2009. 10. 12) "에너지절약형 친환경주택 건설기준 마련 등"

국토해양부 보도자료(2010. 5. 17) "친환경인증 모든 신축건축물로 확대"

국토해양부 보도자료(2010. 6. 29) "친환경 주택 에너지 의무 절감률 높아진다"

대군통상 반사형 단열재 홍보자료

매일경제 웹기사(2006. 09. 12) "종각역 가스사고 냉 · 난방기 고장탓"

스포츠한국 웹기사(2006. 11. 24) "직장인 겨울철 사무실 난방병 조심"

시사저널(2006. 03. 31)

KBS 생로병사의 비밀 : 자연이 준 보약 제2편 '공기'

| 사이트 |

i세브란스 홈페이지(http://www.iseverance.com). 건강포커스 : " 간접흡연에 노출된 폐암환자는 폐암치
　　료제의 효과도 낮다"

국가표준인증종합정보센터(http://www.standard.go.kr). KS 마크

국가표준인증종합정보센터(http://www.standard.go.kr). KS 조도기준(1998, 2013.10확인). KS A 3011

국가표준인증종합정보센터(http://www.standard.go.kr). KSC. 7612 2007 조도측정방법

녹색인증 홈페이지(http://www.greencertif.or.kr)

대한민국 로하스인증 홈페이지(http://www.korealohas.or.kr)

산업통상자원부 기술표준원(http://www.kats.go.kr)

에너지관리공단(http://www.kemco.or.kr). 기후변화협약 하나에서 열까지 건물에너지절약사업 홈페이지

에너지관리공단신?재생에너지센터(http://www.energy.or.kr)

자원순환산업제품 인증제도 홈페이지(http://www.kats.go.kr/gr)

한국공기청정협회(http://www.kaca.or.kr)

한국환경산업기술원.(http://el.keiti.re.kr)

환경 탄소성적표지 홈페이지(http://www.edp.or.kr)

환경표지 홈페이지(http://el.keiti.re.kr/service/index.do)

저·자·소·개

윤정숙

연세대학교 가정대학 주생활학과 졸업
연세대학교 대학원 졸업 (주거학전공, 이학석사)
일본 오사카시립대학교 대학원 졸업 (주거환경학전공, 학술박사)
(사)한국주거학회 회장 역임
현재 연세대학교 생활과학대학 실내건축학과 명예교수

최윤정

연세대학교 가정대학 주생활학과 졸업
연세대학교 대학원 졸업 (주거환경학전공, 가정학석사 · 이학박사)
현재 (사)한국생활과학회 부회장
충북대학교 생활과학대학 주거환경학과 교수

개정판

주거실내환경학

2011년 03월 28일 초판 발행 | 2014년 03월 03일 개정판 발행 | 2021년 02월 22일 개정판 2쇄 발행

지은이 윤정숙 · 최윤정 | 펴낸이 류원식 | 펴낸곳 **교문사**

편집팀장 모은영 | 책임편집 성혜진 | 본문디자인 꾸밈 | 표지디자인 신나리

출력 현대미디어 | 인쇄 동화인쇄 | 제본 한진제본

주소 경기도 파주시 문발로 116
전화 031-955-6111(代) | FAX 031-955-0955 | 등록 1960. 10. 28. 제406-2006-000035호

홈페이지 www.gyomoon.com | E-mail genie@gyomoon.com
ISBN 978-89-363-1403-3(93590) | 값 20,000원